"十四五"职业教育国家规划教材

# 药物制剂技术

YAOWU ZHIJI JISHU

中职阶段

汪婷婷　主编

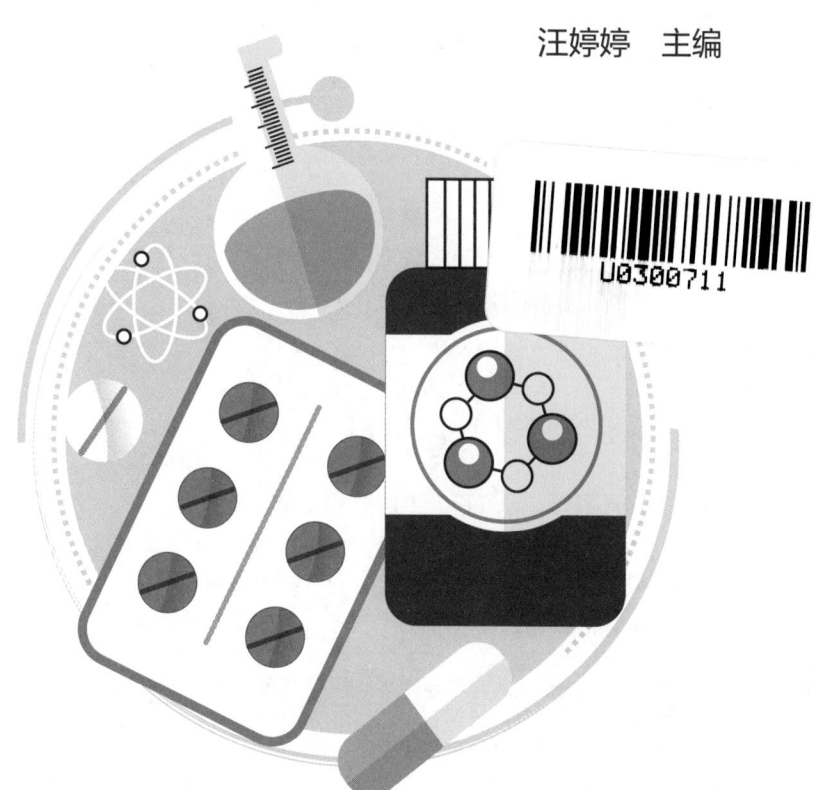

化学工业出版社

·北京·

《药物制剂技术（中职阶段）》是为适应高素质技术技能型人才的培养需要，为中等职业教育－应用本科教育贯通（简称"中本贯通"）培养开发的教材之一。主要内容包括走进药物制剂、制备液体制剂、注射剂和眼用液体制剂、固体制剂、半固体和其他制剂等。本教材以典型药品的生产任务为载体，按"岗位任务－知识归纳－技能要点"为编排顺序，整合知识和技能，符合认知规律，有利于知识的掌握和运用。教材中运用虚拟现实技术，将设备结构和运行原理可视化，并可进行交互式学习。教材版面设计风格愉快、明亮，采用不用颜色的文字突显知识层次，有效提高读者的阅读兴趣和学习效果。

　　《药物制剂技术（中职阶段）》可供应用本科、中高等职业院校药学类、药品制造类、食品药品管理类等专业及相关专业作为教材使用，也可供药品生产企业技术人员及自学者参考。

## 图书在版编目（CIP）数据

　　药物制剂技术：中职阶段/汪婷婷主编． —北京：化学工业出版社，2020.2（2024.2重印）
　　中等职业教育-应用本科教育贯通培养教材
　　ISBN 978-7-122-35741-0

　　Ⅰ．①药⋯　Ⅱ．①汪⋯　Ⅲ．①药物-制剂-技术-中等专业学校-教材　Ⅳ．①TQ460.6

　　中国版本图书馆CIP数据核字（2019）第256047号

责任编辑：刘俊之　　　　　　　　　　　文字编辑：刘志茹
责任校对：宋　玮　　　　　　　　　　　装帧设计：韩　飞

出版发行：化学工业出版社（北京市东城区青年湖南街13号　邮政编码100011）
印　　刷：三河市航远印刷有限公司
装　　订：三河市宇新装订厂
787mm×1092mm　1/16　印张23¼　字数462千字　2024年2月北京第1版第4次印刷

购书咨询：010-64518888　　　　　　　售后服务：010-64518899
网　　址：http://www.cip.com.cn
凡购买本书，如有缺损质量问题，本社销售中心负责调换。

定　　价：78.00元

## 《药物制剂技术》（中职阶段）编写审定人员

主　编：**汪婷婷**

主　审：毕德忠　赵　颖

编　者：（以姓氏笔画为序）

刘　赞　杨春梅　汪婷婷

张　麇　范明雪

　　本教材是2019年根据上海市"中职-应用本科教育贯通培养模式试点"人才培养方案和《药物制剂技术》课程标准开发而成；2023年，依据国家中等职业教育"制药技术应用"专业的《药物制剂技术》课程标准，融入行业新标准、新方法和新技术，进行了修订。适用于医药类中、高等职业院校的药学类、药品制造类、食品药品管理类等专业及中高、中本贯通培养的相关专业。

　　**项目引领 任务驱动**。本教材以项目引领、任务驱动的职教课程理念为指导，满足"教学做一体化"的教改需求，紧贴生产实际，基于真实生产过程，选取典型工作任务，将药物制剂的基本理论、生产技术与药品管理规范、药品标准进行项目化整合，以"剂型大类"为项目、"典型剂型制备"为模块、"岗位生产"为任务，共设计了"走进药物制剂"等5个项目，23个模块，38个学习任务。

　　**德技融合 润物无声**。本教材遵循学生职业能力培养规律，使学生知晓药物制剂的基础理论和生产知识，具备常见剂型生产的基本技能，能初步分析和解决生产过程的基本问题；养成规范、严谨的工作态度和良好职业素养，涵养工匠精神，内化社会主义核心价值观，厚植爱国主义情怀。

**编排精致 解析直观**。本教材的编排符合学生认知规律，内容难易适当，文字规范简洁，标题设计独具匠心，版面色彩明快，运用虚拟现实技术，通过扫描教材中设备图片所附的二维码，可进行视频阅读，能看到三维的设备整体结构、二维的设备机构和运行原理，并配有语音解说。

本教材由上海市医药学校、上海应用技术大学和企业专家共同组织编写，企业专家全程指导，共同确定教材的结构、内容，设计实践任务。汪婷婷担任主编，参编教师有刘赞、汪婷婷、杨春梅、张麋、范明雪，由上海信谊天平药业有限公司毕德忠、上海普康药业有限公司赵颖担任主审，上海应用技术大学于燕燕、甘莉、沙娜、林文辉参与审定。

在教材编写过程中，得到上药集团等相关企业专家的大力支持，也借鉴和参考了相关的专业文献并融入了有关院校专家的指导意见，在此表示衷心的感谢！

由于编者水平所限，教材内容难免有不当之处，恳请广大师生批评指正。

编 者

2024年1月重印修订

# 学时分配建议表

| 序号 | 教学内容 | 理论课时 | 实践项目 | 实践课时 |
|---|---|---|---|---|
| **项目一　走进药物制剂** | | | | |
| 1 | 模块一　一个崭新的世界——认识药物制剂 | 1 | | |
| 2 | 模块二　没有规矩，不成方圆——识读药品标准 | 1 | | |
| **项目二　制备液体制剂** | | | | |
| 3 | 模块三　换个角度看药液——认识液体制剂 | 2 | 制备钠皂 | 2 |
| 4 | 模块四　技巧与耐心的回报——认识浸出制剂 | 2 | | |
| 5 | 模块五　制备醑剂 | 2 | 制备樟脑醑 | 2 |
| 6 | 模块六　制备混悬剂 | 2 | 制备复方硫洗剂 | 2 |
| 7 | 模块七　制备乳剂 | 2 | 制备鱼肝油乳剂和乳剂类型鉴别 | 2 |
| 8 | 模块八　制备制药用水 | 2 | 制备纯化水 | 2 |
| **项目三　制备注射剂和眼用液体制剂** | | | | |
| 9 | 模块九　制备小容量注射液 | 4 | 制备维生素C注射液 | 4 |
| 10 | 模块十　盐水瓶里有什么——认识输液 | 1 | | |
| 11 | 模块十一　制备注射用无菌粉末 | 2 | 制备注射用头孢唑啉钠 | 4 |
| 12 | 模块十二　开瓶用不完就要丢——认识滴眼剂 | 1 | | |

| 序号 | 教学内容 | 理论课时 | 实践项目 | 实践课时 |
|---|---|---|---|---|
| **项目四　制备固体制剂** | | | | |
| 13 | 模块十三　制备散剂 | 4 | 制备六一散 | 2 |
| 14 | 模块十四　制备颗粒剂 | 2 | 制备维生素C颗粒 | 4 |
| 15 | 模块十五　制备片剂 | 2 | 压制卡托普利片 | 4 |
| | | | 卡托普利片包衣 | 4 |
| 16 | 模块十六　制备胶囊剂 | 2 | 填充氧氟沙星胶囊 | 4 |
| 17 | 模块十七　制备微丸 | 2 | 制备微晶纤维素微丸 | 4 |
| 18 | 模块十八　包装固体制剂 | 2 | 卡托普利片铝塑包装（瓶包装） | 2 |
| **项目五　制备半固体和其他制剂** | | | | |
| 19 | 模块十九　制备软膏剂与乳膏剂 | 2 | 制备醋酸氟轻松乳膏 | 4 |
| 20 | 模块二十　制备栓剂 | 2 | 制备甘油栓 | 4 |
| 21 | 模块二十一　小贴膜，大学问——认识膜剂 | 1 | | |
| 22 | 模块二十二　制备滴丸剂 | 1 | 制备六味地黄丸 | 2 |
| 23 | 模块二十三　看似一样，实则不同——认识气雾剂、喷雾剂和粉雾剂 | 2 | | |
| | 合　计 | 44 | | 52 |

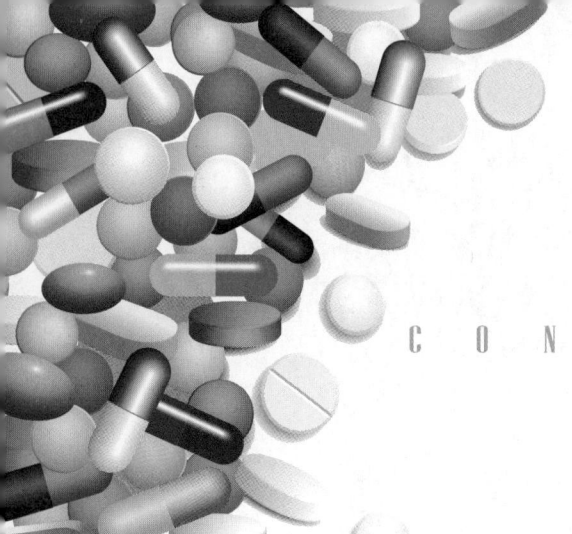

C O N T E N T S

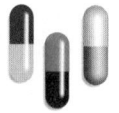

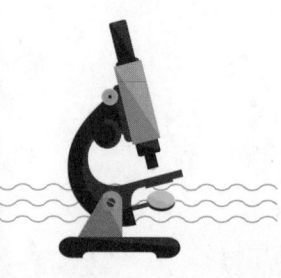

药 物 制 剂 技 术
（中职阶段）

# Part 1

## 项目一

## 走进药物制剂

### 项目导学

　　**药物制剂技术**是以药剂学理论为指导，以药物剂型与药物制剂为研究对象，以用药者获得理想的药品为目的，制备安全、有效、稳定和使用方便的药物制剂，是研究药物制剂生产和制备技术的综合性应用技术学科。课程的核心和本质是药物制剂的处方和工艺——处方阐释药物制剂中的成分、比例及用量，工艺阐释如何制备成剂型。

　　本项目主要介绍药物制剂的基本概念和药品标准的查阅等内容。

# 模块 1

## 一个崭新的世界——认识药物制剂

 学习目标

1. 能知道药物制剂的定义与常用术语。
2. 能知道药物制成剂型的目的。
3. 能进行常见药物制剂的分类。

 学习导入

"神农尝百草，始有医药"，"伊尹，选用神农本草以为汤"。随着药学技术的发展，不断发现的药物，对延长患者生命、提高患者生命质量起到重要的作用。但我们日常使用的药品，并不只是一些单纯的化合物或者原料药，这是因为原料药往往具有一定的毒副作用、不稳定、难溶、吸收差等各种缺陷，因此，在开发和利用药物时，需要将药物制成适当的形式，以便更充分地发挥药效，最大程度地降低药物的毒副作用，也更方便使用和保存。

**课堂互动**

说一说，原料药能直接应用于人体吗？我们自己用过哪些药品？这些药品是固体、液体还是半固体形态，或者是其他形态呢？又是如何给药的呢？

任何一种原料药都不能直接用于患者，必须经过加工制成一定的形式，以达到充分发挥疗效、减小毒副作用、便于贮存和使用等目的。药物制成的适合临床使用的不同给药形式，称为**药物剂型**，简称**剂型**，如片剂（图1-1）、胶囊剂（图1-2）、颗粒剂（图1-3）、丸剂（图1-4）、口服溶液剂（图1-5）、糖浆剂（图1-6）、注射剂（图1-7）、滴眼液（图1-8）、乳膏剂（图1-9）、栓剂（图1-10）、气雾剂（图1-11）、喷雾剂（图1-12）等。

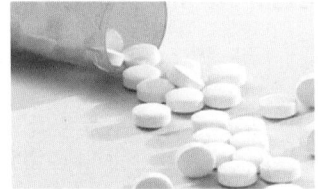

图1-1　片剂

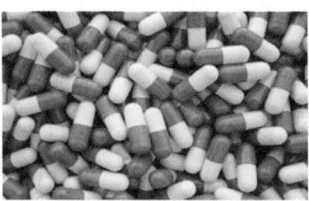

图1-2　胶囊剂

图1-3　颗粒剂

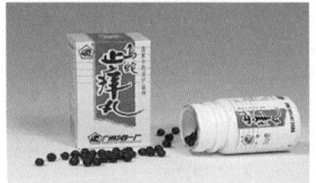

图1-4　丸剂

图1-5　口服溶液剂

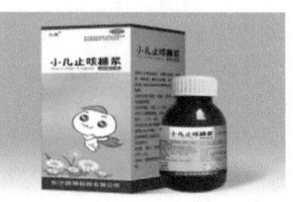

图1-6　糖浆剂

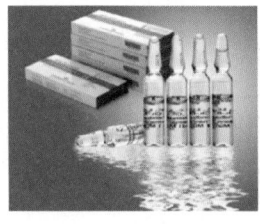

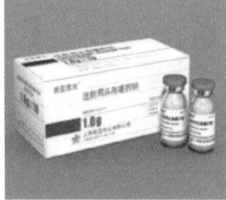

图1-7　注射剂

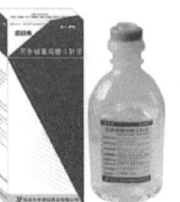

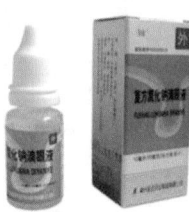

图1-8　滴眼液

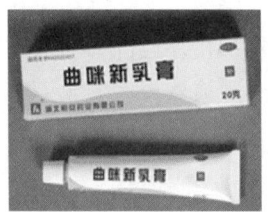

图1-9　乳膏剂

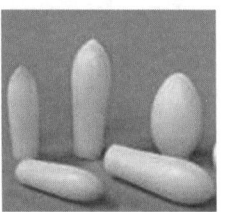

图1-10　栓剂

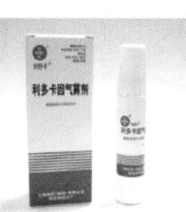

图1-11　气雾剂

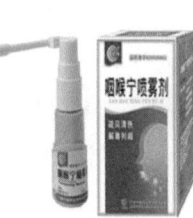

图1-12　喷雾剂

模块1　一个崭新的世界——认识药物制剂

3

 知识充电宝

## 一、药物制剂的定义和常用术语

将药物按某种剂型，以一定规格和质量要求制成的药物制品称为**药物制剂**，简称**制剂**，如阿司匹林片、维生素C注射液、红霉素眼膏等。通常把生产制剂的过程也称为制剂。药物制剂主要在药厂生产，少部分在医院制剂室制备。药物制剂由**主药**和**辅料**组成。辅料是指生产药品和调配处方时所用的赋形剂和附加剂。

### 1.药品

药品指用于预防、治疗、诊断人的疾病，有目的地调节人的生理机能并规定有适应证或功能主治、用法、用量的物质，包括中药、化学药和生物制品等。

### 2.药品名称

药品名称主要有通用名、商品名和化学名。

**药品通用名**是指由国家药典委员会按照《药品通用名称命名原则》组织制定的法定名称，是同一种成分或相同配方组成的药品在中国境内的通用名称，具有强制性和约束性。凡上市流通的药品的标签、说明书或包装上必须要用通用名称。药品通用名称不得作为药品商标使用。

**药品商品名**是指经国家药品监督管理部门批准的特定企业使用的该药品专用的商品名称，体现了药品生产企业的形象以及对商品名称的专属权。如对乙酰氨基酚是解热镇痛药，它的通用名是对乙酰氨基酚，不同药厂生产的含有对乙酰氨基酚的复方制剂，其商品名有百服宁、泰诺林、必理通等。

除了新化学药品、新生物制品和具有化合物专利的药品，其他药品（包括原料药、中药和仿制药）都不得使用商品名，比如中成药"六味地黄丸"，不管多少个厂家在生产，每个厂家都只能叫这个名称而不准再取其他名称。

在药品包装上必须标注药品通用名，如果同时标注通用名和商品名，则通用名应当显著、突出，两者字体比例不得小于2：1。

**药品化学名**是根据药品的化学成分确定的化学学术名称。

### 3.原料药、中间品与成品

**原料药**指用于生产各种制剂的有效成分和原料药物。**中间品**指完成部分加工步骤的产品，尚需进一步加工方可成为待包装产品。**成品**指已完成所有生产操作步骤和最终包装的产品。

### 4.新药

**新药**指未曾在中国境内上市销售的药品。

### 5.剂量、常用量、极量与标示量

**剂量**指一次给药后产生药物治疗作用的数量。**常用量**指临床常用的有效剂量范围。**极量**指药品服用后，能产生疗效又无危险的最大剂量。**标示量**指该剂型单位剂量的制剂中规定的主药含量，通常在该剂型的标签上标示出来。

### 6.毒药与剧药

毒药指药理作用剧烈，极量与致死量非常接近，虽服用量甚微，但一旦超过极量，即可引起死亡的药品。剧药指药理作用剧烈，极量与致死量比较接近，一旦超过极量，能引起人体伤害，严重时可致患者死亡的药物。

### 7.药品批准文号

指国家批准药品生产企业或药品上市许可持有人生产该药品的文号。批准文号的格式是：国药准字+1位字母+8位数字，其中字母H代表化学药、Z代表中药、S代表生物制品、J代表进口分装药品、F代表药用辅料、T代表体外化学诊断试剂。同一药品不同生产企业发给不同的药品批准文号。

### 8.批

经一个或若干加工过程生产的、具有预期均一质量和特性的一定数量的原辅料、包装材料或成品。如口服或外用的固体、半固体制剂在成型或分装前使用同一台混合设备一次混合所生产的均质产品为一批。

用于识别一个特定批的具有唯一性的数字和（或）字母的组合称为**批号**，可用于追溯和审查该批药品的生产历史。如某批号由6位数字组成，通常前4位数字表示生产的年、月，后2位数字表示该月生产该品种的流水号。

### 9.药品有效期

指药品在规定的贮存条件下能保持其质量的期限。有效期的表示方法如"有效期至2017年4月"即指该批药品可使用到2017年4月30日，5月1日起失效。

### 10.处方

指医疗和生产中关于药物调制的一项重要的书面文件。按处方性质可以分为以下几种：

**法定处方**　是指药典、药品标准收载的处方，具有法律约束力。

**协定处方**　是根据某一地区或某一医院日常用药的需要，由医院药剂科与医师协商共同制定的处方。

**医师处方**　是指医师对患者治病用药的书面文件。

### 11.处方药与非处方药

处方药是指必须凭执业医师或执业助理医师处方才可调配、购买和使用的药品。非处方药是指不需要凭医师处方即可自行判断、购买和使用的药品。

 案例分析

【通用名称】阿奇霉素片

【商品名】希舒美（大连辉瑞）、维宏（石家庄制药）、格罗特明（山东鲁抗）

【化学名】: (2*R*，3*S*，4*R*，5*R*，8*R*，10*R*，11*R*，12*S*，13*S*，14*R*)-13-[(2,6-二脱氧-3-*C*-甲基-3-*O*-甲基-*α*-L-核-己吡喃糖基）氧]-2-乙基-3,4,10-三羟基-3,5,6,8,10,12,14-七甲基-11-{[3,4,6-三脱氧-3-(二甲氨基)-*β*-D-木-己吡喃糖基]氧}-1-氧杂-6-氮杂环十五烷-15-酮

 课堂互动

请检索并列出京都念慈菴蜜炼川贝枇杷膏和复方甘草酸苷片的通用名、商品名、批准文号、产品批号、执行标准，重点思考和讨论批准文号的格式和内涵。

## 二、药物制剂的分类

由于药物剂型较多，各剂型的制法、用法等各不相同，为方便学习和应用，对药物制剂进行如下归纳分类，见表1-1。

表1-1　药物剂型分类一览表

| 依据 | 类别及举例 | | 特点 |
|---|---|---|---|
| 制剂形态 | **固体剂型**：散剂、颗粒剂、片剂、胶囊剂、丸剂、膜剂 | | 形态相同的剂型，制备工艺也比较相近，如制备固体剂型，多有粉碎、过筛、混合等工艺；制备液体剂型，多有溶解、过滤等工艺；制备半固体制剂时需要熔化、研合等工艺。 |
| | **液体剂型**：口服溶液、注射液、滴眼液、搽剂、乳剂、混悬剂 | | |
| | **气体剂型**：气雾剂、喷雾剂 | | |
| | **半固体剂型**：软膏剂、乳膏剂、眼膏剂、凝胶剂 | | |
| 给药途径 | **经胃肠道给药剂型**：颗粒剂、胶囊剂、口服溶液剂 | | 与临床用药结合密切，能反映各剂型的给药部位、给药方法，对患者用药有一定的指导作用 |
| | **注射给药剂型**：注射剂 | | |
| | **呼吸道给药剂型**：吸入气雾剂、吸入喷雾剂 | | |
| | **皮肤给药剂型**：软膏剂、乳膏剂、贴膏剂 | | |
| | **黏膜给药剂型**：滴眼剂、滴鼻剂、舌下片剂 | | |
| | **腔道给药剂型**：栓剂、阴道泡腾片 | | |
| 分散系统 | **真溶液型**：溶液剂、芳香水剂、甘油剂、醑剂 | | 便于进行药理稳定性和制备工艺研究，但不能反映给药途径与用药方法对剂型的要求 |
| | **胶体溶液型**：胶浆剂、凝胶剂和涂膜剂 | | |
| | **乳浊液型**：乳剂、部分搽剂、静脉乳剂 | | |
| | **混悬液型**：洗剂、混悬剂 | | |
| | **微粒型**：脂质体、微囊 | | |
| | **气体分散型**：气雾剂、喷雾剂 | | |
| | **固体分散型**：散剂、片剂、硬胶囊剂、丸剂 | | |

## 三、药物制成剂型的目的

药物的疗效主要是由药物的结构和性质决定的，但作为药物应用形式的剂型，对药效的发挥也极为重要，有时甚至起决定性作用。每一种药物在临床使用前都必须经过加工制成合适的剂型，以保证用药的安全性、有效性和稳定。剂型的重要性主要表现在如下方面。

### 1.临床治疗的需要

病有缓急，证有表里，所以临床应用时对药物的剂型要求各有不同。比如急救时，宜选用注射剂、吸入气雾剂、舌下片等起效快的剂型；需持久或缓慢给药的疾病，可考虑用丸剂、植入剂等作用缓慢而持久的剂型；局部皮肤病症，宜用软膏剂、凝胶剂等局部给药剂型；直肠给药宜选用栓剂等。

### 2.更好地发挥药物疗效，减少药物毒副作用

胰岛素、促皮质激素口服后，能被胃肠道消化液破坏，失去活性，宜制成注射

剂或鼻腔给药剂型。硝酸甘油吞服给药，易被肝脏破坏，起不到治疗作用，制成舌下给药剂型（舌下片、舌下膜），药物吸收途径改变，可避免肝脏首过效应，表现出良好的疗效。氨茶碱治疗哮喘病效果好，但有引起心跳加快的毒副作用，若制成栓剂直肠给药，则可以减小其毒副作用。对胃刺激性大的药物，则不宜制成胃溶型的散剂、胶囊剂等。

### 3.提高药物的稳定性

青霉素干燥状态很稳定，在水中易水解产生高致敏性成分，宜制成粉针剂，提高其稳定性。红霉素极易吸潮，可制成包衣片，增加其稳定性。

### 4.便于运输、贮存和使用

将中药材中有效成分提取后制成片剂、颗粒剂、丸剂等，既可以减小体积、增加药效，又便于使用和运输贮存。另外，还可通过制剂手段进行色、香、味的调节，更顺应不同患者的需要。

总之，药物制成不同的剂型，能调节药物作用强度，延长药物作用时间，控制药物起效快慢，甚至改变药物的治疗作用。药物与剂型之间有着相辅相成的关系，药物是主导作用，而剂型对发挥药物作用起保证作用，剂型是药物必要的应用形式。

## 四、药物制剂的基本任务

药物制剂的基本任务是研究如何将药物制成适宜的剂型和提高制剂的质量种类和制备水平，以满足医疗卫生事业的需要。具体任务如下：

### 1.开发新剂型和新辅料

随着科学技术的发展和人民生活水平的不断提高，原有的普通剂型如丸剂、片剂、注射剂和溶液剂等，很难达到高效、长效、毒副作用低、控释和定向释放等要求，因此不断开发新剂型是药物制剂的一个重要任务。优质的剂型需要质量好的辅料，不同的剂型也需要不同的辅料。药物剂型的改进和发展，产品质量的提高，生产工艺和设备的革新，新技术的应用以及新剂型的研究等工作，都要求有各种各样制剂辅料的密切配合。所以，在开发新剂型的同时，也应加强新辅料的研究和开发。

### 2.整理与开发中药制剂

中药剂型历史悠久、种类繁多，在继承、整理、发展和提高传统中药制剂的基础上，充分利用现代科学技术的理论、方法和手段，借鉴国际认可的药品标准和规范，研究、开发、管理和生产出以"现代化"和"高技术"为特征的"安全、高效、稳定、可控"的现代中药制剂，更好地服务于人类医药事业是药物制剂的又一重大课题。

### 3.运用新理论、新技术、新设备、新工艺以提高药品的质量

为了提高药物制剂的生产能力，保证制剂的质量，就必须不断改进和提高药物制剂的生产技术水平。如果没有先进的技术和设备，就不可能保证药品的质量，更难满足临床的需要。只有通过不断地研究新理论，探索新技术、采用新设备，使药品生产机械化、联动化、自动化，使新的药物剂型不断涌现，才能使我国医药产业真正成为技术密集型的朝阳产业。因此研究新理论、新技术、新设备、新工艺，对提高药品质量和生产效率，促进医药产业的发展具有十分重要的意义。

#### 现代药物制剂的发展

现代药物制剂是在传统制剂的基础上发展起来的，大约已有150年的历史。现代药物制剂的发展过程可归纳为四个时代：

**第一代**：传统的片剂、注射剂、胶囊剂、气雾剂等，约在1960年前建立。

**第二代**：药物制剂为口服缓释制剂、肠溶制剂和长效制剂，以控制释放速度为目的的第一代药物传递系统（Drug Delivery System，DDS）。注重疗效与体内药物浓度的关系，即定量给药问题，本类制剂的特点是不需频繁给药便能在体内较长时间内维持药物的有效浓度。

**第三代**：控释制剂以及利用单克隆抗体、脂质体、微球等药物载体制备的靶向给药制剂，为第二代DDS。

**第四代**：由体内反馈情报，靶向于细胞水平的给药系统，为第三代DDS。

一、判断题

1.药物按照制剂形态可分为固体剂型、半固体剂型、液体剂型和气体剂型。（　）

2.药物制成任何剂型的疗效都是一样的。（　）

3.为了确保疗效，同一药物不宜制成多种剂型。（　）

4.气雾剂是属于经胃肠道给药的制剂类型。（　）

二、单项选择题

1.药物制成的适用于临床应用的形式是（　）。

（A）剂型　　　　　（B）制剂　　　　　（C）主药　　　　　（D）药品

2.在药品包装上一定要有（　　）。

（A）商品名　　　　　　　　　　　　（B）英文名

（C）通用名　　　　　　　　　　　　（D）汉语拼音名

3.某药厂生产的阿司匹林片批准文号中有字母（　　）。

（A）Z　　　　　（B）H　　　　　　（C）S　　　　　　（D）J

4.下列关于剂型的表述错误的是（　　）。

（A）剂型系指为适应治疗或预防的需要而制备的不同给药形式

（B）同一种剂型可以有不同的药物

（C）同一药物也可制成多种剂型

（D）剂型系指某一药物的具体品种

5.关于剂型的分类，下列叙述错误的是（　　）。

（A）溶胶剂为液体剂型

（B）软膏剂为半固体剂型

（C）气雾剂、吸入粉雾剂为经呼吸道给药剂型

（D）气雾剂为气体分散型

三、简答题

1.药物制成剂型的重要性是什么？

2.药物剂型按分散系统可以分为哪几类？

3.说出五个药物名称，指出它们分别是什么剂型、哪种给药途径？

# 模块 2

## 没有规矩，不成方圆——识读药品标准

 学习目标

1. 能查阅《中国药典》。
2. 能知道药品注册标准和其他药品标准。

 学习导入

**药品**是指用于预防、治疗、诊断人的疾病，有目的地调节人的生理机能，并规定有适应证或者功能主治、用法用量的物质。

药品直接关系到人们的身体健康甚至生命存亡，因此，其质量不得有半点马虎。我们必须确保药品的**安全、有效**。

药品质量的一个显著特点是，它不像其他商品一样，有质量等级之分，如优等品、一等品、二等品、合格品等，都可以销售；药品质量只有符合规定与不符合规定之分，只有符合规定的产品才能销售，否则不得销售。

因此，药品生产企业应建立药品质量管理体系，以确保药品的质量符合预定用途，符合国家的药品标准或药品注册标准。那么我国的药品标准有哪些呢？又该如何查阅和使用这些标准呢？

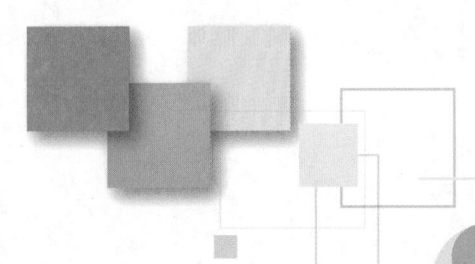

任务1　必备的基本功——
查阅《中国药典》

　工作任务

根据表2-1的查阅内容和要求，请在《中国药典》现行版中找到相应页码，并进行阅读，把查询结果填写在表中。

表2-1　查阅现行版《中国药典》

| 查阅内容 | 药典 | 分类 | 页码 | 查阅结果 |
| --- | --- | --- | --- | --- |
| 泊洛沙姆188 | ＿＿部 | | | 【类别】 |
| 三七 | ＿＿部 | | | 【功能与主治】 |
| 药用辅料 | ＿＿部 | | | 药用辅料系指 |
| 阿莫西林片 | ＿＿部 | | | 【性状】 |
| 胰岛素注射液 | ＿＿部 | | | 【规格】<br>【贮藏】 |
| 搽剂 | ＿＿部 | | | 搽剂系指 |
| 灭菌注射用水 | ＿＿部 | | | 【检查】 |
| 牛血清白蛋白残留量测定法 | ＿＿部 | | | 供试品溶液的制备 |
| 桂林西瓜霜 | ＿＿部 | | | 【用法与用量】 |

　查询方法

1.首先看看要查询的物料或内容是属于哪一类任务？来确定在《中国药典》现行版的第几部中查询。

2.从药典的"品名目次"或者"索引"中根据笔画多少或者汉语拼音的第一个字母来检索出查阅的内容在哪一页。

3.根据要求进行记录。

## 一、药品标准

药品标准是国家为保证药品质量、规格和检验方法所做的技术规定，是保证药品质量，进行药品生产、经营、使用、管理及监督检查的法定依据。

我国的国家药品标准是指国务院药品监督管理部门颁布的《中华人民共和国药典》、药品标准以及经国务院药品监督管理部门核准的药品质量标准。国务院药品监督管理部门会同国务院卫生健康主管部门组织药典委员会，负责国家药品标准的制定和修订。

国务院药品监督管理部门核准的药品质量标准高于国家药品标准的，按照经核准的药品质量标准执行；没有国家药品标准的，应当符合经核准的药品质量标准。

## 二、药典

药典是一个国家记载药品规格、标准的法典，由国家药典委员会组织编纂、由政府颁布实施，具有法律的约束力。药典收载的品种都是药效确切、副作用小、质量较稳定的常用药品及制剂，并明确规定其质量标准和检验方法，作为药品生产、检验、供应与使用的依据。

一个国家的药典在一定程度上体现出这个国家药品生产、医疗和科学技术的水平。由于医药科技的发展和进步，新的药物和新的制剂不断被开发应用，药物及制剂的质量要求也更加严格，药品的检验方法也在不断更新。因此，药典一般每五年修订出版一次，在新版药典中不仅增加新的品种，而且增设一些新的检验项目或方法，同时对有问题的药品进行删除。在新版药典出版前，往往由国家药典委员会编辑出版增补本，以利于新药和新制剂在临床的应用，这种增补本与药典具有相同的法律效力。显然，药典在保证人民用药的安全有效、促进药物研究和生产上起到重要作用。

《中华人民共和国药典》在新中国成立后已相继出版了10版和几版增补本，包括1953年版、1963年版、1977年版、1985年版、1990年版、1995年版、2000年版、2005年版、2010年版和2015年版等。

2015年版《中国药典》分为四部出版：一部收载药材和饮片、植物油脂和提取物、成方制剂和单味制剂等；二部收载化学药品、抗生素、生化药品以及放射性药品等；三部收载生物制品；四部收载药用辅料和通则，包括：制剂通则、检验方法、指导原则、标准物质和试液试药相关通则等。

### 三、《中国药典》的基本结构

《中国药典》的基本结构包括：凡例、正文、附录和索引。

**凡例**是为正确使用《中国药典》进行药品质量检定的基本原则，是对正文、附录及与质量检定有关的共性问题的统一规定，包括药典中各种术语的含义以及使用时的有关规定。

**正文**是药典的主要内容，包括药典收载各品种的名称、有机药物的结构式、分子式和分子量、来源或有机化学药物化学名、含量或效价规定、处方、制法、炮制、性状、鉴别、检查、含量或效价测定、类别、规格、贮藏、制剂、性味与归经、功能与主治、用法与用量等。

**附录**包括制剂通则、通用检查方法和指导原则、药材炮制通则、对照品与对照药材以及试液、试药、试纸等。

制剂通则是按照药物剂型分类，针对剂型特点所规定的基本技术要求；

通用检查方法是各正文品种进行相同检查项目的检测时所应采用的统一的设备、程序、方法及限度等；

指导原则是为执行药典、考查药品质量、起草与复核药品标准等所制定的指导性规定。

**索引**设有中文名索引、英文名索引或拉丁学名索引，以便于查阅。

任务2  他山之石，可以攻玉——
认知其他药品标准

 知识充电宝

## 一、国外药典

全世界大约有近40个国家编制了本国药典，另外还有《国际药典》、《欧洲药典》等国际性或区域性药典。其中在国际上具有影响力的药典有：美国药典（USP）（图2-1）、英国药典（BP）（图2-2）、日本药局方（JP）（图2-3）、欧洲药典（EP）、国际药典（Ph.Int）。

图2-1  美国药典

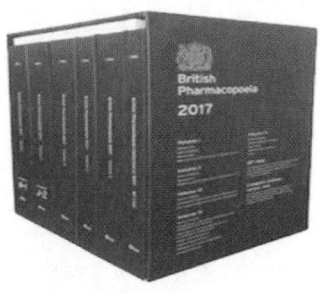

图2-2  英国药典

图2-3  日本药局方

## 二、国家药品标准

国家药品标准是由国家药品监督管理部门对临床常用、疗效确切、生产地区较多的品种编纂并颁布实施的，主要包括以下几方面的药物：

1.国内已生产、疗效较好，需要统一标准但尚未载入药典的品种。

2.国务院药品监督管理部门审批的国内创新的重大品种、国内未生产的新药，包括放射性药品、麻醉性药品、中药人工合成品、避孕药等。

3.药典收载过而现行版未列入的疗效肯定、国内几省仍在生产或使用并需修订标准的药品；疗效肯定、但质量标准仍需进一步改进的新药。

 拓展阅读

### 药品管理相关法律规范

1.《中华人民共和国药品管理法》及《中华人民共和国药品管理法实施条例》

《药品管理法》（2019年修订）于2019年12月1日实施，是为了加强药品管理，保证药品质量，保障公众用药安全和合法权益，保护和促进公众健康而制定，主要内容包括药品研制和注册、药品上市许可持有人、药品生产、药品经营、医疗机构药事管理、药品上市后管理、药品价格和广告、药品储备和供应、监督管理、法律责任等。适用于在中华人民共和国境内从事药品研制、生产、经营、使用和监督管理活动。

2.《药物非临床研究质量管理规范》（GLP）

GLP是药物进行临床前研究必须遵循的基本准则，其内容包括药物非临床研究中对药物安全性评价的实验设计、操作、记录、报告、监督等一系列行为和实验室的规范要求，是从源头上提高新药研究质量、确保人民群众用药安全的根本性措施。

3.《药物临床试验质量管理规范》（GCP）

GCP是规范药物临床试验全过程的标准规定，其目的在于保证临床试验过程的规范，结果科学可靠，保护受试者的权益并保障其安全。

4.《药品生产质量管理规范》（GMP）

GMP是药品生产和质量管理的基本准则，适用于药品制剂生产的全过程、原料药生产中影响成品质量的关键工序。要求药品生产企业具备良好的生产设备，合理的生产过程，完善的质量管理和严格的检测系统，确保所生产的药品符合预定用途和注册要求。

5.《药品经营质量管理规范》（GSP）

GSP是指在药品流通过程中，针对计划采购、购进验收、贮存、销售及售后服务等环节而制定的保证药品符合质量标准的一项管理制度。其核心是通过严格的管理制度来约束企业的行为，对药品经营全过程进行质量控制，保证向用户提供优质的药品。

 目标检测

一、判断题

1.我国所有的药物都收载在《中国药典》中。（　　）

2. 2015 年版《中国药典》的一部收载的是化学药物及其制剂。（　　）

3.中华人民共和国第一版药典是 1949 年版。（　　）

4.制剂通则在药典的凡例中。（　　）

二、单项选择题

1.有关药典的叙述错误的是（　　）。

（A）药典是一个国家记载药品规格、标准的法典

（B）现版药典应收载前版药典中所有药品

（C）药典由药典委员会编写，由政府颁布实施

（D）药典具有法律约束力

2.现行《中国药典》是（　　）。

（A）2010 年版 　　　　　　　（B）2015 年版

（C）2020 年版 　　　　　　　（D）各版均可用

3.药典收载的药物及其制剂，不正确的是（　　）。

（A）疗效确切 　　　　　　　（B）质量稳定

（C）副作用小 　　　　　　　（D）新特药品

药 物 制 剂 技 术
（中职阶段）

# Part 2

## 项目二

## 制备液体制剂

### 项目导学

　　**液体制剂**是指药物分散在适宜的分散介质中制成的液体形态的药物剂型。液体制剂包括多种剂型和制剂产品,临床应用广泛。

　　液体制剂制备的理论和生产工艺在药物制剂技术中占有重要地位,并且是制备和生产注射剂、软膏剂、气雾剂等其他剂型的基础。

　　本项目主要介绍液体制剂的基本概念,处方组成,常见的液体制剂,如溶液剂、混悬剂、乳剂等的制备工艺,以及液体制剂中最常见的溶剂——制药用水的生产。

模块 **3**

# 换个角度看药液——认识液体制剂

 学习目标

1.能知道液体制剂的概念、分类、特点和质量要求。

2.能知道液体制剂常用的溶剂与附加剂。

3.能知道表面活性剂的定义、结构特点、分类和性质，了解表面活性剂在药物制剂中的应用。

4.能看懂钠皂的制备工艺流程。

5.能按照操作规程进行钠皂的制备，正确填写实验记录。

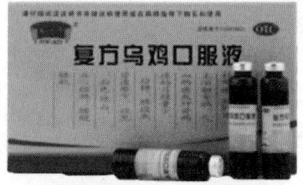

图3-1 复方乌鸡口服液

 学习导入

当我们生病时，为了让身体尽快好起来，常会用药物进行治疗。请想一想，我们用过的药品中有没有液体形态的制剂（图3-1和图3-2）？试着举几个例子。

图3-2 急支糖浆

### 课堂互动

在图3-3～图3-8所示的这些药物制剂中，请说出它们的外观性状、使用途径和应用特点分别有什么不同？

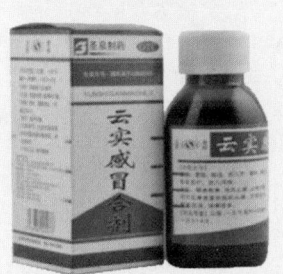

图3-3　云实感冒合剂

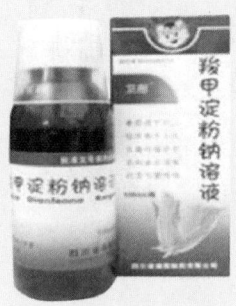

图3-4　羧甲淀粉钠溶液

图3-5　布洛芬混悬液

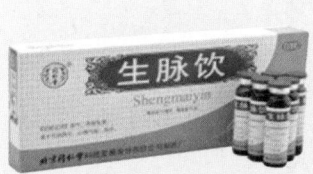

图3-6　生脉饮

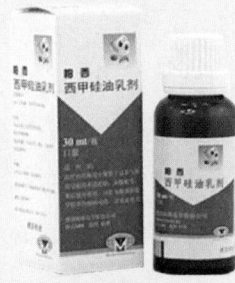

图3-7　西甲硅油乳剂

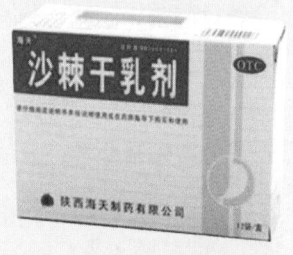

图3-8　沙棘干乳剂

### 知识充电宝

## 一、液体制剂的定义

**液体制剂**是指药物分散在适宜的分散介质中制成的液体形态的制剂，可供口服、外用或其他途径给药。液体制剂的分散相可以是液体、固体和气体，药物的存在形式可以是分子、离子、胶粒、微粒和液滴等。为了保证液体制剂具有稳定性、安全性、有效性和均一性，在制备过程中，需要加入适宜的分散介质和附加剂，如增溶剂、助悬剂、助溶剂、防腐剂等。

## 二、液体制剂的特点

液体制剂的**优点**：（1）药物在介质中分散度大，吸收快，药效迅速，有利于提高药物的生物利用度；（2）易于分剂量，而且流体易于服用，特别适用于婴幼儿和老年患者；（3）给药途径多，可以内服或外用，如用于黏膜、人体腔道或皮肤等；（4）经调整浓度，可以减少某些药物对胃肠道的刺激性，如溴化物、水合氯醛等药物。

液体制剂的**不足**：（1）化学稳定性差，易引起药物的分解失效；（2）水性制剂易霉败，非水性制剂可能会产生药理作用；（3）非均相液体制剂，易产生物理稳定性的问题；（4）体积和质量较大，携带、贮运都不方便。

## 三、液体制剂的质量要求

含量准确、性质稳定、安全无毒、无刺激性、有一定的防腐能力；均相液体制剂应为澄明溶液，非均相液体制剂中的药物应均匀分散；不得有发霉、酸败、变色、异臭、异物、产生气体或其他变质现象；包装容器的大小和材质应适宜，方便患者携带和使用。

## 四、液体制剂的分类

液体制剂中的药物可以是固体、液体或气体，一定条件下，以分子、离子、胶体粒子、微粒或液滴的形式分散于分散介质中形成分散体系。

根据药物的分散状态，液体制剂分为均相分散体系和非均相分散体系。

按**分散体系分类**，液体制剂的分类见表3-1所示。

表3-1　液体制剂分散体系分类一览表

| 类　　型 | | 分散相 | 分散相大小/nm | 特征和应用举例 |
|---|---|---|---|---|
| 均相液体制剂 | 真溶液 | **低分子溶剂** 小分子药物 | <1 | 热力学稳定体系，能透过滤纸和半透膜，如氯化钠水溶液（图3-9）、樟脑的乙醇溶液 |
| | 胶体溶液 | **高分子溶液剂** 高分子药物 | 1～100 | 热力学稳定体系，能透过滤纸，不能透过半透膜，如明胶水溶液、胃蛋白酶溶液（图3-10） |
| 非均相液体制剂 | | **溶胶剂** 固体药物 | | 热力学不稳定体系，能透过滤纸，不能透过半透膜，又称为疏水胶体，如硫溶胶、氢氧化铁溶胶 |
| | **混悬剂** | 固体药物 | >500 | 动力学和热力学不稳定体系，不能透过滤纸，外观浑浊，如炉甘石洗剂、硫黄洗剂 |
| | **乳剂** | 液体药物 | >100 | 动力学和热力学不稳定体系，不能透过滤纸，外观呈乳状或半透明状，如鱼肝油乳、松节油搽剂 |

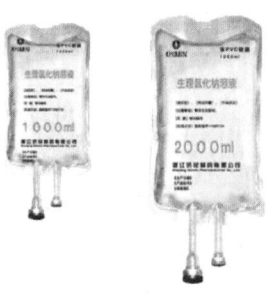
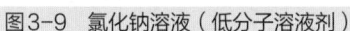

图3-9　氯化钠溶液（低分子溶液剂）

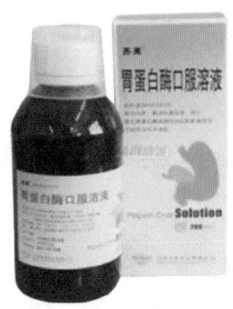

图3-10　胃蛋白酶口服溶液（高分子溶液剂）

**按给药途径分类**，液体制剂可分为内服液体制剂和外用液体制剂。

**内服液体制剂**：如口服溶液剂、糖浆剂、滴剂等。

**外用液体制剂**：如洗剂（图3-11）、搽剂（图3-12）、滴耳剂（图3-13）、滴鼻剂（图3-14）、含漱剂和灌肠剂等。

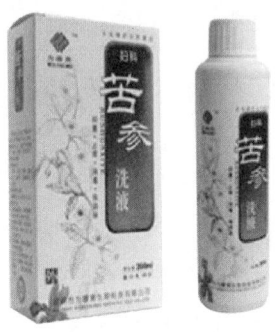

图3-11　苦参洗液

图3-12　肿痛搽剂

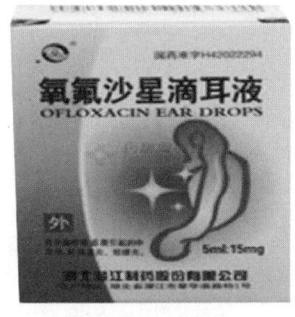

图3-13　氧氟沙星滴耳液

图3-14　滴鼻剂

### 胶体溶液

胶体溶液有高分子溶液剂和溶胶剂两种。

#### 1.高分子溶液剂

**高分子溶液剂**是指高分子药物溶解于溶剂中制成的均匀分散的液体制剂。以水为溶剂的又称为胶浆剂。高分子溶液剂属于热力学稳定体系。混悬剂中的助悬剂、乳剂中的乳化剂、片剂的包衣材料、血浆代用品、微囊、缓释制剂等都涉及高分子溶液。

高分子溶液剂具有以下**性质**：（1）**带电性**，由于高分子药物结构中的某些基团因解离而带电，所以有电泳现象；（2）**渗透压**，高分子溶液有较高的渗透压，渗透压大小与高分子药物浓度有关，浓度越大，渗透压越高；（3）**黏性**，高分子溶液是黏稠性流动液体，黏稠性大小可用黏度表示。

高分子溶液的**制备**需要经过一个溶胀的过程，分为**有限溶胀和无限溶胀**。无限溶胀常需要搅拌或加热才能完成。

#### 2.溶胶剂

**溶胶剂**是指固体药物以胶粒状态分散在分散介质中形成的非均匀分散的液体制剂，以水为分散介质的又称疏水胶体溶液。胶粒是多分子聚集体，属于热力学不稳定体系。外观与溶液剂相似，透明无沉淀。

溶胶剂具有以下**性质**：（1）**可滤过性**，溶胶剂能通过滤纸，而不能通过半透膜；（2）**胶粒具有布朗运动**，胶粒越小，分散度越大，在分散介质中的不规则运动，即布朗运动越强烈，动力学稳定性越大；（3）**光学效应**，当一束强光通过溶胶剂时，从侧面可见到圆锥形光束，称为"丁达尔"效应，可用于胶浆剂的鉴别；（4）**胶粒带电**，可产生电泳现象；（5）**稳定性**，由于胶粒表面所带相反电荷的排斥作用，胶粒荷电形成的水化膜、布朗运动等，增加了胶浆剂的稳定性。

溶胶剂的**制备**有分散法和凝聚法两种。

## 五、液体制剂常用的溶剂

液体制剂的**处方**一般由药物、溶剂（分散介质）和附加剂组成。

**液体制剂的溶剂**即分散介质，对药物的溶解和分散起重要的作用。优良的溶剂应对药物具有良好的溶解性和分散性；无毒、无刺激，无不适嗅味；化学性质稳定，不与药物或附加剂反应；不影响药物的疗效和含量测定；具有防腐性且成本低等特点。但完全符合这些条件的溶剂很少，应视药物的性质及用途选择适宜的溶剂，尤其是混合溶剂。

液体制剂的溶剂按溶剂极性大小通常可分为**极性溶剂、半极性溶剂和非极性溶剂**，各自的应用特点见表3-2所示。

表3-2　液体制剂常用溶剂的分类和应用特点一览表

| 类别 | | 应用特点 |
|---|---|---|
| 极性溶剂 | 纯化水 | 最常用的溶剂，无药理作用；能溶解大多数的无机盐、生物碱盐、苷类、糖类、树胶、鞣质、黏液质、蛋白质、酸类及色素等；但无防腐作用，制剂中需加入适宜的防腐剂 |
| | 甘油 | 水溶剂中加入一定比例的甘油，对皮肤有保湿、滋润作用；且黏度大，可使药物在局部的滞留时间增长而延长药效；含甘油30%以上时有防腐作用 |
| | 二甲基亚砜 | 溶解范围广，有"万能"溶剂之称；能促进药物在皮肤上的渗透；但对皮肤有轻度刺激性，孕妇禁用 |
| 半极性溶剂 | 乙醇 | 溶解范围广；含乙醇20%以上时具有防腐作用；但有一定药理作用，且易挥发、易燃烧 |
| | 丙二醇 | 药用规格是1,2-丙二醇；毒性小，无刺激性，可作为内服及肌内注射用药的溶剂；其水溶液对药物在皮肤和黏膜上有促渗透作用 |
| | 聚乙二醇 | 常用PEG-300～PEG-600，能溶解许多水溶性无机盐和水不溶性的有机药物，对易水解的药物有一定稳定作用；在外用液体药剂中能增加皮肤的柔润性 |
| 非极性溶剂 | 脂肪油 | 能溶解油溶性维生素，如维生素A和维生素D；也作外用制剂的溶剂，如洗剂、搽剂、滴鼻剂等。易氧化酸败，也易受碱性药物影响发生皂化反应；常用的有植物油，如花生油、麻油、豆油、棉籽油等 |
| | 液状石蜡 | 能溶解生物碱、挥发油等，在肠道中不分解也不吸收，有润肠通便的作用 |

 **课堂互动**

1.（多选题）液体制剂的分散溶媒包括（　　）。

（A）纯化水　　　　　　（B）乙醇　　　　　　　　（C）脂肪油

（D）聚乙二醇6000　　（E）甘油

2.（单选题）下列哪项不是常用的液体制剂溶剂（　　）。

（A）甘油　　　　　　　（B）丙二醇

（C）异丙醇　　　　　　（D）聚乙二醇

3.（单选题）下列哪个不作为液体制剂的溶剂（　　）。

（A）水　　　　　　　　（B）乙醇

（C）花生油　　　　　　（D）聚山梨酯80

## 六、液体制剂常用的附加剂

为了保证液体制剂的安全性、有效性及稳定性，常在药物制剂中加入除主药以外的一些辅料，统称为附加剂。液体制剂常用的**附加剂**有以下几类。

### 1. 增加溶解度的附加剂

（1）**增溶剂**  某些难溶性药物在表面活性剂的作用下增加溶解度，形成溶液的过程称为**增溶**，具有增溶能力的表面活性剂称为增溶剂。常用的有聚山梨酯类等。

（2）**助溶剂**  是指难溶性药物与加入的第三种物质在溶剂中形成可溶性分子间络合物、复盐、缔合物等，以增加难溶性药物的溶解度，所加入的第三种物质称为助溶剂。如碘在水中溶解度为 1 ：2950，加入适量碘化钾，碘与碘化钾形成分子间络合物 $KI_3$，使碘在水中溶解度增加到 5%。

（3）**潜溶剂**  在混合溶剂中，各溶剂达到一定比例时，药物的溶解度出现极大值，这种现象称为**潜溶**，这种混合溶剂称为潜溶剂。常与水形成潜溶剂的有乙二醇、丙二醇、甘油、聚乙二醇等。如甲硝唑在水中的溶解度为 10%，如果使用水 - 乙醇为溶剂，则溶解度提高 5 倍。

**拓展阅读**

#### 溶液浓度的表示方法

在《中国药典》凡例中规定，**溶液的百分比浓度**，除另有规定外，是指溶液 100mL 中含有溶质若干克，写作 %（g/mL）。此外，根据需要还可采用下列符号：

%（g/g）            表示溶液 100g 中含有溶质若干克；

%（mL/mL）      表示溶液 100mL 中含有溶质若干毫升；

%（mL/g）         表示溶液 100g 中含有溶质若干毫升；

溶液后标示"（1→10）"等符号，是指固体溶质 1.0g 或液体溶质 1.0mL 加溶剂使成 10mL 的溶液；未指明用何种溶剂时，均系指水溶液。

药典正文中的注射液制剂的规格项下，如写作"1mL：10mg"，是指 1mL 药液中含有主药 10mg。

### 2. 防腐剂

也称抑菌剂，是指抑制微生物生长繁殖的化学物质。但因大多数的防腐剂都有一定的毒性，所以尽可能不用或少用。药物制剂中常用防腐剂的种类、用量和应用特点见表 3-3 所示。

表3-3　常用抑菌剂的分类和应用特点一览表

| 类别 | 用量 | 应用特点 |
|---|---|---|
| 羟苯酯类<br>（尼泊金酯类） | 甲酯0.05%～0.25%<br>乙酯0.05%～0.15%<br>丙酯0.02%～0.075%<br>丁酯0.01% | 无毒、无味、无臭，化学性质稳定，应用广泛；在酸性溶液中作用最强；配伍使用时有协同作用，常用的有乙酯和丙酯（1∶1）合用或乙酯和丁酯（4∶1）合用 |
| 苯甲酸与苯甲酸钠 | 苯甲酸0.1%～0.3%<br>苯甲酸钠0.2%～0.5% | 苯甲酸未解离的分子抑菌作用强；在酸性溶液中抑菌效果较好 |
| 山梨酸 | 0.05%～0.2% | 起防腐作用是未解离的分子；在pH4的水溶液中抑菌效果较好；稳定性差，易被氧化，使用时可加入适宜稳定剂 |
| 苯扎溴铵<br>（新洁而灭） | 0.02%～0.2% | 是阳离子型表面活性剂，在酸性、碱性溶液中稳定；只能用于外用药剂中 |

## 3.矫味剂

指为了掩盖和矫正药物不良嗅味而加入药物制剂中的物质。许多药物具有不良的嗅味，如KBr、KI有咸味，生物碱有苦味，鱼肝油有腥味等。液体制剂中常用矫味剂的种类和应用特点见表3-4所示。

表3-4　常用矫味剂的分类和应用特点一览表

| 类别 | 应用举例 | | 应用特点 |
|---|---|---|---|
| 甜味剂 | 天然：蔗糖、单糖浆及芳香糖浆 | | 能掩盖药物的咸、涩和苦味 |
| | 合成：糖精钠 | | |
| 芳香剂 | 天然：柠檬香、茴香、薄荷油 | | 能改善药物制剂的气味 |
| | 合成：苹果香精、橘子香精、香蕉香精 | | |
| 胶浆剂 | 海藻酸钠、阿拉伯胶、甲基纤维素、羧甲基纤维素钠 | | 具有黏稠、缓和的性质，可干扰味蕾的味觉而起到矫味的作用 |
| 泡腾剂 | 有机酸（如枸橼酸、酒石酸）与碳酸氢钠混合后，遇水产生大量二氧化碳 | | 能麻痹味蕾而起矫味作用，对盐类的苦味、涩味、咸味有改善作用 |

## 4.着色剂

可以改善药物制剂的外观颜色，使人乐于接受，并有区别制剂品种的作用。使用时应注意：所用的溶剂、pH值对色调会产生影响；大多数色素往往由于曝光、氧化剂、还原剂的作用而退色；不同色素相互配色可产生多样化的着色剂。常用着色剂的分类和应用特点见表3-5所示。

表 3-5  常用着色剂的分类和应用特点一览表

| 类别 | | 应用举例 | 应用特点 |
|---|---|---|---|
| 天然 | 植物性：焦糖、叶绿素、胡萝卜素、甜菜红 | | 可做食品和内服制剂的着色剂 |
| | 动物性：氧化铁（外用使药剂呈肤色） | | |
| 合成 | 苋菜红、柠檬黄、胭脂红、胭脂蓝和日落黄 | | 颜色鲜艳，价格低廉，大多有一定毒性，用量不宜过多 |

 案例分析

## 胃蛋白酶合剂

【处方】胃蛋白酶 20g　　稀盐酸 20mL　　橙皮酊 50mL　　单糖浆 100mL

　　　　纯化水加至 1000mL

【讨论】处方中各组分的作用是什么？

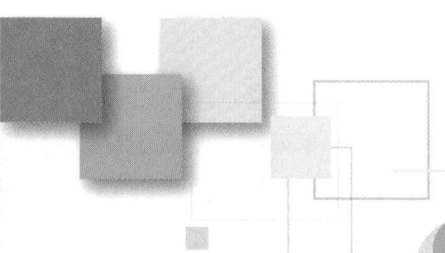

任务2 让水与油"交融"——
认识表面活性剂

日常生活中清洁衣物、洁面、洗手常常会用到肥皂（图3-15），根据应用对象不同，可分为洁面皂、洗衣皂（图3-16）等，你知道这些肥皂的相同点有哪些吗？肥皂的主要成分又是什么呢？

图3-15　肥皂

图3-16　洗衣皂

知识充电宝

### 一、表面活性剂的定义和结构特点

固体与气体、液体与气体的交界面称为表面，任何物体表面都存在表面张力，尤以液体表面张力最为明显，**表面张力**是指一种使表面分子有向内运动的趋势，并使表面自动收缩至最小面积的力。

使液体表面张力降低的性质即为表面活性，**表面活性剂**是指那些具有很强的表面活性，能使液体表面张力急剧下降的物质。

**表面活性剂的结构特点**：表面活性剂一般多为长链的有机化合物，分子中同时含有极性的亲水基团和非极性的亲油基团，分布在链的两端，见图3-17所示。其中亲水基团如羧基、磺酸基、氨基及其盐，与水分子有较强的亲和力；亲油基团一般是8个碳原子以上的烃链，对油等非极性物质有较强的亲和力。如钠肥皂是脂肪酸类（R—COONa）表面活性剂，其结构中的（R—）为亲油基团，解离的脂肪酸根（—COONa）为亲水基团。

由于表面活性剂的特殊结构，表面活性剂在溶液表面或两种不相混溶液体以及固液共存的体系中将做定向排列，见图3-18所示。

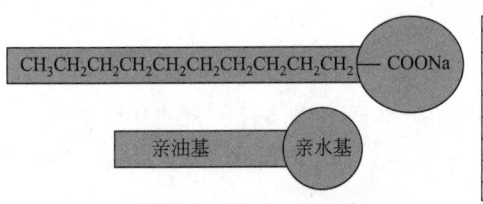

图3-17 表面活性剂（肥皂）的分子结构

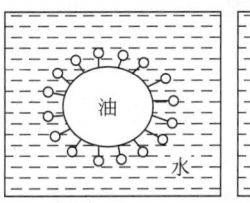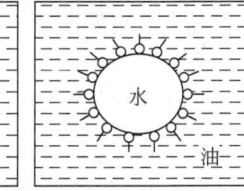

图3-18 表面活性剂的定向排列

表面活性剂亲水和亲油能力的强弱取决于其分子结构中亲水基团和亲油基团的多少，可用**亲水亲油平衡值（HLB值）**来表示。HLB值越大，表示其亲水性越强；HLB值越小，表示其亲油性越强。

表面活性剂的HLB值范围限定在0～40，其中非离子表面活性剂的HLB值范围为0～20，完全由疏水的饱和烷烃基组成的石蜡的HLB值为0，完全由亲水性的氧乙烯基组成的聚氧乙烯的HLB值为20。既有碳氢链，又有氧乙烯基的表面活性剂的HLB值则介于二者之间。

每一种表面活性剂都有一定的HLB值，HLB值不同，其用途也不同。不同HLB值的表面活性剂的用途如图3-19所示。

## 二、表面活性剂的分类

表面活性剂根据其解离情况，可分为离子型表面活性剂和非离子型表面活性剂。根据所带电荷的不同，离子型表面活性剂又分为阴离子型、阳离子型和两性离子型表面活性剂。常用的表面活性剂分类及应用特点如表3-6所示。

图3-19 不同HLB值的表面活性剂的用途

表3-6　表面活性剂的分类和应用特点一览表

| 类型 | | 应用举例 | 应用特点 |
|---|---|---|---|
| 离子型表面活性剂 | 阴离子型表面活性剂 | **肥皂类**：碱金属皂（一价皂）、碱土金属皂（二价皂）、有机胺皂（如三乙醇胺皂） | 具有良好的乳化能力，但易被酸及高价盐破坏；刺激性较大，一般只用于外用制剂 |
| | | **硫酸化物**：十二烷基硫酸钠、十六烷基硫酸钠、十八烷基硫酸钠 | 具有较强的乳化能力，较肥皂类稳定，主要用作外用软膏的乳化剂 |
| | | **磺酸化物**：十二烷基苯磺酸钠 | 在酸性水溶液中较稳定，渗透力强，去污力好，是广泛应用的洗涤剂 |
| | 阳离子型表面活性剂 | 苯扎溴铵（新洁尔灭）、苯扎氯铵（洁尔灭） | 水溶性大，在酸性与碱性溶液中均较稳定，具有良好的表面活性作用和杀菌作用。主要用于皮肤、黏膜、手术器械的消毒，有的还可用作眼用液体制剂的抑菌剂 |
| | 两性离子型表面活性剂 | **天然的**：豆磷脂和卵磷脂 | 具有很强的乳化作用，可用作O/W型（水包油型）乳化剂，形成的乳剂能经受热压灭菌而不被破坏，安全无毒，是优良的静脉注射用乳化剂 |
| | | **合成的**：氨基酸型和甜菜碱型 | 杀菌力很强，毒性比阳离子型表面活性剂要小，其1%溶液可作喷雾消毒用 |
| | | 咪唑啉型 | 毒性很低，刺激性极低，对皮肤和眼睛几乎无刺激，用于婴儿用香波 |
| 非离子型表面活性剂 | 多元醇型 | 脂肪酸甘油酯 | 不溶于水，受水、热、酸、碱及酶等作用易水解，HLB值为3～4，主要用作W/O型辅助乳化剂 |
| | | 脱水山梨醇脂肪酸酯类（司盘） | 油溶性，HLB值为1.8～8.6，一般用作W/O型乳化剂，或O/W型辅助乳化剂 |
| | | 聚山梨酯（吐温） | 在水中易溶，HLB值为11.0～16.7，是常用的增溶剂和O/W型乳化剂 |
| | 聚乙二醇型 | 聚氧乙烯脂肪醇醚类（苄泽类） | 乳化能力强，是O/W型乳化剂 |
| | | 聚氧乙烯脂肪酸酯类（卖泽类） | 乳化能力强，是O/W型乳化剂 |
| | | 聚氧乙烯-聚氧丙烯共聚物（泊洛沙姆或普朗尼克） | 一般做O/W型乳化剂，可作为静脉注射用的乳化剂，所制备的O/W型乳化剂耐受高压灭菌 |

 拓展阅读

**表面活性剂HLB值的计算**

实际应用中，通常是两种或两种以上表面活性剂合并使用，以提高药物制剂的质量。混合后的表面活性剂的HLB值，一般可按下式计算求得：

$$HLB_{ab} = \frac{HLB_a \times W_a + HLB_b \times W_b}{W_a + W_b}$$

式中，$HLB_a$、$HLB_b$分别为a、b两种表面活性剂的HLB值；$W_a$、$W_b$分别为a、b两种表面活性剂的质量或比例量。

【例】将45%司盘60（HLB=4.7）和55%吐温60（HLB=14.9）混合，问混合表面活性剂的HLB值应为多少？

解：

$$HLB_{ab} = \frac{4.7 \times 45\% + 14.9 \times 55\%}{45\% + 55\%} = 10.31$$

答：混合表面活性剂的HLB值应为10.31。

**表面活性剂的毒性**

表面活性剂的毒性大小，一般是阳离子型＞阴离子型＞非离子型，其毒性大小还与给药途径有关，表面活性剂用于静脉注射给药比口服给药的毒性大。表面活性剂的毒性、溶血作用、刺激性等，通常随着处方中与其他成分的配伍而发生相应的变化。

## 三、表面活性剂的应用

表面活性剂在药物制剂中应用广泛，可用于增溶、乳化、润湿、起泡和消泡、去污、消毒和杀菌等。其应用可见表3-7所示。

表3-7　表面活性剂的应用一览表

| 应用 | | 应用举例 |
|---|---|---|
| 增溶 | **增溶剂**是指能使难溶性药物在水中溶解度增大的表面活性剂 | HLB值在15～18的增溶剂常用在液体制剂中，如口服溶液剂 |
| 乳化 | **乳化剂**是使其中一种液体以细小液滴分散在另一种液体中的具有乳化作用的第三种成分 | HLB值在3～8的表面活性剂常用作油包水型（W/O型）乳化剂，如司盘等；HLB值在8～16的表面活性剂常用作水包油型（O/W型）乳化剂，如阿拉伯胶、西黄蓍胶等 |
| 润湿 | **润湿剂**是促进液体在固体表面铺展或渗透的表面活性剂 | HLB值为7～9，并应有适宜的溶解度；非离子型表面活性剂有较好的润湿效果 |

| | 应用 | 应用举例 |
|---|---|---|
| 起泡与消泡 | **消泡剂**是能使泡沫迅速消散或阻止泡沫形成的表面活性剂<br>**起泡剂**是在溶液中降低液体的表面张力而使泡沫稳定的表面活性剂 | 消泡剂的HLB值为1～3；起泡剂应用在皮肤、腔道黏膜给药的药物剂型中，使药物在用药部位均匀分散而不易流失，如阴道片、气雾剂、海绵剂等 |
| 去污 | **去污剂**是用于除去污垢的表面活性剂 | HLB值为13～16，去污作用是润湿、渗透、分散、乳化或增溶等各种作用的综合结果 |
| 消毒剂和杀菌剂 | **消毒剂和杀菌剂**是用于杀灭病原微生物的表面活性剂 | 大多数阳离子型表面活性剂和两性离子型表面活性剂能使细菌生物膜蛋白变性或破坏，防止细菌的生长或防止污染，如苯扎溴铵为一种广谱杀菌剂，可用于皮肤、黏膜和手术器械的消毒 |

 **课堂互动**

1.你知道钠皂属于哪一类表面活性剂吗？有什么用途？

2.钠皂制备的原理是什么？

 **生产小能手**

**钠皂的制备流程**如图3-20所示：

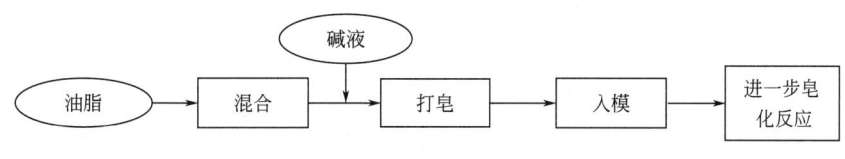

图3-20　钠皂的制备工艺流程

模块3　换个角度看药液——认识液体制剂

钠皂制备的实验任务单见表3-8所示。

表3-8 钠皂制备的实验任务单

| 品名 | 钠皂 | 批号 | 180208 |
| --- | --- | --- | --- |
| 物料的名称和理论用量 | | | |
| 序号 | 物料名称 | 单位 | 理论用量/g |
| 1 | 初榨橄榄油 | g | 26 |
| 2 | 椰子油 | g | 4.5 |
| 3 | 棕榈油 | g | 4.5 |
| 4 | 氢氧化钠 | g | 5 |
| 5 | 牛奶冰块 | g | 10.5 |
| 6 | 蜂蜜 | mL | 1 |
| 7 | 纯化水 | mL | 1 |

## 一、制备前检查

1.检查烧杯、剪刀、量筒、玻璃棒、温度计、钠皂的模具等实验器具是否完好、清洁。

2.检查计量器具与称量的范围是否相符。

3.检查磁力水浴搅拌锅是否完好，确认正常后方可使用。

4.接到钠皂制备实验任务单、操作规程、实验记录等文件，明确产品名称、批号和制备要求等指令。

5.按钠皂制备实验任务单核对初榨橄榄油、椰子油、棕榈油、氢氧化钠、牛奶冰块（可用母乳/羊奶/水替代）、蜂蜜的品名和数量。

## 二、制备操作

1.称量与配料：按实验任务单用量对物料进行逐个核对、称量。称量过程中要做到一人称量，另一人复核，无复核不得称量投料，且所用器具要每料一个，不得混用，避免交叉污染。

2.预处理：（1）碱液的配制：牛奶冰块称量好后，置于烧杯中，将氢氧化钠分3～4次倒入，并快速搅拌，直到氢氧化钠完全溶解，碱液即配制完成。

（2）油脂的混合：将称好的油脂依次倒入烧杯中，将烧杯放于磁力加热搅拌器上，调节转速约50r/min，打开加热开关，加热熔化油脂，油脂充分搅拌混合后备用。

（3）蜂蜜的稀释：量取1mL纯化水，少量多次加入1g蜂蜜中，充分搅拌混合均匀。

3.打皂：用温度计分别测量油脂和碱液的温度，当二者皆在45℃以下，且温差在10℃之内，即可混合；将混合均匀的油脂边搅拌边倒入配好的碱液中，用磁力搅拌器持续搅拌30～40min；再将稀释好的蜂蜜倒入皂液中搅拌约5min；直到皂液变浓稠，似美乃滋状。

4.入模：用少许油擦拭模具内侧后，将皂液倒入模具中，放置约2～3天后即可脱模。脱模后，风干约4～6周，完全皂化后即可使用。

5.及时填写钠皂制备记录。

## 三、清洁清场

1.剩余的物料应密封储存，废料按规定处理。

2.对仪器、容器具进行清洁。

3.对场地、操作台进行清洁和清场。

4.清场后，及时填写清场记录。

**注意事项**

1.钠皂制备所用器具必须干净、**干燥**、内壁光滑。

2.皂化反应是放热反应，油脂和碱液混合前，需用温度计分别测量油脂和碱液的**温度**，二者皆在45℃以下，且温差在10℃之内才可混合。温度不可过高；皂化反应过程中注意散热。

3.打皂时尽量**搅拌均匀**，搅拌不足可能导致分层，或是皂体表面不平滑等问题。

4.制备的肥皂成型后，需放置一段时间，待**皂化反应充分**后，方可使用。

**目标检测**

一、判断题

1.防腐剂是口服溶液剂中常用的附加剂之一。（ ）

2.口服溶液不得有酸败、异臭、产生气体或其他变质现象。（ ）

3.表面活性剂中，阳离子型表面活性剂的毒性最大。（ ）

4.表面活性剂都不能与蛋白质反应。（ ）

5.溶胶剂的常用制备方法有分散法和凝聚法。（ ）

6.溶胶剂中的胶粒在分散介质中做规则的运动，这种运动又称布朗运动。（ ）

7.液体制剂是药物分散在适宜的分散介质中制成的剂型，可供口服或外用。（ ）

二、单选题

1.下列液体制剂的特点描述正确的是（　　）。

（A）水性药剂不易霉败　　　　　　　　（B）流动性大，不利于腔道给药

（C）刺激性大，难服用　　　　　　　　（D）药物之间易发生配伍变化

2.液体制剂中常用的防腐剂是（　　）。

（A）甜菊苷　　　　（B）薄荷油　　　　（C）焦糖　　　　（D）苯甲酸

3.下列哪项不是表面活性剂具有的应用性质（　　）。

（A）增溶　　　　（B）乳化　　　　（C）润湿　　　　（D）灭菌

4.如果表面活性剂浓度越低，降低表面张力现象越显著，则说明表面活性作用（　　）。

（A）越强　　　　（B）越弱　　　　（C）呈酸性　　　　（D）呈碱性

5.一般条件下的任何（　　）都具有表面张力。

（A）液体　　　　（B）纯液体　　　　（C）混悬液　　　　（D）等渗溶液

6.苯扎溴铵属于（　　）。

（A）阴离子型表面活性剂　　　　　　　（B）阳离子型表面活性剂

（C）两性离子型表面活性剂　　　　　　（D）非离子型表面活性剂

7.卵磷脂属于（　　）。

（A）阴离子型表面活性剂　　　　　　　（B）阳离子型表面活性剂

（C）两性离子型表面活性剂　　　　　　（D）非离子型表面活性剂

8.环氧乙烯-环氧丙烯共聚物属于（　　）。

（A）阴离子型表面活性剂　　　　　　　（B）阳离子型表面活性剂

（C）两性离子型表面活性剂　　　　　　（D）非离子型表面活性剂

9.下列哪项不是常用的表面活性剂（　　）。

（A）阴离子型表面活性剂　　　　　　　（B）阳离子型表面活性剂

（C）两性离子型表面活性剂　　　　　　（D）金属离子型表面活性剂

10.增溶剂的HLB值范围一般在（　　）。

（A）3～6　　　　（B）6～8　　　　（C）8～10　　　　（D）15～18

11.发挥润湿剂作用的表面活性剂，其HLB值一般在（　　）。

（A）3～8　　　　（B）7～9　　　　（C）8～16　　　　（D）13～16

三、多选题

1.哪些是按给药途径分类的液体制剂（　　）。

（A）口服液　　　　（B）胶体溶液　　　　（C）洗剂

（D）滴鼻剂　　　　（E）乳剂

2.液体制剂常用的防腐剂是（   ）。

（A）碘化钠　　　（B）吐温80　　　　　（C）苯扎溴铵

（D）尼泊金　　　（E）肥皂

3.下列哪些不作为液体制剂的溶剂（   ）。

（A）甘油　　　　（B）丙二醇　　　　　（C）异丙醇

（D）聚山梨酯80　（E）花生油

四、简答题

1.液体制剂常用的附加剂有哪些？

2.表面活性剂主要可应用在药物制剂的哪些方面？

3.简述钠皂的制备工艺流程。

# 模块 4

# 技巧与耐心的回报——认识浸出制剂

 学习目标

1. 能知道浸出制剂的定义、分类和特点。
2. 能知道常用的浸出方法。
3. 能熟悉常见的浸出制剂和质量控制项目。

 学习导入

我们小时候可能都曾有过与妈妈"斗智斗勇"，拒绝喝中药汤剂（图4-1）的经历，因为中药汤剂的味道大多一言难尽。此外，我们还可能有对长辈们浸泡在药酒（图4-2）里"奇形怪状"的药材（比如，蛇、蝎子、海马等）无比好奇的经历。那么，不管是难喝的中药汤剂还是比较神奇的药酒都属于浸出制剂。**浸出制剂**作为一种古老的制剂类型，虽时代更迭，依然源远流长。今天我们就来一起学习下它吧！

图4-1 中药汤剂

图4-2 药酒

 知识充电宝

## 一、浸出制剂的定义、分类和特点

浸出制剂是指采用适当的溶剂和方法，提取药材中有效成分而制成的供内服或外用的一类制剂。浸出制剂还可以用来制备其他制剂。

### 1.常用浸出制剂的分类

按浸出溶剂及制备特点的不同，常用的浸出制剂可分为四类。

（1）**水浸出制剂**：是指在一定的加热条件下，用水浸出的制剂，如汤剂、中药合剂等。

（2）**含醇浸出制剂**：是指在一定条件下用适当浓度的乙醇或酒浸出的制剂，如酊剂、酒剂、流浸膏剂等。有些流浸膏剂虽然是用水浸出有效成分，但其成品中一般加有适量乙醇。

（3）**含糖浸出制剂**：是指在水浸出制剂基础上，经精制、浓缩等处理后，加入适量蔗糖（蜂蜜）或其他赋形剂制成，如煎膏剂、糖浆剂等。

（4）**精制浸出制剂**：是指选用适当溶剂浸出有效成分后，浸出液经过适当精制处理（如大孔树脂洗脱、超临界萃取等）而制成的制剂，如口服液、注射剂、滴丸等。

### 2.浸出制剂的特点

（1）浸出制剂中复合组分的综合疗效适应了中医辨证施治的需要。

（2）浸出制剂药效一般缓和、持久、副作用小。

（3）浸出制剂与原药材相比，去除了组织物质和无效成分，相应提高了有效成分的浓度，从而减少了用量，便于服用。

（4）浸出制剂中均有不同程度的无效成分，如高分子物质，黏液质、多糖等，在贮存时易发生沉淀、变质，影响浸出制剂的质量和药效，特别是水性浸出制剂。

## 二、常用的浸出方法

浸出制剂常用的浸出方法有煎煮法、浸渍法、渗漉法、回流提取法及水蒸气蒸馏法。有时为了达到有效成分的分离，也会采用大孔树脂吸附分离技术及超临界萃取技术进行有效成分的精制操作。

### 1.煎煮法

将药材加水煎煮取汁液，这是中国民间最早使用的传统方法。此法简便易行，

成本低廉，且符合中医辨证施治的用药原则，至今仍为制备浸出制剂最常用的方法之一。煎煮法适用于有效成分能溶于水，且对湿、热均较稳定的药材。

**操作方法**：取药材，切制或粉碎成粗粉，置适宜煎器中，加水浸没药材，浸泡适宜时间后（一般不少于20～60min为宜），加热至沸，保持微沸浸出一定时间（一般1～2h），分离浸出液，药渣依法浸出数次（一般2～3次）至浸液味淡薄为止，收集各次浸出液，低温浓缩至规定浓度，至制成药剂。目前在中药制剂生产中通常采用多功能式中药提取罐（如图4-3所示）进行煎煮浓缩。

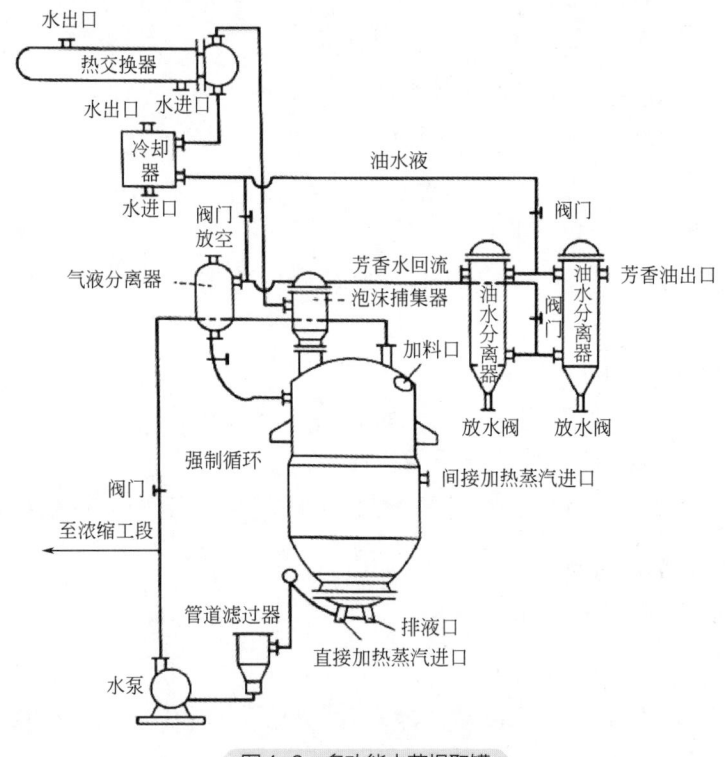

图4-3　多功能中药提取罐

## 2.浸渍法

将药材用适当的浸出溶剂在常温或加热下浸泡一定时间，使其所含有的有效成分浸出的一种方法。此法操作简便，设备简单。

**操作方法**：取药材粗粉或碎块，置有盖容器中，加入定量的溶剂，密盖，时时振摇，在常温暗处浸渍3～5天或规定的时间，使有效成分充分浸出，倾出上清液，压榨残渣，合并滤液，静置24h，滤过。

**浸渍法的特点**：药材用较多的浸出溶剂浸取，适用于黏性药材、无组织结构的药材、新鲜及易于膨胀的药材的浸取。但是，由于浸出效率低，不能将药材的有效成分浸出完全，故**不适用于**贵重和有效成分含量低的药材的浸出。另外，浸渍法操作时间长，耗用溶剂较多，浸出液体积大，浸出液与药渣分离也较麻烦，在应用上往往受到一定的限制。

### 3.渗滤法

将药材适当粉碎后，加规定的溶剂均匀润湿，密闭放置一定时间，再均匀装入渗滤器内，然后在药粉上添加浸出溶剂使其渗过药粉，自下部流出浸出液的一种动态浸出方法，所得的浸出液称为**渗滤液**。

渗滤法主要用于流浸膏剂、浸膏剂或酊剂的制备。它与浸渍法相比较，后者虽有简便易行的优点，但其浸出过程基本属于静态过程，效果不如渗滤法，故对毒性药、成分含量低的药材或贵重药材的浸出，以及高浓度浸出药剂的制备中，多采用渗滤法。但是，对新鲜及易膨胀的药材，无组织的药材则不宜采用渗滤法。

**渗滤器**一般有圆柱形和圆锥形两种。易于膨胀的药粉选用圆锥形较好，不易膨胀的药粉选用圆柱形者为宜。选用时也应注意浸出溶剂的特性。水易使药粉膨胀，应用圆锥形，而非极性溶剂则以选用圆柱形为宜。小型渗滤器可用玻璃制备，大型者则以不锈钢为宜，亦可采用陶瓷、搪瓷或其他与中药材无相互作用的材料制成。为了保持粉柱有一定的高度，以得到高浸出效率，渗滤器的直径应小于它的主高度，一般渗滤器的高度应为直径的 $2 \sim 4$ 倍。常见的渗滤装置如图4-4所示。

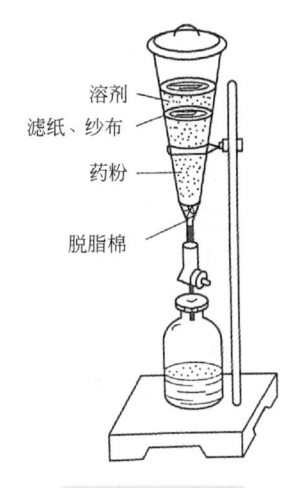

溶剂
滤纸、纱布
药粉
脱脂棉

图4-4 渗滤装置

## 三、常见的浸出制剂

常见的浸出制剂可分为以下几种。

### 1.汤剂

指以中药饮片或粗颗粒为原料，加水煎煮、去渣取汁，浓缩后制成的液体制剂，习惯上称为煎剂。汤剂大部分为复方，可内服和外用，常用煎煮法制备。主要特点是服用量大，味苦；易腐败变质；临用煎服，不利于危重病人；制备方法简单。

### 2.中药合剂

指药材用水或其他溶剂，采用适宜方法提取、纯化、浓缩制成的内服液体制剂。单剂量灌装者称为"口服液"。中药合剂是在汤剂应用的基础上改进和发展起来的一种新剂型。**口服液**是指中药合剂用特制的容器单剂量包装制品，具有剂量小、味道好、吸收快、疗效迅速、服用方便、制品质量更加稳定等特点。

 案例分析

## 小建中合剂

【处方】桂枝111g　　白芍222g　　甘草74g　　生姜111g　　大枣111g

【制法】桂枝蒸馏，挥发油另器保存，药渣及馏液与甘草、大枣加水煎煮两次，合并煎液，过滤，滤液浓缩至约560mL；白芍、生姜按渗漉法用50%乙醇作浸出溶剂，浸渍24h后渗漉，渗漉液浓缩后，与上液合并，静置、过滤，另加饴糖370g，再浓缩至约1000mL，加入苯甲酸钠3g与桂枝挥发油，调整总量至1000mL，搅匀，即得。

【功效与主治】温中补虚，缓急止痛。用于脾胃虚寒，脘腹疼痛，喜温喜按，嘈杂吞酸，食少；胃及十二指肠溃疡见上述证候者。

### 3.酒剂

又名药酒，是指中药材用蒸馏酒浸提制成的澄清液体制剂。酒剂多供内服，少数外用。除另有规定外，酒剂的制备方法一般用浸渍法、渗漉法制备。主要特点是祛风活血，止痛散瘀效果佳，常用于风寒湿痹；乙醇含量高，久贮不变质；不适用于小儿、孕妇、心脏病和高血压患者。

### 4.酊剂

指药物用规定浓度的乙醇浸出或溶解制成的澄清液体制剂，亦可用流浸膏稀释制成，或用浸膏溶解制成。酊剂的浓度除另有规定外，含有毒剧药品的酊剂，100mL相当于原药物10g；其他酊剂，每100mL相当于原药物20g。酊剂可用稀释法、溶解法、浸渍法和渗漉法制备。

 案例分析

## 姜酊

【处方】姜流浸膏200mL　　乙醇（90%）适量　　共制1000mL

【制法】取姜流浸膏200mL，加乙醇（90%）使成1000mL，混匀，静置，滤过，即得。

【注解】1.本品为淡黄色的液体；有姜的香气，味辣。2.本品乙醇含量应为80%～88%。

【功效与主治】健胃驱风。用于脘腹冷痛，呕吐腹泻；肺寒久咳气喘，痰多清稀。

### 5.流浸膏剂

指药材用适宜的溶剂浸出有效成分，蒸去部分溶剂，调整浓度至规定标准而制成的液体制剂。除另有规定外，流浸膏剂每1mL相当于原有药材1g。制备流浸膏常用不同浓度的乙醇为溶剂，少数以水为溶剂。常用于配制合剂、酊剂、糖浆剂、丸剂等，也可作其他制剂的原料。流浸膏剂一般用渗漉法制备。

### 刺五加浸膏

【处方】刺五加1000g　　乙醇适量

【制法】取刺五加1000g，粉碎成粗粉，加7倍量的75%乙醇，连续回流提取12h，滤过，滤液回收乙醇，浓缩成浸膏50g，即得。

【功效与主治】益气健脾，补肾安神。用于脾肾阳虚，体虚乏力，食欲不振，腰膝酸痛，失眠多梦。

### 6.浸膏剂

指药材用适宜溶剂浸出有效成分，蒸去全部溶剂，调整浓度至规定标准所制成的膏状或粉状的固体制剂。除另有规定外，浸膏剂每1g相当于原有药材2～5g。浸膏剂不含溶剂，有效成分含量高，体积小，疗效确切。浸膏剂可用于制备酊剂、丸剂、片剂、胶囊剂、软膏剂、栓剂等。浸膏剂可用煎煮法和渗漉法制备。

## 四、浸出制剂质量控制

浸出制剂的质量如何，不仅关系到浸出制剂本身的质量，同时，还影响到以浸出制剂为原料制备的片剂、胶囊剂等剂型的质量。但由于中药含有的成分复杂，故控制浸出制剂的质量也是一个复杂问题，主要从以下几个方面进行控制。

### 1.药材来源、品种及规格

产地、土壤与生态环境、采集季节的不同会造成药材有效成分含量不同，因此，制备浸出制剂必须控制药材质量，按药典或注册标准收载的品种及规格选用药材。

### 2.制备工艺规范化

药材品种确定后，制备方法则对成品的质量起着至关重要的作用，如解表药方剂采用传统的煎煮法提取有效成分时，易造成有效成分挥发损失，若先用蒸馏法提取挥发性成分，再采用煎煮法则能提高疗效；又如人参精，用相同原料，分别用浸渍、渗漉、煎煮、回流等方法制得的制剂，其色泽、有效成分和总皂苷含量均有差别。因此，浸出制剂的制备方法需规范化。

## 3.成品质量检查

包括含量测定、含醇量测定和鉴别实验等。含量测定方法有①药材比重法（如酊剂、流浸膏剂、酒剂等），即浸出制剂若干容量或质量相当于药材多少质量的测定方法；②化学测定法可用于颠茄、阿片等有效成分明确的浸出制剂；③利用药材成分对动物机体或离体组织所发生的反应的生物测定法，适用于尚无适当化学测定法的毒剧药材的制剂。

多数浸出制剂是用乙醇制备的，而乙醇含量的高低影响有效成分的溶解度，因此，药典对这类浸出制剂规定含醇量的检查。

鉴别实验包括制剂的鉴别和检查，如澄明度检查、水分检查、不挥发性残渣检查等。

## 目标检测

**一、判断题**

口服液是采用适宜方法提取后制成以多剂量包装的内服液体制剂。（  ）

**二、单选题**

1.用乙醇加热浸提药材时可以用（   ）。

（A）浸渍法 　　　　　　　　　（B）煎煮法

（C）渗漉法 　　　　　　　　　（D）回流法

2.下列浸出制剂中，哪一种主要作为原料而很少直接用于临床（   ）。

（A）浸膏剂 　　　　　　　　　（B）合剂

（C）酒剂 　　　　　　　　　　（D）酊剂

3.除另有规定外，含毒剧药酊剂浓度为（   ）（g/mL）。

（A）5% 　　　　　　　　　　　（B）10%

（C）15% 　　　　　　　　　　（D）20%

4.下列不是酒剂、酊剂制法的是（   ）。

（A）冷浸法 　　　　　　　　　（B）热浸法

（C）煎煮法 　　　　　　　　　（D）渗漉法

5.需作含醇量测定的制剂是（   ）。

（A）煎膏剂 　　　　　　　　　（B）流浸膏剂

（C）浸膏剂 　　　　　　　　　（D）中药合剂

三、多选题

1.影响浸出的因素有（　　）。

　（A）药材粒度　　　（B）药材成分　　　（C）浸提温度

　（D）浸提压力　　　（E）浸提时间

2.浸出制剂的特点有（　　）。

　（A）具有多成分的综合疗效　　　　　（B）适用于不明成分的药材制备

　（C）服用剂量少　　　　　　　　　　（D）药效缓和持久

　（E）浸出制剂中没有无效成分

3.制备药酒的常用方法有（　　）。

　（A）溶解法　　　（B）稀释法　　　（C）浸渍法

　（D）渗漉法　　　（E）煎煮法

# 模块 5

## 制备醋剂

### 学习目标

1. 能知道溶液型液体制剂的性质和特点。
2. 能看懂醋剂的制备工艺流程。
3. 能按照操作规程进行醋剂的制备。
4. 能正确填写实验记录。

### 学习导入

    发生急慢性湿疹、荨麻疹、虫咬性皮炎、接触性皮炎等引起的皮肤瘙痒症时，可以选用癣湿药水（图5-1）和克痒敏醋（图5-2）两种药水进行治疗。大家试着查一查这两个药品的资料，找出两者的相同点有哪些？又分别是如何制备的呢？

图5-1　癣湿药水

图5-2　克痒敏醋

## 任务描述

根据实验任务单（表5-1）的要求，按照操作规范进行樟脑醑的制备，正确填写实验记录。

表5-1  樟脑醑制备实验任务单

| 品名 | 樟脑醑 | | 批号 | 180308 |
| --- | --- | --- | --- | --- |
| 物料的名称和理论用量 | | | | |
| 序号 | 物料名称 | | 单位 | 理论用量 |
| 1 | 樟脑 | | g | 2.5 |
| 2 | 乙醇 | | mL | 25 |

## 制备过程

### 一、制备前检查

1.检查烧杯、电子天平、量筒、玻璃棒、漏斗、滤纸等实验器具是否完好、清洁。

2.检查计量器具与称量的范围是否相符。

3.检查磁力搅拌器是否完好，确认正常后方可使用。

4.接到樟脑醑制备实验任务单、操作规程、实验记录等文件，明确产品名称、批号和制备要求等指令。

5.按樟脑醑制备实验任务单核对樟脑和乙醇的品名和数量。

### 二、制备操作

1.配料：按实验任务单用量对物料进行逐个核对、称量。称量过程中要做到一人称量，另一人复核，无复核不得称量投料，且所用器具要每料一个，不得混用，避免交叉污染。

2.配制：将乙醇少量多次地加入盛有樟脑的烧杯中，将烧杯放于磁力搅拌器上，搅拌溶解。

3.过滤：将制得的溶液过滤即得。

4.及时填写樟脑醑制备记录。

## 三、清洁清场

1.剩余的物料应密封储存，废料按规定处理。

2.对仪器、容器具进行清洁。

3.对场地、操作台进行清洁和清场。

4.清场后，及时填写清场记录。

### 注意事项

1.本品含醇量应为80%～87%。

2.因本品遇水易析出结晶，所用器材及包装材料均应干燥。

### 知识加油站

**溶液型液体制剂**是指小分子药物以分子或离子状态分散在溶液中形成的可供内服或外用的低分子溶液剂，也称为真溶液，包括溶液剂、糖浆剂、芳香水剂、醑剂和甘油剂等。

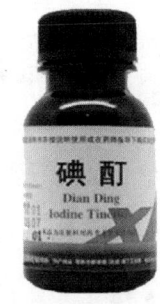

图5-3 碘酊

## 一、溶液剂

溶液剂是指药物溶解于溶剂中形成的澄明液体制剂。溶液剂的溶质一般为不挥发性的化学药物，溶剂多为水，少数为乙醇或油等其他溶剂，如硝酸甘油溶液用醇作溶剂、维生素$D_2$溶液用油作溶剂等。

溶液剂应保持澄清，不得有沉淀、浑浊、异物。根据需要可加入助溶剂、抗氧剂、矫味剂、着色剂等。药物制成溶液剂可以用量取代替称取，使剂量准确，服用方便，特别是对小剂量药物或毒性大的药物更为重要（图5-3和图5-4）。

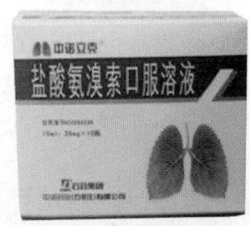

图5-4 口服溶液

**溶液剂的制备方法**：常用的有溶解法和稀释法。

### 1.溶解法

制备过程包括称量、溶解、滤过、质检、包装等步骤。操作方法是先取处方总量1/2 ~ 3/4量的溶剂，加入已称量的药物，搅拌使其溶解，过滤后加溶剂至全量。过滤后的药液进行质量检查，及时分装、密封和包装。

**案例分析**

**复方碘溶液**

【处方】碘50g     碘化钾100g     纯化水加至1000mL

【制法】取碘化钾，加水100mL溶解后，加入碘搅拌溶解，再加适量的水使成1000mL，即得。

【注解】1.碘化钾为助溶剂，制备时先用少量的水溶解碘化钾，将碘加入溶解后，再补足水，这样碘的溶解速度快；2.本品用于甲亢的辅助治疗，碘溶液外用有杀菌作用。

### 2.稀释法

以浓溶液或易溶性药物的浓贮备液等稀释而得。用稀释法制备溶液剂时，一定要清楚原料浓度和所需稀释溶液的浓度及浓度单位，认真计算并复核。对有较大挥发性和腐蚀性的浓溶液，如浓氨水，操作要迅速，操作完毕应立即密塞，以免过多挥散损失，影响浓度的准确性。

## 二、糖浆剂

糖浆剂是指含有药物或芳香物质的浓蔗糖水溶液，供口服用（图5-5）。单糖浆是指单纯蔗糖的饱和或近饱和水溶液，含蔗糖量85%（g/mL）或者64.7%（g/g）。

**糖浆剂的质量要求**：含糖量不低于45%（g/mL）；应澄清，在贮藏中不得有酸败、异臭、产生气体、析出蔗糖结晶及变质、变色等现象；含药材提取物的糖浆剂，允许含少量轻摇即散的沉淀。高浓度的糖浆剂在贮藏中可因温度降低而析出蔗糖结晶，适量加入甘油或山梨醇等多元醇可改善；低浓度糖浆剂可添加防腐剂；必要时可加入色素。

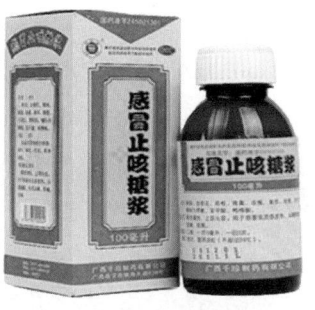

图5-5 感冒止咳糖浆

**糖浆剂的制法**通常有热溶法、冷溶法和混合法。

### 1.热溶法

根据蔗糖在水中的溶解度随温度升高而加大的特点，将蔗糖溶于一定量沸水或中药浸提液中，加热溶解后，再加入药物，搅拌、趁热过滤，再通过滤器加水至全量，分装于灭菌的洁净干燥容器中，密封贮存。热溶法制得的糖浆剂颜色较深，适用于对热稳定的药物和有色糖浆的制备。

### 2.冷溶法

在常温下将蔗糖溶于水或药物溶液中，搅拌、过滤。制得的糖浆剂颜色较浅，制备过程中易被微生物污染。适用于对热不稳定或挥发性药物糖浆剂的制备。

### 3.混合法

在含药溶液中加入单糖浆及其他附加剂（如防腐剂、芳香剂等），充分混匀后，加水至规定量，静置、滤过。如药物为固体，先用纯化水或其他适宜的溶剂溶解后再加至糖浆中。

 案例分析

#### 单糖浆

【处方】蔗糖850g　　纯化水加至1000mL

【制法】取纯化水450mL煮沸，加蔗糖搅拌溶解后，继续加热至100℃，趁热用薄层脱脂棉保温滤过，添加适量热纯化水至1000mL，使其冷至室温，搅匀，即得。

 拓展阅读

#### 芳香水剂

**芳香水剂**是指挥发性药物（多为挥发油）的饱和或近饱和澄明水溶液，也可用水和乙醇的混合液作溶剂。芳香性植物药材用水蒸气蒸馏法制成的含芳香性成分的澄明馏出液，在中药中常称为**露剂**。

芳香水剂常用作矫味剂、矫嗅剂或分散剂使用。其制法因原料不同而异，纯净的挥发油或化学药物，多用溶解法或稀释法，含挥发油的中药材多用水蒸气蒸馏法。

薄荷水

【处方】薄荷油2mL    纯化水加至1000mL

【制法】取薄荷油加15g滑石粉，在乳钵中研磨均匀，加水1000mL，倒入细口瓶中，密塞，用力振摇10min，静置，用润湿过的滤纸过滤，补水至1000mL。

## 三、甘油剂

甘油剂是药物的甘油溶液，专供外用。甘油具有黏稠性、防腐性和吸湿性，对皮肤、黏膜有滋润作用，能使药物滞留于患处而起延长药物局部疗效的作用，常用于鼻喉科疾患。

甘油对硼酸、鞣质、苯酚和碘有较大的溶解度，并对某些有刺激性的药物有一定的缓和作用，故可用于黏膜。近年来，医疗上应用的甘油剂也有甘油的混悬剂和胶状液，如抗口炎甘油等。甘油剂引湿性较大，应密闭保存。

## 四、醑剂

醑剂是指挥发性药物的乙醇溶液，可供内服或外用。凡用于制备芳香水剂的药物一般都可以制成醑剂。由于挥发性药物多为挥发油等有机药物，在乙醇中的溶解度一般均比在水中大，所以醑剂中所含的药物浓度比芳香水剂中大得多，常为5%～20%。醑剂中的乙醇浓度一般为60%～90%，醑剂在制备过程中与水接触时，因乙醇浓度的降低易析出结晶，出现浑浊。

醑剂可作芳香矫味剂用，如复方橙皮醑、薄荷醑等，也有的可起治疗作用，如亚硝酸乙酯醑、樟脑醑及芳香氨醑等。

**醑剂的制法**有溶解法和蒸馏法两种。

### 1.溶解法

将挥发性物质直接溶解于乙醇中制得，如樟脑醑等。

### 2.蒸馏法

将挥发性物质溶解于乙醇后进行蒸馏，或将经过化学反应所得的挥发性物质加以蒸馏制得，如芳香氨醑。

**溶解法的制备工艺流程**如图5-6所示，要注意的是挥发性药物，如樟脑遇水易析出结晶，因此，所用器材及包装材料均应干燥。

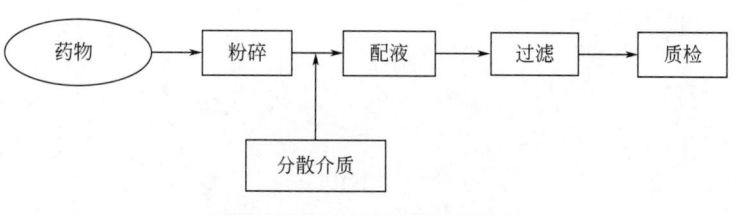

图5-6 醋剂的制备工艺流程图

**醋剂的使用注意事项**：醋剂中的挥发油容易氧化、酯化或聚合，长期贮存会变色，甚至出现沉淀，故应贮存在密闭容器中，但不宜长期贮存，开封后的醋剂应拧紧瓶盖；外用醋剂不得用于皮肤破溃处；避免接触眼睛和其他黏膜（如口、鼻等）；外用醋剂在使用过程中出现不良反应时，应立即停药；醋剂性状发生改变时禁止使用。

实验室制备醋剂时**常用的器械**有搅拌器、恒温水浴锅等，分别见图5-7和图5-8所示。

图5-7 搅拌器

图5-8 恒温水浴锅

 **案例分析**

## 芳香氨醑

【处方】碳酸铵30g　　　　浓氨溶液60mL　　　枸橼油5mL

　　　　八角茴香油3mL　　90%乙醇750mL　　纯化水加至1000mL

【制法】将两种挥发油与乙醇共置蒸馏瓶中，加纯化水375mL，加热蒸馏，收集馏出液约875mL。更换接收器继续收集馏出液55mL，置150mL磨口锥形瓶中，加碳酸铵与浓氨溶液，密塞，置60℃水浴中加热，振摇，待溶解、放冷、过滤，滤液并入初馏液中，添加纯化水使成1000mL，摇匀，即得。

【用途】用于消化不良、胃肠积食和气胀。

**目标检测**

一、判断题

1.复方碘溶液是典型的高分子溶液剂。（　）

2.芳香水剂应澄明，必须具有与原有药物相同的气味，不得有异臭、沉淀和杂质。（　）

二、单选题

1.下列不属于低分子溶液剂的是（　）。

（A）糖浆剂　　　　（B）醑剂　　　　　（C）酊剂　　　　　（D）凝胶剂

2.单糖浆含糖量（g/g）为多少？（　）

（A）85%　　　（B）64.7%　　　（C）67%　　　（D）100%

3.关于芳香水剂的叙述，错误的是（　）。

（A）含有挥发性药物的饱和或近饱和水溶液

（B）芳香水剂多作矫味剂

（C）因含有芳香性成分，故不易霉败

（D）药物的浓度均很低

4.关于溶液剂的叙述，错误的是（　）。

（A）一般是非挥发性药物的澄清溶液

（B）溶剂都是水

（C）溶液剂的浓度与剂量应严格规定

（D）可供内服或外用

5.关于甘油剂的叙述，正确的是（　　）。

（A）甘油剂是药物的甘油溶液

（B）甘油剂专供外用

（C）甘油剂专供内服

（D）由于甘油具有吸湿性，因此甘油剂的引湿性较大，应密闭保存。

三、简答题

1.复方碘溶液中KI起什么作用？应如何使用？

2.糖浆剂的制法有哪些？热溶法和冷溶液制备单糖浆的特点有何不同？

模块6

# 制备混悬剂

## 学习目标

1. 能知道混悬剂的概念、质量要求、稳定性和稳定措施。
2. 能看懂混悬剂的制备工艺流程。
3. 能按照操作规程进行混悬剂的制备和质量评价。
4. 能正确填写实验记录。

## 学习导入

在日常生活中，我们常常会发现下过雨后路边有一滩浑浊的泥浆水（图6-1），静置一段时间后，泥浆水会分成两层，上层为清澈的水，下层为沉淀后的泥浆（图6-2）；搅一搅后，又会变成均匀的泥浆水。

图6-1　泥水

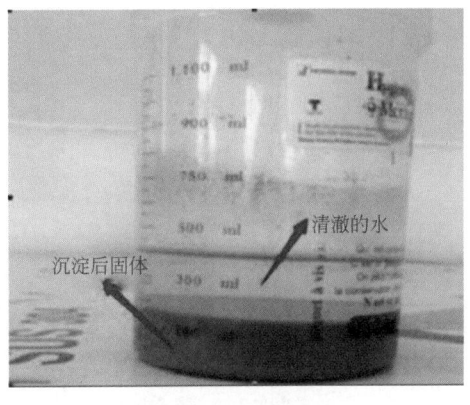

图6-2　静置后的泥水

在药物制剂中，有这么一种制剂（图6-3和图6-4），使用前需要摇匀，这是哪种制剂呢？该剂型又是如何制备的呢？

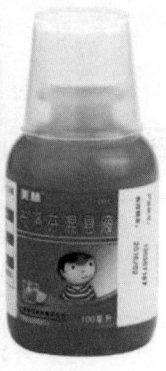

图6-3　混悬液

图6-4　干混悬剂

用前勿忘摇一摇——
制复方硫洗剂

任务描述

　　根据实验任务单（表6-1）的要求，按照操作规范进行复方硫洗剂的制备，正确填写实验记录。

表6-1　复方硫洗剂制备实验任务单

| 品名 | | 复方硫洗剂 | 批号 | 180408 |
|---|---|---|---|---|
| 物料的名称和理论用量 | | | | |
| 序号 | 处方 | 物料名称 | 单位 | 理论用量 |
| 1 | 处方一 | 沉降硫 | g | 3 |
| 2 | | 硫酸锌 | g | 3 |
| 3 | | 樟脑醑 | mL | 25 |
| 4 | | 甘　油 | mL | 10 |
| 5 | | 纯化水 | mL | 加至100mL |
| 6 | 处方二 | 沉降硫 | g | 3 |
| 7 | | 硫酸锌 | g | 3 |
| 8 | | 樟脑醑 | mL | 25 |
| 9 | | 甘　油 | mL | 10 |
| 10 | | 羧甲基纤维素钠溶液 | mL | 10 |
| 11 | | 纯化水 | mL | 加至100mL |
| 12 | 处方三 | 沉降硫 | g | 3 |
| 13 | | 硫酸锌 | g | 3 |
| 14 | | 樟脑醑 | mL | 25 |
| 15 | | 甘　油 | mL | 10 |
| 16 | | 吐温-80 | mL | 0.25 |
| 17 | | 纯化水 | mL | 加至100mL |

Part 2

项目二

制备液体制剂

## 制备过程

### 一、制备前检查

（1）检查计时器、烧杯、具塞量筒、玻璃棒、乳钵、滤纸、玻璃漏斗等实验器具是否完好、清洁。

（2）检查计量器具与称量的范围是否相符，电子天平是否完好，确认正常后方可使用。

（3）接到复方硫洗剂制备实验任务单、操作规程、实验记录等文件，明确产品名称、批号和制备要求等指令。

（4）按复方硫洗剂制备实验任务单核对硫酸锌、沉降硫、樟脑醑、甘油、羧甲基纤维素钠溶液、吐温-80的品名和数量。

### 二、制备操作

1.配料

按处方用量对物料逐个核对、称量，称量过程中要做到一人称量，另一人复核，无复核不得称量投料，且所用器具要每料一个，不得混用，避免交叉污染。

2.配液

（1）硫酸锌水溶液：称量9g的硫酸锌放在烧杯中，加入30mL纯化水搅拌使之溶解，用玻璃漏斗滤过后备用。加盖存放，以免异物落入，并贴上注明有品名、重量、日期、操作者的标签。

（2）羧甲基纤维素钠溶液：准确称取0.1g羧甲基纤维素钠，加入有少量冷纯化水的烧杯中，再加总重量1/5～1/3的热纯化水（80～90℃）至烧杯中，充分分散与水化，搅拌过夜，待成澄清溶液后，加纯化水至10mL。加盖存放，以免异物落入，并贴上注明有品名、重量、日期、操作者的标签。

3.复方硫洗剂处方一的制备

准确称取3g沉降硫置乳钵中，加10mL甘油研匀；量取10mL硫酸锌水溶液，缓缓加至沉降硫和甘油的混合液中，研匀；然后缓缓加入25mL樟脑醑，边加边研；最后加入纯化水至全量100mL，研匀即得。

4.复方硫洗剂处方二的制备

准确称取3g沉降硫置乳钵中，加10mL甘油研匀，量取10mL羧甲基纤维素钠溶液，缓缓加入至乳钵中，研匀；量取10mL硫酸锌水溶液，缓缓加至沉降硫、甘油和羧甲基纤维素钠的混合液中，研匀；然后缓缓加入25mL樟脑醑，边加边研；最后加入纯化水至全量100mL，研匀即得。

58

5.复方硫洗剂处方三的制备

准确称取3g沉降硫置乳钵中，加10mL甘油和0.25mL吐温-80研匀；量取10mL硫酸锌水溶液，缓缓加至沉降硫、甘油和吐温-80的混合液中，研匀；然后缓缓加入25mL樟脑醑，边加边研；最后加入纯化水至全量100mL，研匀即得。

6.及时填写复方硫洗剂制备记录

## 三、质量评价

1.沉降体积比的测定

将复方硫洗剂的三个处方制剂分别倒入有刻度的具塞量筒中，密塞，用力振摇1min，记录混悬液的开始高度$H_0$并放置，按指定的时间（如5min、15min、30min、1h、2h）分别测定沉降物的高度$H$，按沉降体积比的计算公式计算各个放置时间的沉降体积比。沉降体积比为0～1，其数值越大，混悬剂越稳定。沉降体积比的计算公式：$F = H/H_0$。

2.重新分散试验

将复方硫洗剂的具塞量筒放置一定时间（48h或1周后），待其沉降，然后将具塞量筒倒置翻转（一正一反为一次），将筒底沉降物重新分散，记录所需翻转的次数。所需翻转的次数越少，则混悬剂重新分散性越好。若始终未能分散，表示已结块。

## 四、清洁清场

（1）剩余的物料应密封储存，废料按规定处理。
（2）对仪器、容器具进行清洁。
（3）对场地、操作台进行清洁和清场。
（4）清场后，及时填写清场记录。

注意事项

1.硫黄因加工方法不同，分为升华硫、沉降硫和精制硫三种。其中以沉降硫的颗粒为最细，故本处方选用沉降硫为佳。

2.硫黄为强疏水性药物，不被水湿润，但能被甘油所湿润，故应先加入甘油充分湿润研磨，再与其他药物混合均匀。

3.加入樟脑醑时，应以细流缓缓加入水中并不断搅拌，以防止樟脑结晶析出。

4.硫黄颗粒表面易吸附空气而形成气膜，聚集浮于液面上。所以加入羧甲基纤维素钠可增加分散媒的黏度，并能吸附在微粒周围形成保护膜，而使本品处于稳定。

**知识加油站**

## 一、混悬剂的定义

混悬剂是指难溶性固体药物以微粒形式分散在液体介质中形成的非均相液体分散体系，可供口服、外用或肌内注射用，包括临用前分散在水中形成混悬液的干混悬剂或浓混悬液。

适宜制成混悬剂的药物有：①不溶性药物需制成液体制剂应用的；②药物剂量超过了溶解度而不能制成溶液剂的；③两种溶液混合后药物的溶解度降低而析出固体药物或产生难溶性化合物的；④为了使药物缓释而产生长效作用的等。

**为了保证用药的安全性，毒剧药物或剂量太小的药物不应制成混悬剂。**

## 二、混悬剂的质量要求

（1）混悬微粒细微均匀，微粒大小符合该剂型要求。

（2）微粒沉降缓慢，沉降后不结块，稍加振摇能均匀分散。标签上必须加贴"用前摇匀"的标签。

（3）黏度适宜，便于倾倒且不沾瓶壁。

（4）外用者应易于涂展，不易流散，干后能形成保护膜。

（5）色、香、味适宜，贮存时不霉败、不分解、药效稳定。

## 三、混悬剂的稳定性

混悬剂的稳定性与混悬液微粒的沉降、混悬微粒的润湿、絮凝和反絮凝、结晶增大与转型等因素有关。混悬微粒的直径一般在 $0.5 \sim 10\mu m$ 之间，属于不稳定的粗分散体系，贮存时易出现沉降、结块等现象。

### 1.混悬微粒的沉降

混悬液放置后要沉降，其沉降速度一般可按Stokes定律计算。即

$$V=\frac{2r^2(d_1-d_2)g}{9\eta}$$

式中，$V$表示混悬微粒的沉降速度；$r$表示混悬微粒的半径；$d_1$表示混悬微粒的密度；$d_2$表示分散介质的密度；$\eta$表示分散介质的黏度；$g$表示重力加速度。

由Stokes定律可见，混悬微粒沉降速度与微粒半径的平方、微粒与分散介质的密度差成正比，与分散介质的黏度成反比。为了使微粒沉降速度减小，最有效的方法是尽可能减小微粒半径，可将药物粉碎得越细越好；另一方面，加入高分子化合

60

物，既增加分散介质的黏度，又减少微粒与分散介质之间的密度差，同时被吸附于微粒的表面形成保护膜，增加微粒的亲水性。这些措施可使混悬微粒沉降速度大为降低，可增加混悬剂的稳定性。

### 2.混悬微粒的润湿

亲水性药物制备时易被水润湿，易于分散；疏水性药物不易被水润湿，故不能均匀地分散在水中，暂时分散后也易产生聚集，如疏水性药物硫，需加入润湿剂（表面活性剂）以降低了固液间的表面张力，改善其润湿性，以增加混悬液的稳定性。

### 3.絮凝与反絮凝

加入适量的电解质，可使混悬微粒在介质中形成疏松的絮状聚集体，这种混悬微粒形成絮状聚集体的过程称为絮凝，有利于混悬剂的稳定。所加入的电解质称为絮凝剂。絮凝状态下的混悬剂沉降虽快，但沉降体积大，沉降物不结块，经振摇又能迅速恢复均匀的混悬状态。

如向絮凝状态的混悬剂中加入电解质，使絮凝状态变为非絮凝状态的过程称为反絮凝。为此而加入的电解质称为反絮凝剂，反絮凝剂可增加混悬剂的流动性，使之易于倾倒，方便应用。

### 4.结晶增大与转型

混悬剂中存在溶质不断溶解与结晶的动态过程。混悬剂中药物微粒大小不可能完全一致，小微粒由于表面积大，在溶液中的溶解速度快而不断溶解，大微粒则不断结晶而增大，导致小微粒不断减少，大微粒不断增大，使混悬微粒沉降速度加快。因此必须加入抑制剂，阻止结晶的溶解与增大，以保持混悬剂的稳定性。

此外，很多药物存在多种晶型，其中稳定型晶型不易转化，而亚稳定型晶型会在一定时间内转化为稳定型晶型。因此，如果混悬剂中药物存在多种晶型，在制备和储存过程中亚稳定型可转化为稳定型，可能改变药物微粒的沉降速度或结块。

## 四、混悬剂的稳定措施

为增加混悬剂的稳定性，常采用这样的措施：一是将药物粉碎得细腻而均匀，以减小微粒沉降速度；二是加入适当的附加剂，起到湿润、助悬、絮凝和反絮凝等作用，以保持混悬液的稳定。

### 1.助悬剂

可增加分散介质的黏度，以减小混悬微粒的沉降速度或增加微粒的亲水性。常用的助悬剂有：低分子助悬剂（如甘油、糖浆等），高分子助悬剂（如阿拉伯胶、西黄芪胶、海藻酸钠、甲基纤维素、羧甲基纤维素钠、触变胶等）。

 拓展阅读

### 触变胶

某些胶体溶液在一定温度下静置时，逐渐变为凝胶，当搅拌或振摇时，又恢复为溶胶。胶体溶液这种可逆的变化性质称为触变性，具有触变性的胶体称为触变胶。触变胶可作为助悬剂，静置时形成凝胶，能防止微粒沉降。

### 2.润湿剂

疏水性药物（如硫）配制成混悬剂时，加入润湿剂，增加药物的亲水性，易被水润湿，方能均匀分散于水中。常用的润湿剂HLB值在7～11之间的表面活性剂，如吐温类、泊洛沙姆等，甘油、乙醇等也可作润湿剂。

### 3.絮凝剂与反絮凝剂

在混悬剂中加入适量的絮凝剂，可以形成疏松的絮状聚集体，从而防止微粒的快速沉降与结块。反之，为了防止絮凝后，药液过于黏稠，不易倾倒，可使用反絮凝剂。同一电解质因用量不同而起絮凝或反絮凝作用。常用的絮凝剂和反絮凝剂有：枸橼酸盐、酒石酸盐、磷酸盐及一些氯化物等。

 课堂互动

**怎样制备出合格的炉甘石混悬剂？**

小黄同学在做炉甘石混悬剂制备实验时，制得的混悬剂总是沉降严重，沉降体积比不理想。为解决这个问题，他加入了羧甲基纤维素钠胶浆，发现虽然混悬剂沉降体积比指标好转，但仍未达到合格要求。最后分析发现原料药颗粒非常大，粉碎不充分，导致沉降加速。重新粉碎炉甘石后，沉降体积比终于达到要求。

请思考并讨论：

1.增加混悬剂稳定性的方法主要有哪些？

2.助悬剂中羧甲基纤维素钠胶浆的作用是什么？

## 五、混悬剂的制备

混悬剂的制备应使固体药物有适当的分散度，微粒分散均匀，并加入适当的稳定剂，使混悬剂处于稳定状态。混悬剂的制备方法有分散法和凝聚法。

### 1.分散法

将固体药物粉碎、研磨成符合混悬剂要求的微粒，再分散于分散介质中制成混悬剂的方法。

（1）亲水性药物如氧化锌、炉甘石等，一般应先将药物粉碎，再加处方中的液体适量，研磨到适宜的分散度，最后加入处方中的剩余液体至全量。

（2）疏水性药物不易被水润湿，必须先加一定量的润湿剂与药物研匀后，再加液体研磨混匀。

拓展阅读

#### 水飞法

对于质重、硬度大的药物，可采用"水飞法"进行研磨，即在药物中加适量的水，研磨至极细粉后，再加入较多量的水，搅拌，稍加静置，倾出上层液体，研细的悬浮微粒随上清液被倾倒出去，余下的粗粒再进行研磨。如此反复直至固体药物完全被研细，达到要求的分散度为止。"水飞法"可使药物粉碎到极细的程度。

### 2.凝聚法

借助物理或化学方法将离子或分子状态的药物在分散介质中聚集，制成混悬剂的方法，可分为物理凝聚法和化学凝聚法。

（1）**物理凝聚法**：将药物制成（热）饱和溶液，在不断搅拌下加到另一不同性质的冷溶媒中，使之快速结晶的方法。所得结晶的80%～90%在10μm以下，再将微粒分散到适宜介质中制成混悬剂。如醋酸可的松滴眼剂就是采用此法制备。

（2）**化学凝聚法**：将两种药物的稀溶液，在尽量低的温度下相互混合，使之发生化学反应生成细微的沉淀，再将微粒分散到适宜介质中制成混悬剂。这样制得的混悬剂分散比较均匀。用于胃肠道透视的造影剂硫酸钡就是用此法制备，目前已经较少使用。

生产小能手

## 一、混悬剂制备的工艺流程

混悬剂制备的工艺流程见图6-5所示。

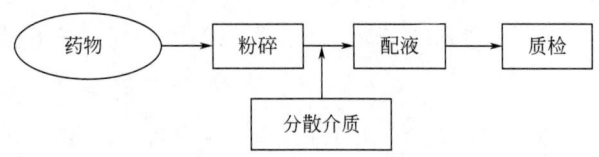

图6-5　混悬剂制备工艺流程图

**混悬剂的制备要点**：药物要先进行粉碎后再用，配液时要注意处方中各附加剂加入的顺序，制备时应控制适宜的分散时间，以保证药物的分散度符合规定。

## 二、混悬剂的制备设备

实验室小量制备常使用研钵，大量生产时使用胶体磨、球磨机等机械，见图6-6～图6-7所示。

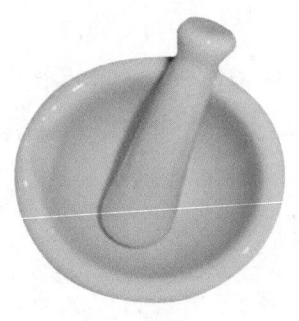

图6-6　研钵

图6-7　胶体磨

胶体磨常用来制备混悬液、乳浊液、胶体溶液等。胶体磨工作时通过转子与定子的相对高速运动，使物料受到强烈的摩擦力、剪切力及高频振动等作用而被粉碎、乳化和均质，最终获得理想细度的加工产品。

## 三、混悬剂的质量要求

除了含量测定、装量差异、微生物限度等需符合药典要求外，还要进行**稳定性考查**。

### 1.微粒大小的测定

混悬剂中微粒大小与混悬剂的质量、稳定性、生物利用度和药效有关。因此，混悬剂微粒的大小、分布是混悬剂质量评定的重要指标。可采用显微镜法、库尔特计数法测定混悬粒子的粒径大小和分布。

### 2. 沉降体积比

是指沉降物的体积与沉降前混悬剂的体积之比，用于比较混悬剂的稳定性。《中国药典》规定：口服混悬剂（包括干混悬剂）3h内的沉降体积比应不低于0.90。$F$值在 $0 \sim 1$ 范围内，$F$值越大，混悬剂越稳定。

沉降体积比检查法：用具塞量筒装供试品50mL，密塞，用力振摇1min，记下混悬物开始高度$H_0$，静置3h，记下混悬物的最终高度$H$，沉降体积比$F=H/H_0$。

### 3. 重新分散试验

优良的混悬剂在贮存后再经振摇，沉降微粒能很快重新分散，以保证使用时混悬剂的均匀性和药物剂量的准确性。重新分散试验检查法是：将混悬剂置于带塞的100mL量筒中，密塞，放置沉降，以20r/min的转速转动，经一定时间旋转，量筒底部的沉降物应重新均匀分散，重新分散所需旋转时间越短，表明混悬剂再分散性能良好。

 目标检测

一、判断题

1. 混悬剂的黏度越大，颗粒的沉降速度越快。（　　）

2. 絮凝剂和反絮凝剂都是电解质，只是因量不同而呈现的作用不同。（　　）

3. 混悬剂的颗粒越大，沉降速度越慢。（　　）

二、单选题

1. 根据Stokes定律，混悬微粒沉降速度与下列哪一个因素成正比（　　）。

  （A）混悬微粒的半径　　　　　　　（B）混悬微粒的粒度

  （C）混悬微粒的半径平方　　　　　（D）混悬微粒的直径

2. 下列哪种物质不能作混悬剂的助悬剂（　　）。

  （A）西黄芪胶　　　　　　　　　　（B）海藻酸钠

  （C）硅皂土　　　　　　　　　　　（D）羧甲基纤维素钠

3. 不宜制成混悬剂的药物是（　　）。

  （A）毒药或剂量小的药物

  （B）难溶性药物

  （C）需产生长效作用的药物

  （D）为提高在水溶液中稳定性的药物

4.不是混悬剂稳定剂的是（　　）。

（A）助悬剂　　　　（B）润湿剂　　　　（C）增溶剂　　　　（D）絮凝剂

5.除另有规定外，口服制剂标签上应注明"用前摇一摇"是（　　）。

（A）溶液剂　　　　（B）混悬剂　　　　（C）乳剂　　　　（D）糖浆剂

三、简答题

1.根据Stokes定律，请分析影响混悬剂稳定性的因素。

2.混悬液中加入助悬剂有何作用？

模块 7

# 制备乳剂

学习目标

1. 能知道乳剂的概念、常见类型和质量要求。
2. 能知道常用的乳化剂。
3. 能看懂乳剂的制备工艺流程。
4. 能按照操作规程进行乳剂的制备和乳剂类型的鉴别。
5. 能正确填写实验记录。

学习导入

我们日常生活中护肤、护手时常常会用到乳液（图7-1和图7-2），来保持皮肤滋润，那么乳液的主要成分是什么呢，又是如何制备的呢?

图7-1 乳液

图7-2 身体乳

任务1　"油变乳"的秘密——
制鱼肝油乳剂

 任务描述

根据实验任务单（表7-1）的要求，按照操作规范进行鱼肝油乳剂的制备，正确填写实验记录。

表7-1　鱼肝油乳剂制备实验任务单

| 品名 | 鱼肝油乳剂 | 批号 | 180508 |
|---|---|---|---|
| 物料的名称和理论用量 | | | |
| 序号 | 物料名称 | 单位 | 理论用量 |
| 1 | 鱼肝油 | g | 50 |
| 2 | 阿拉伯胶 | g | 12.5 |
| 3 | 西黄蓍胶 | g | 0.7 |
| 4 | 糖精钠 | g | 0.01 |
| 5 | 尼泊金乙酯 | g | 0.05 |
| 6 | 杏仁油 | mL | 0.1 |
| 7 | 纯化水 | mL | 加至100mL |

 制备过程

**一、制备前检查**

1.检查烧杯、剪刀、电子天平、量筒、玻璃棒等实验器具是否完好、清洁。

2.检查计量器具与称量的范围是否相符。

3.检查磁力水浴搅拌锅是否完好，确认正常后方可使用。

4.接到鱼肝油乳剂制备实验任务单、操作规程、实验记录等文件，明确产品名

称、批号和制备要求等指令。

5.按鱼肝油乳剂制备实验任务单核对鱼肝油、阿拉伯胶、西黄蓍胶、杏仁油香精、糖精钠、尼泊金乙酯的品名和数量。

## 二、制备操作

1.配料：按实验任务单用量对物料进行逐个核对、称量。称量过程中要做到一人称量，另一人复核，无复核不得投料，且所用器具要每料一个，不得混用，避免交叉污染。

2.初乳的制备：准确称取50g鱼肝油、12.5g阿拉伯胶细粉，加到研钵中，研磨均匀；再向其中一次性加入50mL纯化水，按照一个方向，用力研磨，直至形成稠厚的初乳（有劈裂声）。

3.稳定剂溶液的制备：（1）糖精钠水溶液：将称量好的0.01g糖精钠用0.5mL纯化水溶解，搅拌均匀，使成水溶液。（2）尼泊金乙酯醇溶液：将称量好的0.05g尼泊金乙酯用0.5mL乙醇溶解，搅拌均匀，使成醇溶液。（3）西黄蓍胶胶浆：将称量好的0.7g西黄蓍胶细粉倒入洁净的不锈钢桶内，用1mL乙醇润湿，然后加入纯化水15mL搅拌均匀，制成胶浆。

4.乳剂的稀释：向上述制备的初乳中依次加入糖精钠水溶液、尼泊金乙酯醇溶液及杏仁油香精，搅拌均匀，然后再缓缓加入西黄蓍胶胶浆，搅匀，最后加入纯化水，调节总量至100mL，搅拌均匀。

5.乳液的匀化：将稀释后的乳液转入研钵中，按照一个方向，用力研磨，使乳液得到进一步的乳化和均化。

6.及时填写鱼肝油乳剂制备记录。

## 三、稳定性考查

1.离心法：取2支刻度离心管，分别装5mL乳剂，以4000r/min离心15min，如不分层则认为质量较好。

2.快速加热试验：取2支具塞试管，分别装5mL乳剂，塞紧并置于80℃恒温水浴中30min，如不分层则认为质量较好。

3.冷藏试验：取2支具塞试管，分别装5mL乳剂塞紧并置于冰箱冷冻30min，如不分层则认为质量较好。

## 四、清洁清场

1.剩余的物料应密封储存，废料按规定处理。

2.对器材、容器具进行清洁。

3.对场地、操作台进行清洁和清场。

4.清场后，及时填写清场记录。

**注意事项**

1.乳剂制备所用乳钵必须干净、干燥、内壁粗糙。

2.阿拉伯胶和西黄蓍胶的分散应少量多次，轻轻研磨，若过分用力研磨，易致使胶粉黏结在研钵内壁或研棒上，无法分散。

3.西黄蓍胶很少单独使用，一般与阿拉伯胶合用以互补，合用可防止液滴合并和乳剂分层。

4.阿拉伯胶和西黄蓍胶都有吸湿性，容易结块，用前应检查。

## 一、乳剂的定义和应用特点

乳剂是指由两种互不相溶的液体，其中一种液体以小液滴状态分散在另一种液体中形成的非均匀分散的液体制剂。小液滴相为分散相、内相、非连续相，分散小液滴的另一液相为分散介质、外相、连续相。分散相液滴的直径一般为 0.1～50μm。乳剂中水或水性溶液，称为水相，用 W 表示，另一与水不相混溶的相则称为油相，用 O 表示。

乳剂的应用非常广泛，可内服、外用、注射等，其**应用特点**：药物制成乳剂后分散度大，吸收好，药效快；油溶性药物与水不能混溶，但制成乳剂后能保证分剂量准确；能遮盖油溶性药物的不良臭味、减少药物的刺激性；外用乳剂能改善药物对皮肤、黏膜的渗透性，促进药物的吸收；静脉注射乳剂注射后分布快、药效高、有靶向性。

## 二、乳剂常见的类型

乳剂常见的类型有两种，当油相分散在水相中时形成**水包油型乳剂**（简写为油/水型或O/W型）；当水相分散在油相中时形成**油包水型乳剂**（水/油或W/O型）；此外，还有**复合乳剂**，可用O/W/O或W/O/W表示。

## 三、乳化剂

乳化剂是指乳剂制备时，除油相和水相外，加入的使乳剂易于形成和稳定的物质，是乳剂的重要组成部分。优良的乳化剂乳化能力强，性质稳定，无毒副作用，无刺激性。乳化剂分为天然乳化剂、合成乳化剂和固体粉末乳化剂三类，它们的应用特点见表7-2所示。

表7-2　乳化剂的分类和应用特点一览表

| 分类 | | 应用举例 | 应用特点 |
|---|---|---|---|
| 天然乳化剂 | 植物性 | O/W型：阿拉伯胶、西黄芪胶 | 多为高分子有机化合物，乳化作用较弱，在水中黏度较大，能增加乳剂的稳定性。可内服，磷脂可做静脉注射用乳剂的乳化剂 |
| | 动物性 | O/W型：磷脂、明胶<br>W/O型：胆固醇 | |
| 合成乳化剂 | 阴离子型表面活性剂 | O/W型：硬脂酸钠（一价皂）、十二烷基硫酸钠<br>W/O型：硬脂酸钙（二价皂） | 有一定毒性和刺激性，一般用于外用制剂中 |
| | 非离子型表面活性剂 | O/W型：吐温、卖泽、泊洛沙姆<br>W/O型：司盘 | 毒性和刺激性小，可口服或外用，肌内注射剂可用吐温-80，静脉注射剂可用磷脂、泊洛沙姆 |
| 固体粉末乳化剂 | | O/W型：氢氧化镁（铝）、二氧化硅、硅皂土<br>W/O型：氢氧化钙（锌）、炭黑 | 可吸附在油水界面上，形成乳化剂膜 |

**课堂互动**

### 乳化剂的选择

请同学们总结出外用、口服和注射用乳剂产品中分别可以选用哪些乳化剂，为什么？O/W型和W/O型乳化剂的HLB值分别在什么范围？

## 四、乳剂的制备方法

乳剂的制备方法通常有下列几种。

### 1.干胶法

又称油中乳化法，是将水相加入到含乳化剂的油相中的乳剂制备方法。具体过程是：乳化剂（胶粉）先与油相研磨，混合均匀后，按比例一次性加入水相，研磨制成初乳，再逐渐加水稀释至全量。在初乳中，油、水、胶有一定的比例，乳化植物油类时比例为4 : 2 : 1；乳化挥发油时，比例为2 : 2 : 1；乳化液体石蜡时，比例为3 : 2 : 1。此法适用于使用天然乳化剂，如阿拉伯胶或阿拉伯胶与西黄芪胶的混合胶，制备O/W型乳剂。

## 2.湿胶法

又称水中乳化法，是将油相加入到含有乳化剂的水相中的乳剂制备方法。具体过程是将乳化剂（胶粉）先溶于水相中，形成胶体水溶液，再逐渐加入油相，研磨直至形成初乳，再逐渐加水稀释至全量，制得O/W型乳剂。此法适合制备比较黏稠的树脂类的乳剂。

**干胶法和湿胶法制备要点**：（1）两者均先制备初乳，初乳中油、水、胶三者比例应符合一定要求。（2）干胶法适用于乳化剂为细粉者，乳钵要干燥，制备初乳时加水应按比例量一次性加入，并迅速沿一个方向旋转研磨，否则不易形成O/W型乳剂。（3）湿胶法不必是细粉，制成胶浆即可；油相要分次加入胶浆中，边加边迅速沿一个方向旋转研磨，以得到细腻的初乳。

## 3.新生皂法

油水两相混合时，当油相为植物油时，因其含有少量游离脂肪酸，能与含有碱（如氢氧化钠或氢氧化钙）的水溶液在加热（70℃以上）混合搅拌时发生皂化反应，生成肥皂（脂肪酸的钠盐或钙盐），以肥皂作乳化剂，能制得O/W或W/O型乳剂。生成的一价皂为O/W型乳化剂，二价皂为W/O型乳化剂。新生皂法所制得的乳剂要比用肥皂直接乳化的制品品质优良，多用于乳膏剂的制备。如石灰搽剂是由新生钙皂乳化而制成的W/O型乳剂；复方苯氧乙醇乳是由硬脂酸与三乙醇胺皂化生成有机胺皂再乳化制成的O/W型乳剂。

## 4.机械法

可将油相、水相、乳化剂混合后用高速搅拌机、高压乳匀机、胶体磨等乳化机械制备乳剂。使用不同的乳化机械可制得粒度不同的乳剂。

 案例分析

### 石灰搽剂

【处方】氢氧化钙溶液500mL　　花生油500mL

【制备】取氢氧化钙溶液和花生油混合，用力振摇或搅拌，可得乳白色药剂。

【注解】花生油中含有脂肪酸，氢氧化钙溶液显碱性，两液混合后，脂肪酸与氢氧化钙反应生成钙肥皂乳化剂，可制得W/O型乳剂。

【用途】具有收敛、保护、润滑、止痛的作用。外用涂抹，治疗轻度烧伤和烫伤。

## 一、乳剂制备的工艺流程

乳剂制备的工艺流程见图7-3所示。

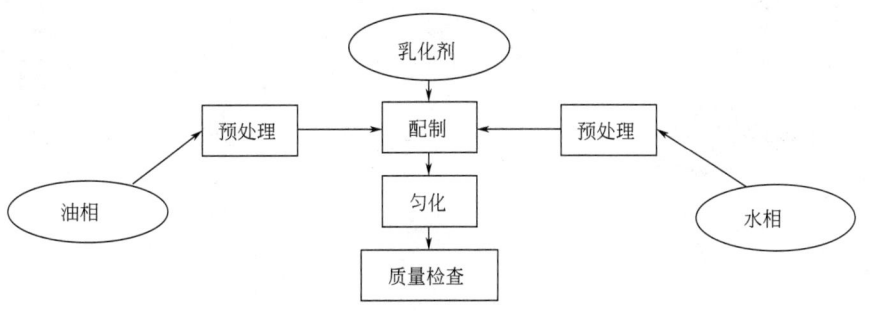

图7-3 乳剂的制备工艺流程图

乳剂的制备要点：（1）采用干胶法时阿拉伯胶与西黄蓍胶要先粉碎成细粉后再用。（2）制备初乳时要注意油、水、胶三者的比例和加入顺序，并且要一次性加入纯化水，这样有助于初乳的形成。（3）用高速搅拌器搅拌时应控制适宜的搅拌时间和搅拌速度，搅拌时间和速度对初乳的形成和乳剂的稳定性有较大的影响。

拓展阅读

**影响乳化效果的因素**

1.**乳化剂的用量**：乳化剂用量越多，乳剂越易形成而且稳定。但用量过多，往往使乳剂过于黏稠而不易倾倒。

2.**温度**：提高操作温度易于乳化，实验证明最适宜的乳化温度为70℃左右。

3.**乳化时间**：①乳化剂的乳化能力越强，乳剂形成得越快；②所需制备的乳剂量越大，时间越长；③制备的乳剂越均匀，分散度越高，所需乳化的时间就越长；④乳化时所用的器械效率越高，所需的时间就越短。

4.**机械力**：通过机械力进行搅拌、切割、研磨，能使分散相形成细小的乳滴。

## 二、乳剂的制备设备

乳剂的制备设备常用的有乳钵、高速搅拌机、胶体磨、高压乳匀机、超声波发生器（见图7-4～图7-6）等。乳钵在少量制备时使用，制备的乳滴大而不均匀；胶体磨用于制备乳剂、混悬剂和溶胶剂，制备的乳滴约5μm；高压乳匀机可反复循环乳化，制备的乳滴约0.3μm；高速搅拌机制得的乳滴约0.6μm，搅拌时间越长、转速越快，制得的乳滴越小。

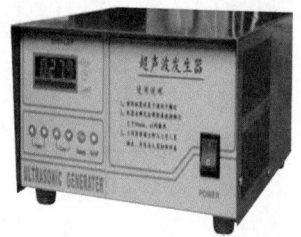

图7-4　高速搅拌机　　　图7-5　高压乳匀机　　　图7-6　超声波发生器

**案例分析**

### 液体石蜡乳

【处方】液体石蜡12mL　　阿拉伯胶4g　　羟苯乙酯醇溶液（50g/L）0.1mL
　　　　纯化水加至30mL

【制备】1.干胶法：将4g阿拉伯胶分次加入12mL液体石蜡中研匀，一次性加入纯化水8mL，研磨发出噼啪声至形成初乳，加入羟苯乙酯醇溶液，补足纯化水至全量，研匀即得。

　　　　2.湿胶法：取8mL纯化水至研钵中，加入4g阿拉伯胶配成胶浆，作为水相。再将12mL液体石蜡分次加入水相中，边加边研磨至发出噼啪声形成初乳，加入羟苯乙酯醇溶液，补足纯化水至全量，研匀即得。

【用途】本品为轻泻药，用于治疗便秘。

## 三、乳剂的质量要求

### 1.外观

应色泽均匀，不得有发霉、酸败、变色、异物、产生气体或其他变质现象。

### 2.装量

单剂量包装的，装量应不得低于标示量；多剂量包装的按最低装量检查法检查，应符合规定。

### 3.稳定性

以半径为10cm的离心机4000r/min的转速，离心15min，不应有分层现象。

### 4.微生物限度

除另有规定外，照非无菌产品微生物限度检查法检查，应符合规定。

 拓展阅读

**乳剂的不稳定现象**

**1.分层**：又称乳析现象，即乳剂在贮存过程中出现分散相液滴上浮或下沉的现象。振摇后还可以恢复成乳剂状态。

**2.絮凝**：乳剂中分散相液滴发生可逆的聚集成团的现象，称为絮凝。絮凝时聚集和分散是可逆的，但说明稳定性已经降低，通常是转相或破乳的前奏。

**3.合并与破裂**：乳剂中液滴周围的乳化膜破坏导致液滴变大，称为合并；液滴合并不断进行，最后发生油水完全分层的现象，称为乳剂的破裂（图7-7）。乳剂一旦破裂，经振摇亦不能恢复。

**4.转相**：是指乳剂由一种类型转变为另一种类型的现象。

**5.酸败**：是指受光、热、空气、微生物等影响，使乳剂组成成分发生水解、氧化，引起乳剂酸败、发霉、变质的现象。

图7-7 乳剂的破裂

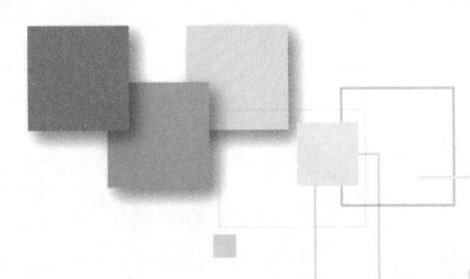

任务2 你中有我，我中有你——
鉴别乳剂的类型

任务描述

对鱼肝油乳剂和石灰搽剂两种乳剂，采用外观法、稀释法和染色镜法进行乳剂类型的鉴别，认真填写实验记录（表7-3）。

表7-3 乳剂类型的鉴别实验任务单

| 需鉴别的乳剂 | 乳剂1品名 | 鱼肝油乳剂 | 批号 | 180508 |
|---|---|---|---|---|
| | 乳剂2品名 | 石灰搽剂 | 批号 | 180509 |
| 序号 | 鉴别方法 | 所需试剂名称 | 单位 | 用量 |
| 1 | 外观法 | 无 | — | — |
| 2 | 稀释法 | 纯化水 | mL | 10 |
| 3 | 染色镜法 | 苏丹-Ⅲ | 滴 | 数滴 |
| | | 亚甲蓝 | 滴 | 数滴 |

鉴别过程

## 一、鉴别前检查

1.检查烧杯、电子天平、量筒、试管、玻璃棒等实验器具是否完好、清洁。

2.检查显微镜是否完好，确认正常后方可使用。

3.接到乳剂的鉴别实验任务、实验记录等文件，明确实验要求。

4.按乳剂的鉴别实验任务核对苏丹Ⅲ、亚甲蓝、鱼肝油乳剂、石灰搽剂的品名、批号和数量。

## 二、鉴别操作

1.外观法：取两支试管，分别量取1mL的鱼肝油乳剂和石灰搽剂，观察两种乳剂的外观颜色，根据观察结果判断乳剂类型。

2.稀释法：取两支试管，分别加入鱼肝油乳剂和石灰搽剂各1滴，再加入纯化水各5mL，振摇或翻转数次，观察是否能均匀混合，根据试验结果判断上述两种乳剂的类型。

3.染色镜法：将鱼肝油乳剂和石灰搽剂分别涂在载玻片上，调节显微镜观察乳剂的形态；分别用油溶性染料苏丹Ⅲ染色，在显微镜下观察，根据观察结果判断乳剂类型；再分别用水溶性染料亚甲蓝染色，在显微镜下观察，根据观察结果判断乳剂类型。

4.及时填写乳剂的鉴别实验记录。

## 三、清洁清场

1.剩余的物料应密封储存，废料按规定处理。

2.对仪器、容器具进行清洁。

3.对场地、操作台进行清洁和清场。

4.清场后，及时填写清场记录。

### 注意事项

1.显微镜先调节粗调节器（粗准焦螺旋），移动时可使镜台做快速和较大幅度的升降，能迅速调节物镜和标本之间的距离，使物像呈现于视野中，通常在使用低倍镜时，先用粗调节器迅速找到物像。

2.观察到物像后，调节细调节器（细准焦螺旋），使镜台缓慢地升降，多在运用高倍镜时使用，从而得到更清晰的物像，并借以观察标本的不同层次和不同深度的结构。

### 知识加油站

## 乳剂类型的鉴别

乳剂类型常用鉴别方法除了外观检查外，还可以有以下方法（见表7-4）。

1.**稀释法**：O/W型乳剂能被少量水稀释；而W/O型乳剂不能被水稀释，出现油水分层。

2.**染色法**：用显微镜鉴别乳剂类型时，若用水溶性染料染色，外相被染色的，则为O/W型乳剂，内相被染色的，则为W/O型乳剂。若用油溶性染料染色，外相被染色的，则为W/O型乳剂，内相被染色的，则为O/W型乳剂。

**3.导电法：** O/W型乳剂能导电，而W/O型乳剂不能导电。

表7-4 乳剂类型的鉴别方法和现象一览表

| 鉴别方法 | O/W型乳剂 | W/O型乳剂 |
|---|---|---|
| 外观 | 通常为乳白色 | 接近油的颜色 |
| 稀释 | 可用水稀释 | 可用油稀释 |
| 导电性 | 导电 | 不导电或几乎不导电 |
| 加入水溶性染料 | 外相染色 | 内相染色 |
| 加入油溶性染料 | 内相染色 | 外相染色 |

## 目标检测

**一、判断题**

1.分散相浓度为50%左右时，乳剂最稳定。（ ）

2.温度也是影响乳剂稳定的因素。（ ）

3.乳剂的组成包括：油相（常以O表示）、水相（常以W表示）和乳化剂。（ ）

**二、单选题**

1.静脉注射用乳剂的乳化剂是（ ）。

（A）吐温80　　　　　　　　　　（B）卵磷脂

（C）司盘80　　　　　　　　　　（D）卡波姆940

2.关于乳剂的制备方法，不正确的是（ ）。

（A）油中乳化法　　　　　　　　（B）新生皂法

（C）相转移　　　　　　　　　　（D）直接匀化法

3.适宜制备O／W型乳剂的表面活性剂的HLB值范围为（ ）。

（A）7～11　　　　　　　　　　（B）8～16

（C）3～8　　　　　　　　　　　（D）15～18

4.下列哪种表面活性剂可用于静脉注射用乳剂（ ）。

（A）司盘类　　　　　　　　　　（B）吐温类

（C）泊洛沙姆188　　　　　　　（D）季铵盐类

**三、简答题**

1.乳剂的质量评价有哪些方面？

2.乳剂的制备方法有哪些？

3.影响乳剂稳定性的因素有哪些？

## 模块 8
# 制备制药用水

## 学习目标

1. 能知道制药用水的概念、分类和应用范围。
2. 能知道热原的概念、污染途径和去除方法。
3. 能知道纯化水和注射用水的生产方法。
4. 能知道纯化水、注射用水生产设备的基本结构。
5. 能按操作规程进行纯化水的生产和质量控制，能正确填写生产记录。

图8-1 自来水

## 学习导入

我们日常生活中常常用到的水有自来水（图8-1）、纯净水（图8-2）、矿泉水等，这些水是否可以直接用于药品生产过程呢？

在药品生产中，水的作用有哪些？口服药品和注射剂产品的生产对工艺用水有什么不同的要求？

水通常作为原料、辅料或溶剂广泛应用于药物生产过程或药物制剂的制备。制药用水的质量直接影响药品的质量，因此，制药用水的生产和质量控制是极其重要的。

图8-2 纯净水

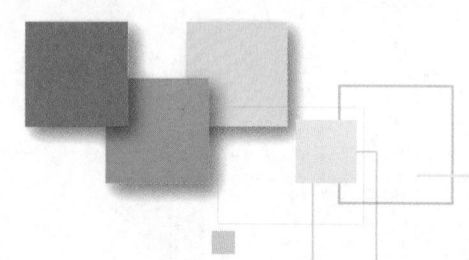

任务1 方法可选，目标唯一——制纯化水

## 岗位任务

按照生产操作规范进行纯化水的生产，正确填写生产记录。

## 生产过程

### 一、生产前检查

1.进入制水间，检查是否有"清场合格证"，且"清场合格证"在有效期内。

2.检查计量器具与计量的范围是否相符，有校验合格证并在使用有效期内。

3.接到纯化水岗位操作规程、生产记录等文件，明确工艺要求等指令。

4.检查水质检测用器具和试剂：余氯检测试剂、硬度检测试剂、甲基红指示液、溴麝香草酚蓝指示液是否齐备。

5.悬挂生产运行状态标识，进入生产操作。

### 二、生产操作

1.预处理

（1）若石英砂过滤器、活性炭过滤器和软水器设为手动清洗和再生，则开机前要进行清洗；若为自动设置，可跳过。

（2）打开纯化水设备控制系统的电源开关，在操作面板上进入操作系统，打开"运行启动"，原水加压泵打开，原水依次经过砂滤器、炭滤器和软化器进行预处理。

（3）观察砂滤器、炭滤器和软化器的出水压力值应为0.2～0.5MPa。

2.反渗透装置

（1）当中间水箱中的水处于设定的低水位时，一级反渗透的高压泵启动运行，预处理水经过保安过滤器，进入一级反渗透膜组，进行水的一级反渗透。

（2）调节浓水调节阀，保持浓水流量与淡水流量比例约为2∶1。一级反渗透水进入中间水箱。

（3）中间水箱的储水到达设定的高水位时，二级反渗透的高压泵启动运行，中间水箱的水进入二级反渗透膜，进行水的二级反渗透。

（4）调节浓水阀门，保持浓水流量与淡水流量比例约为（1～1.5）∶1，二级反渗透出水进入EDI系统。

3. EDI系统

（1）EDI系统启动，二级反渗透水进入EDI系统，进行水的电渗析，进一步去除反渗透水中的离子，调节浓水调节阀（约一半的开关量），EDI的淡水进入纯化水箱。

（2）注意EDI淡水流量表和浓水流量表是否正常，电压和电流值是否在正常范围。

（3）纯化水箱中的水达到一定的水位时，纯水循环泵启动，纯化水经过0.22μm精密过滤器和紫外线灭菌后进入各用水点。

4. 关机：制水结束，在操作面板上点击"运行停止"，退出系统，关闭电源。

5. 及时填写制水生产记录。

## 三、质量监控

1. 每年向当地的疾控中心申请进行饮用水的取样检测，取样点为饮用水总进水口。

2. 每2h在线检测一级反渗透水的电导率、二级反渗透水的电阻率一次，并记录。

3. 每班在炭滤器出水口检测水的余氯，余氯应＜0.1mg/L；软水器出水口检测水的硬度，硬度应小于17度；纯化水出水口检测水的酸碱度、电导率并记录。

（1）**余氯检查**：向比色管中加入炭滤器取水口的待测水样15mL，在加了水样的比色管中加入一包余氯测试试剂，盖上盖子，摇匀至完全溶解，将比色管提至比色卡约2cm高的空白处，与标准色阶自上而下目视比色，选与管中溶液色调最接近的色阶就是水中余氯的含量。

（2）**硬度检查**：使用移液器准确移取软水器取水口10mL待测水样，加入洁净的锥形瓶中，加入一包软水硬度（Ⅰ）试剂（粉末），摇匀溶解。此时溶液若为蓝色，说明水样硬度小于0.4mg/L；若为紫红色，继续下一步。用移液管准确移取1mL软水硬度（Ⅱ）试剂（溶液），边摇锥形瓶边慢慢滴定，直至溶液由紫红色变为纯蓝色，若滴完1mL未变色，继续滴加软水硬度（Ⅱ）试剂，记录消耗滴定液的总体积 $V$（mL），总硬度=$V \times 20$（mg/L，以碳酸钙计）。

（3）**酸碱度检查**：取纯化水10mL，置10mL试管中，加入甲基红指示液2滴，摇匀，不得显红色；另取纯化水10mL，置另一个10mL试管中，加入溴麝香草酚蓝指示液5滴，摇匀，不得显蓝色。

（4）**电导率**：在纯化水取样口取纯化水，用电导笔进行测试，按测量键开始测量：当读数达到稳定时，记录该数值。电导率应＜2μS/cm（25℃）。

## 四、清洁清场

1.将制水间的状态标志改写为"清洁中"。

2.按清洁标准操作规程，清洁所用过的设备、生产场地、用具、容器，定期对管道和储罐进行消毒灭菌。

3.清场后，及时填写清场记录，自检合格后，请质检员或检查员检查。

4.经检查合格，发放清场合格证。

### 注意事项

1.根据余氯、硬度和电导率等监测数据及时更换石英砂、活性炭、离子交换树脂、反渗透膜等耗材。

2.查看精密过滤器在过滤前后的压力，当进出水压差大于0.1MPa时，应更换精密过滤器。

3.纯化水的储存条件是常温，24h循环，一般储存时间不宜超过24h。

### 知识加油站

## 一、制药用水的分类

制药用水通常指制药工艺过程中用到的各种质量标准的水，在《中国药典》附录中，制药用水分为饮用水、纯化水、注射用水和灭菌注射用水**四大类**。

1.**饮用水**：是天然水经净化处理所得的水，其质量必须符合现行中华人民共和国《生活饮用水标准》。

2.**纯化水**：是饮用水经蒸馏法、离子交换法、电渗析法、反渗透法或其他适宜的方法制备的制药用水，不含任何添加剂，其质量应符合纯化水项下的规定。

3.**注射用水**：是纯化水经蒸馏所制得的水，其质量应符合注射用水项下的规定。

4.**灭菌注射用水**：是注射用水按照注射剂生产工艺制备所得的水。

## 二、制药用水的应用范围

制药用水的种类、质量要求和应用范围见表8-1所示。

表8-1　制药用水的种类、质量要求和应用范围一览表

| 类型 | 质量要求 | 应用范围 |
|---|---|---|
| 饮用水 | 应符合《生活饮用水卫生标准》 | 1.制备纯化水的水源<br>2.设备、容器的初洗<br>3.药材净制时的漂洗用水<br>4.饮片的提取溶剂（另有规定的除外） |
| 纯化水 | 符合《中国药典》纯化水标准 | 1.制备注射用水的水源<br>2.非灭菌药品直接接触药品的设备、器具和包材精洗用水<br>3.注射剂、灭菌药品瓶子的初洗<br>4.配制普通药物制剂用的溶剂或试验用水<br>5.口服、外用制剂配制用溶剂或稀释剂<br>6.非灭菌药原料药的精制 |
| 注射用水 | 符合《中国药典》注射用水标准 | 1.灭菌产品直接接触药品的包材最后一次精洗用水<br>2.注射剂、滴眼剂、无菌冲洗剂配料<br>3.灭菌原料药精制<br>4.灭菌原料药直接接触无菌原料的包材的精洗用水 |
| 灭菌注射用水 | 符合《中国药典》灭菌注射用水标准 | 1.注射用灭菌粉末的溶剂<br>2.注射剂的稀释剂 |

**生产小能手**

## 一、纯化水的制备方法

纯化水的制备方法有蒸馏法、电渗析法、反渗透法或离子交换法等，实际生产中通常会采用两种以上的方法综合制备而得。常用的方法如下：

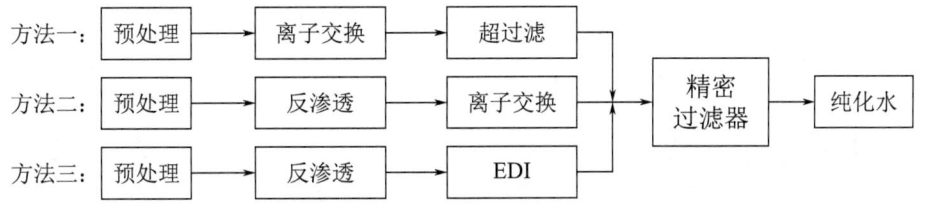

方法一：预处理 → 离子交换 → 超过滤

方法二：预处理 → 反渗透 → 离子交换

方法三：预处理 → 反渗透 → EDI

→ 精密过滤器 → 纯化水

目前，药品生产企业大多采用的纯化水制备方法由预处理+二级反渗透+EDI系统组成，流程可参见图8-3所示。

模块8　制备制药用水

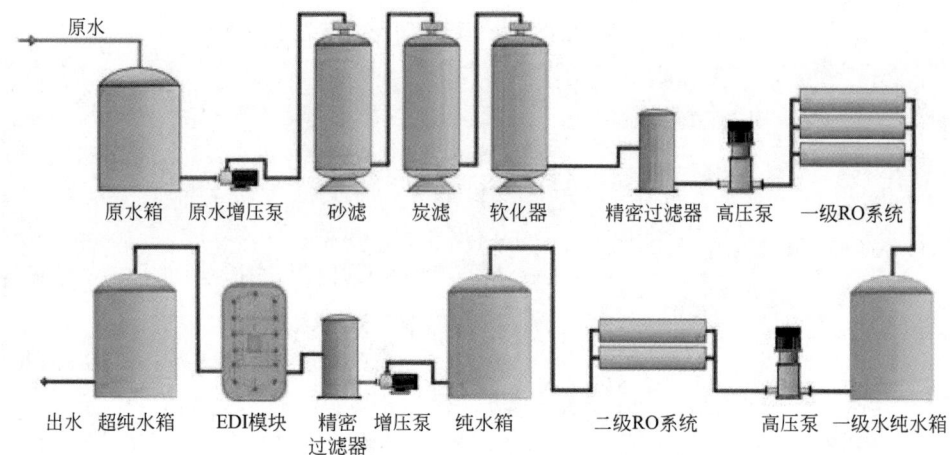

图8-3 纯化水制备工艺流程

### 1.预处理部分

主要由原水箱、石英砂过滤器、活性炭过滤器和软水器组成。目的是去除原水中部分不溶性杂质、可溶性杂质、有机物和微生物，使其主要水质参数达到后续反渗透设备的进水要求，从而减轻反渗透膜组的负荷。

预处理部分的制备工艺流程如下：

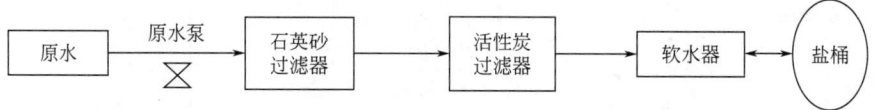

（1）**原水**（饮用水）：经过原水泵进行增压，水压一般不低于0.2MPa（2kgf）。

（2）**石英砂过滤器**：内装不同粒径的石英砂，可滤除原水中的悬浮物和胶体以及较大颗粒的杂质。

（3）**活性炭过滤器**：内装颗粒活性炭，通过吸附作用，可除去原水中的余氯、微生物、小分子有机物和部分重金属等，以达到除味、除色的作用。

石英砂过滤器和活性炭过滤器的反洗方式有手动和自动两种，自动反洗是指可设定反洗周期后，设备自动进行反洗，实际生产中根据水质变化而调整反洗周期。

（4）**软水器**：内装结构为钠型阳离子的交换树脂。通过阳离子交换作用，可将原水中导致结垢的钙、镁离子转化为钠离子，起到阻垢、软化作用。软化后的水可进行水的硬度检测，硬度应不大于17°（1度相当于每升水中含有10mg氧化钙，高于17度的称为硬水）。

当软水器中的阳离子交换树脂吸收一定量的钙、镁离子后就"失活"了，不再具有去除钙、镁离子的能力，必须进行"再生"，才能恢复其交换能力，阳离子交换树脂的再生需要用粗盐（NaCl）饱和溶液，严禁使用精制加碘盐。可设定再生周期后自动进行再生，实际生产中根据水质变化而调整再生周期。

## 2.反渗透部分

反渗透部分是纯化水制备中的主要装置，包括保安过滤器、高压泵、反渗透膜组、中间水箱、浓水调节阀和淡水调节阀等。

二级反渗透部分的制备工艺流程如下：

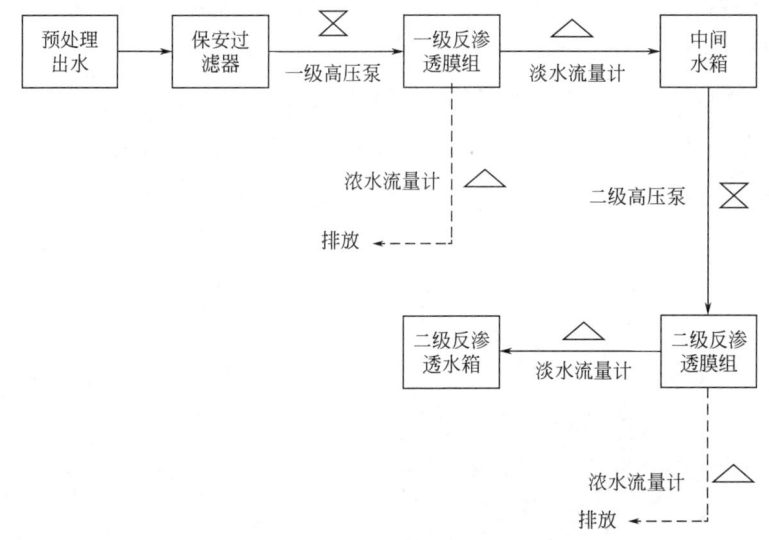

（1）**保安过滤器**：一般为5μm的精密过滤器，能有效去除前处理中泄漏的大于5μm的物质，主要是防止悬浮物进入反渗透膜元件。为确保过滤效果，需要定期检漏和更换滤芯。

（2）**高压泵**：可以增加反渗透系统的进水压力，使之高于水的渗透压。

（3）**反渗透膜组**：反渗透膜是纯化水装置的主要部件，是半透性螺旋卷式膜，当水以一定的压力经过反渗透膜时，水透过膜上的微小孔径，经收集后得到纯水；而水中的杂质如可溶性固体、有机物、胶体物质及细菌等则被反渗透截留，被浓缩后去除。反渗透膜可去除原水中97%以上的溶解性固体，99%以上的有机物及胶体，几乎100%的细菌。

（4）**流量计**：有淡水流量计和浓水流量计。

（5）**电导率仪**：可在线检测反渗透水的电导率。

（6）**浓水和淡水调节阀**：可调节淡水和浓水比例、控制淡水产量。

（7）**液位控制器**：通过设定水箱的水位，可控制制水开关的启、停。

反渗透装置具有以下**特点**：

①除盐、除菌效率高；②制水过程为常温操作；③制水设备体积小、操作简单，单位体积产水量高；④设备和操作工艺简单，能源消耗低；⑤但对原水要求高，原水中的悬浮物、有机物、微生物会降低膜的使用效果，因此需对原水进行预处理。

拓展阅读

### 反渗透原理

**反渗透法**是一种借助选择透过性膜的功能，以压力差为推动力的膜分离技术，目前主要用于水处理和纯化水的制备。

当把相同体积的稀溶液和浓溶液分别置于容器的两侧，中间用半透膜阻隔，稀溶液中的溶剂将自然地穿过半透膜，向浓溶液侧流动，浓溶液侧的液面会比稀溶液的液面高出一定高度，形成一个压力差，达到渗透平衡状态，此种压力差即为渗透压（图8-4）。若在浓溶液侧施加一个大于渗透压的压力时，浓溶液中的溶剂会向稀溶液流动，此种溶剂的流动方向与原来渗透的方向相反，这一过程称为反渗透（图8-5）。

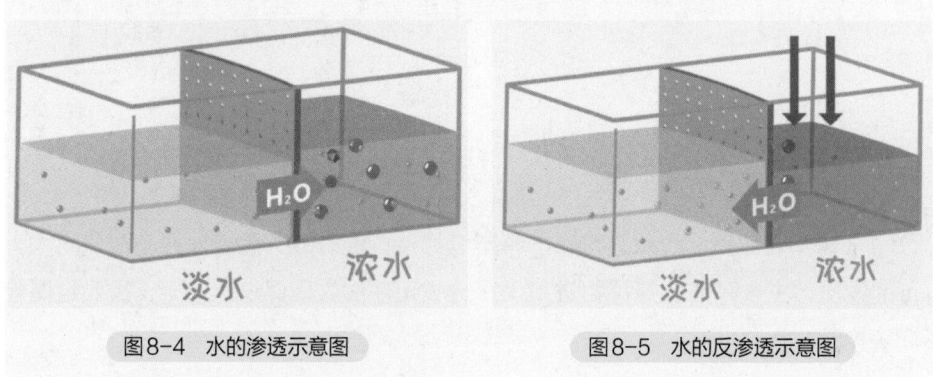

图8-4　水的渗透示意图　　　　　图8-5　水的反渗透示意图

### 3.EDI系统

又称连续电除盐系统，是将电渗析技术和离子交换技术融为一体，通过阳、阴离子膜对阳、阴离子的选择透过作用以及离子交换树脂对水中离子的交换作用，在电场的作用下实现水中离子的定向迁移，从而达到进一步去除反渗透水中少量离子的目的，使纯化水的电导率可达0.056μS/cm（图8-6）。

EDI部分的制备工艺流程如下：

（1）高压泵：能提升水压，保证EDI的进水压力。

（2）EDI：进一步去除反渗透水中的少量离子。EDI系统包括增压泵、EDI装置和相关的阀门、仪表和控制系统等（图8-7）。

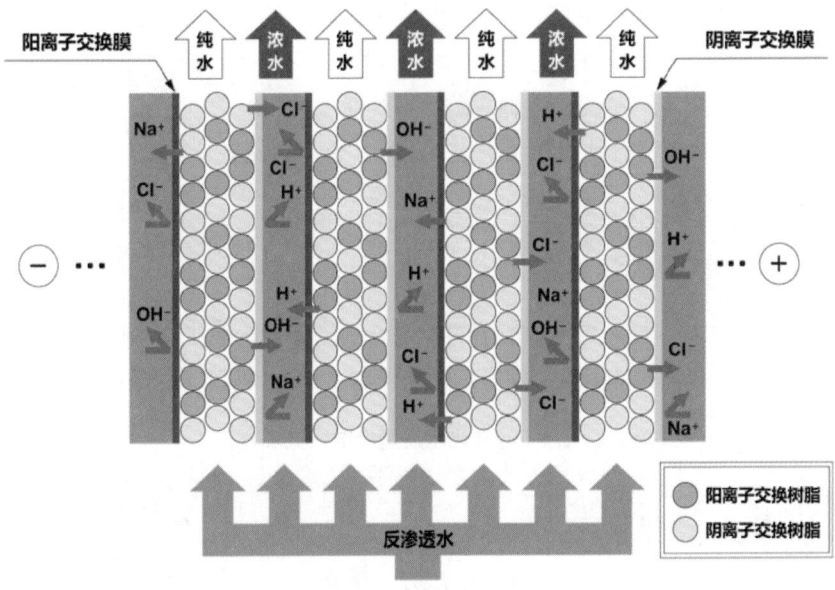

阳离子交换膜　　　　　　　　　　　　　　　　阴离子交换膜

纯水　浓水　纯水　浓水　纯水　浓水　纯水

反渗透水

阳离子交换树脂
阴离子交换树脂

图8-6　EDI原理

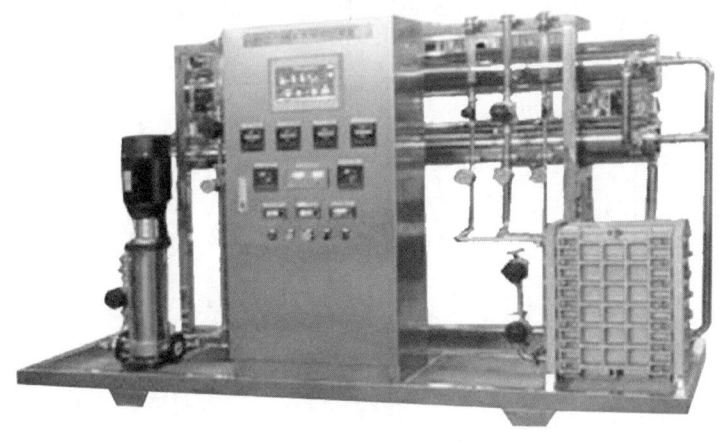

图8-7　EDI系统

（3）除菌过滤器：纯化水送至用水点前的最终过滤，采用孔径为0.22μm的滤芯，除去可能残留的杂质和微生物。

### 4.纯化水分配系统

将纯化水通过管道输送到各用水点，分配系统包括储罐、管道、阀门等。其材质要求耐腐蚀、无污染、无毒、无味、易清洗、耐高温，一般采用316L不锈钢材料制造。

中间水箱和纯化水箱的呼吸滤芯、纯化水循环泵末端微孔滤器的滤芯定期更换，并做好记录。中间水箱和纯化水箱呼吸滤芯的材质应为聚四氟乙烯膜（PTFE），纯化水循环泵末端微孔滤器滤芯的材质应为聚丙烯滤芯，孔径均为0.22μm。

储罐和管道应定期清洗和消毒，防止系统微生物和细菌的污染，常采用的方法是巴氏消毒或臭氧消毒。纯化水系统正常运行，每月对储罐及管路采用巴氏消毒时，保持回水温度大于80℃，保持1h。

## 二、纯化水的质量检查

应按照《中国药典》纯化水项下的检查方法进行，一般正常生产时，储罐、总出水口、总回水口和各使用点每周全项检测一次，检查项目和标准见表8-2所示。

表8-2　纯化水质量标准一览表

| 项　目 | 纯化水 |
| --- | --- |
| 来源 | 本品为蒸馏法、离子交换法、反渗透法或其他适宜方法制的制药用水，不含任何添加剂。 |
| 性状 | 无色澄明液体，无臭、无味 |
| 酸碱度pH | 符合规定 |
| 硝酸盐 | < 0.06μg/mL |
| 亚硝酸盐 | < 0.02μg/mL |
| 氨 | < 0.3μg/mL |
| 电导率 | 20℃，4.3μS/cm；25℃，5.1μS/cm；30℃，5.4μS/cm |
| 总有机碳 | ≤0.5mg/L |
| 易氧化物 | 符合规定 |
| 不挥发物 | ≤1mg |
| 重金属 | < 0.1μg/mL |
| 细菌总数（细菌、霉菌、酵母菌） | ≤100cfu/mL |

 拓展阅读

### 电导率和总有机碳

**水的电导率：**在一定温度下，两块1cm²相距1cm的极片间，在水中迁移电荷称为电导率，以 μS/cm 为单位，是水中可导电杂质的含量。通常用来表示水的纯净度，电导率越低，纯度越高。其检测仪器为电导率仪，可以进行在线检测。

**TOC（总有机碳）值：**是指水中有机物的含量，以有机物中的主要元素——碳的量来表示，称为总有机碳，是评价水体有机物污染程度的重要依据。TOC分析已经成为世界上许多国家水处理质量控制的主要手段。其检测仪器为TOC测定仪，也可以进行在线自动检测。

 课堂互动

判断题：

1.经检验合格的纯化水可用于注射剂配料。（    ）

2.纯化水宜在不锈钢贮罐中贮存。（    ）

任务2 纯化水再变身——
制注射用水

按生产操作规范进行注射用水的生产，正确填写生产记录。

## 一、生产前检查

1.进入操作间，检查是否有"清场合格证"，且"清场合格证"在有效期内。

2.检查计量器具与计量的范围是否相符，有校验合格证并在使用有效期内。

3.接到注射用水岗位操作规程、生产记录等文件，明确工艺要求等指令。

4.检查水质检测用器具和试剂：甲基红指示液、溴麝香草酚蓝指示液是否齐备。

5.悬挂生产运行状态标识，进入生产操作。

## 二、生产操作

1.检查纯化水储罐中是否有足够的水源，确认纯化水电导率符合规定。

2.打开纯化水进水阀门，检查系统管路阀门是否正常，接头是否密封。

3.接通电源，开启注射用水储罐的温控和液位指示装置，设置储水温度为70～75℃。

4.开启多效蒸馏水机，待出水稳定，出水温度达到95℃以上时，打开注射用水储罐的进水阀门，注射用水送入储罐。

5.注射用水储量达到一定量时，可以打开输送泵，向各使用点供水。供水时打开送水管道上热交换器的冷却水阀门，保证回水的温度大于70℃左右。

6.按要求每隔2h记录蒸汽压力、产水温度、产水的电导率。

7.关机时，将储罐、管道余水全部放尽，关闭所有阀门。

8.及时填写注射用水生产记录（表8-3）。

表8-3　注射用水生产记录

| 产品名称：注射用水 | | 生产日期： | | | | | | |
|---|---|---|---|---|---|---|---|---|
| 开工时间： | | 结束时间： | | 记录人： | | 复核人： | | |
| 生产过程监测 | 时间 | ： | ： | ： | ： | ： | ： | ： |
| | 原料水流量/（L/h） | | | | | | | |
| | 工业蒸汽压力/MPa | | | | | | | |
| | 二效温度/℃ | | | | | | | |
| | 末效温度/℃ | | | | | | | |
| | 产水电导率/（μS/cm） | | | | | | | |
| | 产水温度/℃ | | | | | | | |

## 三、质量监控

1.操作工每4h检查pH值和电导率一次，pH为5.0～7.0，电导率≤1.0μS/cm（25℃）。

2.质量部每天取样，检测微生物限度、TOC（总有机碳）、pH值、电导率、细菌内毒素一次。

**微生物的法定标准**是10cfu/100mL，警戒标准是5cfu/100mL，总有机碳的法定标准是0.5mg/L（500ppb），警戒标准200ppb。

## 四、清洁清场

1.将操作间的状态标志改写为"清洁中"。

2.按清洁标准操作规程，清洁所用过的设备、生产场地、用具、容器，定期对储罐、管道和容器具进行灭菌。

3.清场后，及时填写清场记录，自检合格后，请质检员或检查员检查。

4.经检查合格，发放清场合格证。

注意事项

1.注射用水的储存条件是70℃保温循环，一般**储存时间**不宜超过12h。生物制品生产用注射用水储存时间一般不超过6h。

2.注射用水储罐的通气口应安装**不脱落纤维的疏水性除菌过滤器**。

知识加油站

## 一、热原的定义和主要组成成分

**热原**是指能引起恒温动物体温异常升高的致热物质。大多数细菌都能产生热原，致热能力最强的是革兰阴性菌所产生的热原，真菌和病毒也能产生热原。

热原是一种细菌内毒素，由磷脂、脂多糖和蛋白质组成。其中，**脂多糖**是内毒素的主要成分，具有特别强的致热性。因此，也可以认为热原＝内毒素＝脂多糖。

含有热原的注射液注入体内后，能产生特殊的致热反应，通常在30min后出现，表现为发冷、寒颤、发烧、恶心、呕吐等毒性反应，严重者体温可达42℃，以致昏迷、虚脱，甚至有生命危险，临床上称为**"热原反应"**。

案例分析

### 热原反应不良事件

2017年，山西××制药有限公司生产的一批红花注射液和江西××有限公司生产的三批喜炎平注射液，在临床使用中出现频发寒战、发热等严重不良反应，被原国家食品药品监督管理总局要求所有医疗机构立即停止使用相关批号的产品，并责令两个涉事企业立即召回相关批号的产品。

经过调查，造成这些产品不合格的原因是热原不符合规定，导致发生了十多例寒战、发热等严重不良反应事件。

【讨论】针对这个事件，同学们有一些什么样的思考？

## 二、热原的性质

1.**耐热性**：热原具有良好的耐热性，但热原的耐热性有一定的限度，在180～200℃干热2h、250℃以上45min或者650℃以上1min可被彻底破坏。但通常注射剂的灭菌条件下，不足以使热原破坏。

2.**水溶性**：热原易溶于水，几乎不溶于乙醚、丙酮等有机溶剂。

3.**不挥发性**：热原本身不挥发，但在蒸馏时，可随水蒸气中的雾滴进入蒸馏水中，因此，蒸馏水机必须设有隔沫装置，以防热原被带入蒸馏水中。

4.**滤过性**：热原体积小，在1～5nm之间，可通过一般的滤器和微孔滤膜，但用超滤膜可将其除去。

5.**可被吸附性**：热原易被吸附剂吸附，其中以活性炭吸附能力最强，故配制注射液时，药液常用活性炭处理。

6.**其他**：强酸、强碱如盐酸、硫酸、氢氧化钠等，氧化剂如高锰酸钾、过氧化氢等均能破坏热原；超声波、反渗透膜、阴离子树脂也能一定程度地破坏或吸附热原。

### 三、热原的主要污染途径

1.**溶剂**：注射用水是热原污染的主要来源。蒸馏设备结构不合理，操作与接收容器不当，贮存时间过长等均易导致热原污染问题。

2.**原辅料**：一些营养性药物，如葡萄糖，储存不当易滋生微生物而产生热原；一些生物药品，如水解蛋白、右旋糖酐等，因其用生物方法生产，易带入致热物质。

3.**容器、用具、管道和设备等**：未按GMP要求清洗和灭菌而造成热原污染。

4.**生产过程和生产环境**：生产过程中室内洁净度不符合要求、操作时间过长、装置不密闭等，均增加了细菌污染的机会，从而产生热原。

5.**使用过程**：有时输液本身并不含热原，但由于输液器具（输液瓶、乳胶管、针头、针管与针筒等）质量不合格或调配环境不符合要求而造成污染，引起热原反应。

### 四、除去热原的方法

1.**容器具上的热原可用高温法、酸碱法除去**。注射用的针头、针筒或玻璃器皿清洁后在250℃加热30～45min；玻璃容器、用具还可用重铬酸钾硫酸溶液浸洗或用稀氢氧化钠溶液处理。

2.**溶剂中的热原可用蒸馏法、离子交换法及反渗透法除去**。蒸馏法用于去除水中的热原，是利用热原不挥发的特性；热原可被阴离子交换树脂所交换；反渗透法除热原则是利用机械过滤作用，用三乙酸纤维素膜和聚酰胺膜除去热原。

3.**药液中的热原可用吸附法、超滤法、离子交换法和凝胶过滤法除去**。活性炭对热原有较强的吸附作用，是一种有效去除热原的方法，此外活性炭还有助滤、脱色作用，在注射剂生产中广泛使用。超滤膜常用于注射液的滤过，用于截留大分子杂质，除去热原。凝胶过滤也称分子筛，利用热原与药物在分子量上的差异，将两者分开。

 **课堂互动**

试着想一想，如何区分生病发热和热原反应造成的发热？

 拓展阅读

**检查热原的方法**

根据《中国药典》规定，检查热原的方法有两种：

①**热原检查法，又叫家兔检查法**：将一定量的供试品，经静脉注入家兔体内，在规定时间内，观察家兔体温升高的情况，以判定供试品中所含热原是否符合要求。适用于各类细菌产生的内毒素的检查，结果准确，操作繁琐。

②**细菌内毒素检查法，又叫鲎试剂法**：利用鲎试剂（图8-8）来检测或量化由革兰氏阴性菌产生的细菌内毒素，以判定供试品中细菌内毒素的限量是否符合规定。此种方法灵敏度高，操作简单，适用于某些不能用家兔进行热原检查的品种（如肿瘤制剂、放射性制剂等），但对革兰氏阴性菌以外的细菌产生的内毒素不够灵敏，尚不能完全替代家兔法。

栖生于海洋的节肢动物鲎（图8-9）的血液中含有铜离子，血液是蓝色的，与注射液中的热原可以反应发生凝固或变色。

图8-8 鲎试剂

图8-9 鲎

 生产小能手

## 一、注射用水的生产方法

注射用水的生产可采用蒸馏法和二级反渗透法，我国药典规定注射用水的制备方法是蒸馏法。**蒸馏法**可去除水中微小物质、不挥发物和大部分可溶性无机盐类，包括悬浮物、胶体、细菌、病毒、热原等杂质。

**注射用水系统**主要由制水设备和储存分配系统两个部分组成。制水设备主要是**蒸馏水机**，储存和分配系统包括**储罐和管道**。注射用水的储存和分配系统每半个月

或一个月用蒸汽进行消毒灭菌（121℃以上），时间0.5～1h。

蒸馏法制水常用的蒸馏水机有多效蒸馏水机、气压式蒸馏水机和塔式蒸馏水机，其中多效蒸馏水机是国内广泛使用的注射用水生产设备，特点是耗能低、产量高、水质优。

**多效蒸馏水机**（图8-10）的主要结构包括圆柱形蒸馏塔、冷凝器及一些控制元件，主要工艺流程如图8-11所示。纯化水先进入冷凝器预热后再进入各效塔内，一效塔内纯化水经高压蒸汽加热（达130℃）而蒸发，蒸汽经隔沫装置进入二效塔内，供作二效塔热源，经热交换后汇集于冷凝器，冷却成蒸馏水，二效塔内的纯化水经加热蒸发成蒸汽，进入三效塔，以同样的

图8-10 多效蒸馏水机

方式进行热交换与蒸发，蒸汽经隔沫装置后汇集于冷凝器（废气由冷凝器排出管排出）冷却成蒸馏水。效数更高的蒸馏水器可依次类推，原理相同。

多效蒸馏水机的性能取决于加热蒸汽的压力和效数。压力越大则产量越大，效数越多则热的利用效率越高。从出水质量、能源消耗、占地面积、维修能力诸因素综合考虑，选用四效以上的蒸馏水机较为合理。

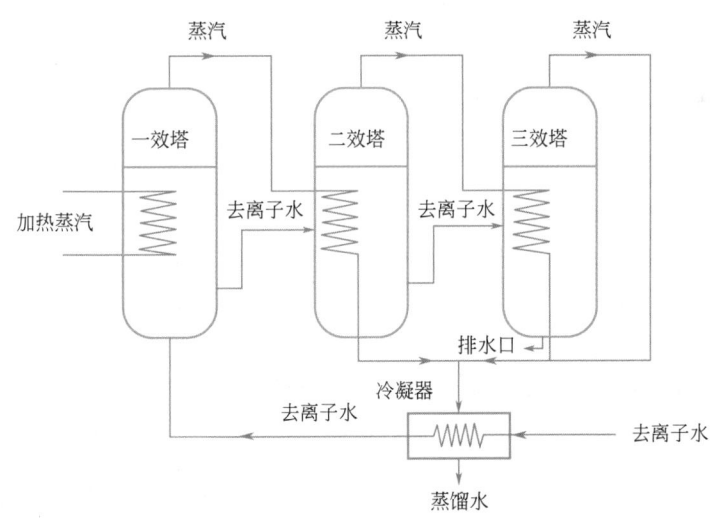

图8-11 多效蒸馏水机示意图

## 二、注射用水的质量检查

按照《中国药典》注射用水项下的各项检测方法进行检测，应符合规定。一般正常生产时，储罐出水口、总回水口每周全项检测一次。

1.注射用水应为无色澄明溶液，无臭。

2.规定pH值应为5.0～7.0。

3.硝酸盐与亚硝酸盐、电导率、总有机碳、不挥发物与重金属：照纯化水项下方法检测，应符合规定。

4.氨：含量不超过0.00002%。

5.细菌内毒素：每1mL中含内毒素量应小于0.25EU。

6.微生物限度：每100mL供试品中需氧菌总数不得过10cfu。

 课堂互动

判断题：

1.注射用水是用纯化水经精制所得的水。（　　）

2.注射用水的制备、储存和分配应能防止微生物的滋生和污染，储罐和输送管道所用材料应无毒、耐腐蚀。储罐和管道要规定清洗、灭菌周期。（　　）

3.热原在100℃加热1h，即可被破坏。（　　）

4.热原是微生物产生的一种内毒素。（　　）

目标检测

一、单选题

1.纯化水可以用于（　　）的配料、洗瓶。

（A）非无菌药品　　　　　　　　　（B）无菌药品

（C）无菌制剂　　　　　　　　　　（D）冻干制剂

2.一般的口服液体药剂的制药用水是（　　）。

（A）饮用水　　　（B）纯化水　　　　（C）注射用水　　　（D）蒸馏水

3.注射用安瓿的终洗用水是（　　）。

（A）饮用水　　　（B）纯化水　　　　（C）注射用水　　　（D）去离子水

4.下列哪项不是制备纯化水的方法（　　）。

（A）离子交换法　　（B）反渗透法　　（C）超滤法　　　　（D）电解法

5.下列哪个不是多效蒸馏水机的应用特点（　　）。

（A）耗能低　　　　　　　　　　　（B）制的注射用水质量可靠

（C）产量低　　　　　　　　　　　（D）效数越多，热能利用率越高

6.注射用水应在（　　）℃以上保温循环条件下存放。

（A）60　　　　　　（B）70　　　　　　（C）80　　　　　　（D）90

7.纯化水的总有机碳检测应不超过（　　）。

（A）0.50mg/L

（B）0.050mg/L

（C）5.0mg/L

（D）0.55mg/L

8.《中国药典》收载的制备注射用水的方法是（　　）。

（A）离子交换法

（B）蒸馏法

（C）反渗透法

（D）电渗析法

9.注射用水的pH值为（　　）。

（A）3.0～5.0

（B）5.0～7.0

（C）7.0～9.0

（D）9.0～11.0

10.注射用水应在制备后（　　）h内使用。

（A）4　　　　　　（B）8　　　　　　（C）12　　　　　　（D）24

11.纯化水的水源应符合（　　）标准。

（A）注射用水　　　（B）饮用水　　　（C）纯化水　　　（D）去离子水

12.注射用水和纯化水的检查项目的主要区别是（　　）。

（A）总有机炭　　　（B）热原　　　（C）氯化物　　　（D）硝酸盐

13.致热能力最强的是（　　）产生的热原。

（A）革兰氏阳性菌

（B）革兰氏阴性菌

（C）铜绿假单胞菌

（D）金黄色葡萄球菌

14.下列对热原性质的正确描述是（　　）。

（A）有一定的耐热性、不挥发

（B）有一定的耐热性、难溶于水

（C）有挥发性但可被吸附

（D）溶于水且不能被吸附

15.除去药液中热原的方法有吸附法和（　　）。

（A）酸碱法

（B）高温法

（C）超滤法

（D）氧化还原法

16.热原的污染主要途径是（　　）。

（A）原辅料

（B）注射用水

（C）活性炭

（D）pH调节剂

17.避免热原从制备过程与生产环境中带入，应杜绝以下哪项操作（　　）。

（A）提高制备过程室内洁净和卫生程度

（B）操作时间延长

（C）及时进行产品灭菌

（D）防止原料药包装破损

18. 如用高温法去除热原，温度和时间应至少达到（　　）。

　（A）100℃ 30min　　　　　　　　　（B）120℃ 15min

　（C）180℃ 60min　　　　　　　　　（D）250℃ 45min

19. 以下哪项不是去除热原的有效方法（　　）。

　（A）高温法　　　　　　　　　　　（B）渗漉法

　（C）吸附法　　　　　　　　　　　（D）离子交换法

20. 热原的体积较小，一般为（　　）。

　（A）0.01～0.25nm　（B）0.3～0.5nm

　（C）1～5nm　　　　　　　　　　　（D）5～7.5nm

21. 用针用活性炭处理药液中的热原，是利用热原的（　　）。

　（A）水溶性　　　（B）滤过性　　　（C）不挥发性　　　（D）被吸附性

二、多选题

1. 纯化水的制备方法有（　　）。

　（A）离子交换法　　（B）蒸馏法　　　（C）反渗透法

　（D）电渗析法　　　（E）回流法

2. 制药用水的种类有（　　）。

　（A）饮用水　　　　（B）海水　　　　（C）纯化水

　（D）注射用水　　　（E）灭菌注射用水

3. 热原的组成有（　　）。

　（A）淀粉　　　　　（B）磷脂　　　　（C）蛋白质

　（D）脂多糖　　　　（E）氨基酸

三、简答题

1. 简述反渗透法制备纯化水的优点。

2. 从热原污染的途径分析去除热原可采用的方法。

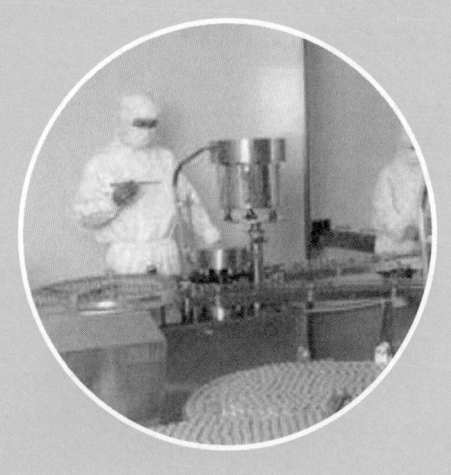

Part 3

# 项目三

## 制备注射剂和眼用液体制剂

------------------------------- 项目导学 -------------------------------

　　**无菌制剂**是法定药品标准中列有无菌检查项目的制剂，一般是直接注射于体内或直接接触创伤面、黏膜的一类药物。

　　**无菌制剂**包括注射剂（注射液、输液和粉针等）、眼用制剂（滴眼剂、眼膏剂和眼用膜剂等）、植入制剂（植入片等）、创面用制剂（溃疡、烧伤、外伤用溶液、软膏剂和气雾剂等）和手术用制剂（止血海绵剂等）。

　　**无菌药品**按生产工艺可分成两类：采用最终灭菌工艺的为**最终灭菌产品**；部分或全部工序采用无菌生产工艺的为**非最终灭菌产品**。

　　**注射剂和眼用液体制剂**均是无菌制剂中的主要剂型，也是应用最广泛的剂型之一。本项目主要介绍注射剂和眼用液体制剂相关概念，注射液、无菌粉末、冷冻干燥产品的制备工艺等内容。

# 模块 9

## 制备小容量注射液

### 学习目标

1. 能知道注射液的概念、特点和质量要求。
2. 能知道灭菌的概念和灭菌方法。
3. 能知道各洁净级别的划分和要求。
4. 能看懂小容量注射液的生产工艺流程。
5. 能识读注射剂的处方。
6. 能认识小容量注射液主要生产设备的基本结构。
7. 能进行小容量注射液的生产操作和质量控制，正确填写生产记录。

### 学习导入

在图9-1～图9-3所示的这些注射液中，你知道它们的外观性状、使用途径、应用特点等方面有什么不同吗？

还有一些药品，既有口服剂型，也有注射剂剂型，你能试着举出一些例子吗？在使用时两者会有哪些不同？有什么注意事项？

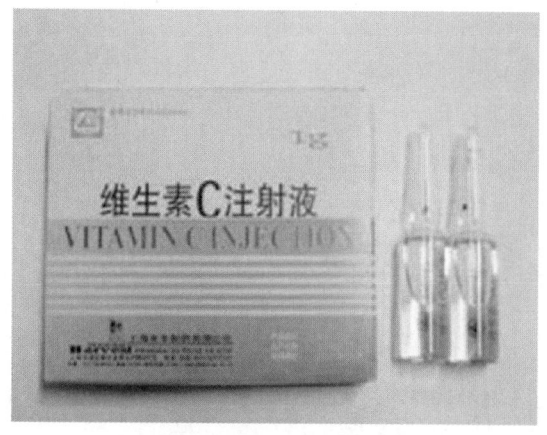

图9-1 维生素C注射液

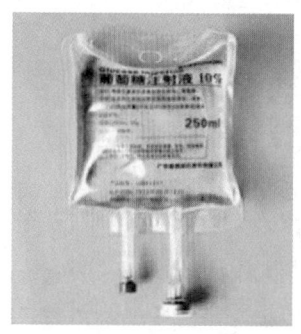 

图9-2 葡萄糖注射液　　图9-3 脂肪乳注射液

## 一、注射剂的定义和分类

**注射剂**是指原料药物或与适宜的辅料制成的供注入体内的无菌制剂。注射剂可分为注射液、注射用无菌粉末与注射用浓溶液等。

**1.注射液：**是指原料药物或与适宜的辅料制成的供注入体内的无菌液体制剂，包括溶液型注射液（如葡萄糖注射液、黄体酮注射液）、乳状液型注射液（如静脉营养脂肪乳注射液）或混悬型注射液（如醋酸可的松注射液、鱼精蛋白胰岛素注射液）等。

其中，供静脉滴注用的大体积注射液（除另有规定外，一般不小于100mL，生物制品一般不小于50mL）也称为**输液**。

**2.注射用无菌粉末：**是指原料药物或与适宜的辅料制成的供临用前用无菌溶液配制成注射液的无菌粉末或无菌块状物，一般采用无菌分装或冷冻干燥法制得。以冷冻真空干燥法制备的注射用无菌粉末，也可称为**注射用冻干制剂**。如注射用青霉素钾，注射用头孢呋辛钠，注射用糜蛋白酶等。

3.**注射用浓溶液**：是指原料药物或与适宜的辅料制成的供临用前稀释后静脉滴注用的无菌浓溶液。

**按制备工艺进行注射剂的分类**

**最终灭菌注射剂**：是指在注射剂制备的最终阶段采用某种灭菌方法除去所有活的微生物繁殖体和芽孢的注射剂，如可最终灭菌的小容量注射剂和大容量注射剂。

**非最终灭菌注射剂**：是指采用无菌工艺制备的注射剂，包括注射用无菌分装制品和注射用冷冻干燥制品。

## 二、注射剂的应用特点

1.**药效迅速、作用可靠**：药液直接注入组织或血液，吸收快，作用迅速，特别是静脉注射，适用于危重病人的抢救或提供能量。注射剂不经过胃肠道，故不受消化液及食物的影响，也无首过效应，因此剂量准确，作用可靠。

2.**适用于不宜口服的药物**：某些药物由于本身的性质，不易被胃肠道吸收，或具有刺激性，或易被消化液破坏，采用注射给药是比较有效的给药途径。如治疗糖尿病的胰岛素是一种蛋白质，口服会被消化道中的蛋白酶消化分解为氨基酸，而没有了胰岛素的功能，因此目前用于糖尿病治疗的胰岛素产品几乎都是注射制剂。而研制开发非注射给药的胰岛素制剂是近年来国内外研究的热点，使用方便、顺从性好的口服给药方式，更是受到研究者的广泛关注。

3.**适用于不宜口服给药的患者**：对于昏迷、肠梗阻、严重呕吐等无法进食的患者，可以注射给药来补充能量。如复方氨基酸注射液，用于蛋白质摄入不足、吸收障碍等氨基酸不能满足机体代谢需要的患者。

4.**具有局部定位作用**：如局麻药、动脉注射造影剂用于局部造影、动脉插管注射给药用于肿瘤治疗等，都具有局部定位和靶向作用。

注射剂也存在应用上的**不足**，如用药不便，需专业技术人员给药，注射时疼痛；不如口服药安全，注入人体后，起效快，易产生不良反应且难以逆转；制备过程复杂，工艺要求严格，生产成本高。

**头孢唑啉钠注射剂易有严重不良反应**

头孢唑啉为β-内酰胺类广谱抗生素，为第一代注射用头孢菌素。适用于治疗敏感细菌所致的支气管炎及肺炎等呼吸道感染、尿路感染、皮肤软组织感染、骨和关节感染、败血症、感染性心内膜炎、肝胆系统感染及眼、耳、鼻、喉科等感染。

2013年，国家药品不良反应病例报告数据库共收到头孢唑啉钠注射剂严重病例报告349例。严重不良反应/事件累计系统排名前三位的依次为全身性损害、呼吸系统损害、皮肤及附件损害，具体不良反应表现以过敏性休克和严重过敏样反应、抽搐、皮疹等最为突出。同时，头孢唑啉钠注射剂临床不合理用药问题依然存在，其中以超适应证用药、单次用药剂量过大表现最为明显。

提醒：头孢唑啉属于时间依赖性抗菌药物，要严格按照说明书要求分次使用，避免超适应证用药、避免单次用药剂量过大，增加代谢负担，导致用药风险增加。医务人员在用药过程中要密切监测，如患者出现皮疹、瘙痒、心悸、胸闷、血压下降、意识模糊等过敏性休克症状，要立即采取有效急救措施。

## 三、注射剂的给药途径

**1.皮内注射**：注射于表皮与真皮之间，一次剂量在0.2mL以下，主要为水溶液。常用于过敏性试验或疾病诊断，如青霉素皮试液等。

**2.皮下注射**：注射于真皮与肌肉之间的松软组织内，一般用量为1～2mL，主要是水溶液，如胰岛素注射液等。

**3.肌内注射**：注射于肌肉组织中，大多为臀肌及上臂三角肌，一次剂量为1～5mL，水溶液、油溶液、混悬液及乳浊液均可作肌内注射。

**4.静脉注射**：注射于静脉血管内，分为静脉推注和静脉滴注两种。静脉推注一般用量5～50mL，静脉滴注一般用量50mL至数千毫升，常用水溶液，平均直径小于1μm的乳浊液也可用。

此外，还有椎管内注射、鞘内注射、脑池内注射、心内注射、关节内注射、穴位注射、硬膜外注射等。注射剂主要给药途径如图9-4所示。

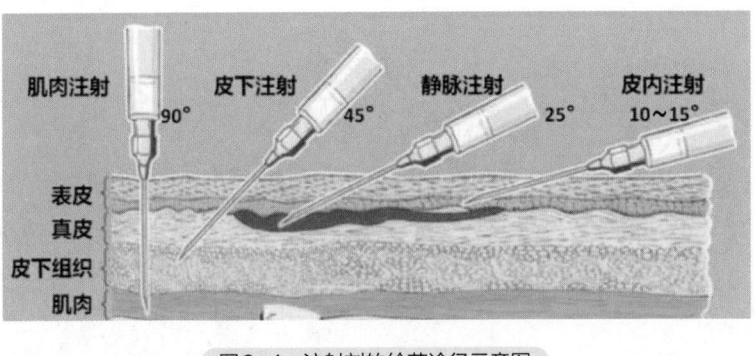

图9-4 注射剂的给药途径示意图

## 四、注射剂的质量要求

注射剂直接注入体内，其安全性和质量要求远远高于口服制剂等其他剂型。注射剂的质量要求主要有以下几个方面。

**1.无菌**：注射剂成品中不得含有任何活的微生物或芽孢。

**2.无热原**：是注射剂的重要质量指标，对于大容量注射剂、供静脉注射及脊髓腔内注射的制剂，必须按规定进行热原检查，合格后方能使用。

**3.可见异物**：在规定条件下目视检查，注射剂不得检出不溶性物质，其粒径或长度通常大于50μm。

**4.不溶性微粒**：静脉用注射剂（乳液型注射液、注射用无菌粉末、注射用浓溶液）需进行不溶性微粒的检查，应符合药典有关规定。

**5. pH值**：注射剂的pH值应与血液的pH值相等或接近（血液的pH值约为7.4），一般控制在4～9的范围内。

**6.渗透压**：注射剂的渗透压应与血浆的渗透压相等或接近，静脉输液由于量大，应尽可能与血浆等渗或稍高渗。

**7.安全性**：注射剂不应对机体组织有刺激性或毒性，必须经过严格的动物实验，证明其安全性，确保使用安全。

**8.稳定性**：注射剂应具有一定的物理稳定性和化学稳定性，确保产品在有效期内安全有效。

**9.装量及装量差异**：溶液型注射剂的装量应不低于标示量，注射用无菌粉末应检查装量差异，符合药典有关规定。

**10.其他**：不同药物有不同的质量要求和检查项目。如有色或易变色的注射液应进行颜色检查，一些品种应进行异常毒性、过敏试验、降压物质检查等，以确保用药安全。

## 拓展阅读

### 胞磷胆碱钠注射液不良反应事件

根据国家药品不良反应监测预警平台显示，安徽××药业股份有限公司生产的胞磷胆碱钠注射液在广西发生聚集性不良事件，一些患者用药后出现寒战、发热症状。广西药品监督管理部门立即组织对药品进行抽验，发现该批次药品"可见异物"、"性状"项不符合规定。2014年下半年在河南省也有个别患者使用该企业生产的胞磷胆碱钠注射液出现寒战、发热的病例报告。经检验，该批药品"可见异物"项不符合规定。

原国家食品药品监督管理总局立即召回问题批次药品并彻查原因，组织对企业进行监督检查，对其原辅料控制、无菌保障水平和生产工艺进行调查评估，对企业违法违规行为依法进行查处。

## 课堂互动

单选题：

1.注射剂的pH值一般应控制在（  ）。

（A）2～10

（B）9～12

（C）2～5

（D）4～9

2.下列哪项不是注射剂的特点（  ）。

（A）给药不方便

（B）成本低

（C）注射时疼痛

（D）质量要求更严格

注射液在生产中通常分为大容量注射液（输液）和小容量注射液，它们的制备工艺大同小异。

本模块主要以最终灭菌小容量注射液为例说明注射液的制备工艺，其生产过程主要包括安瓿的处理、原辅料称量、配液、过滤、灌封、灭菌检漏、灯检、贴签包

模块9 制备小容量注射液

105

装等工序。图9-5是最终灭菌小容量注射液的生产工艺流程图。

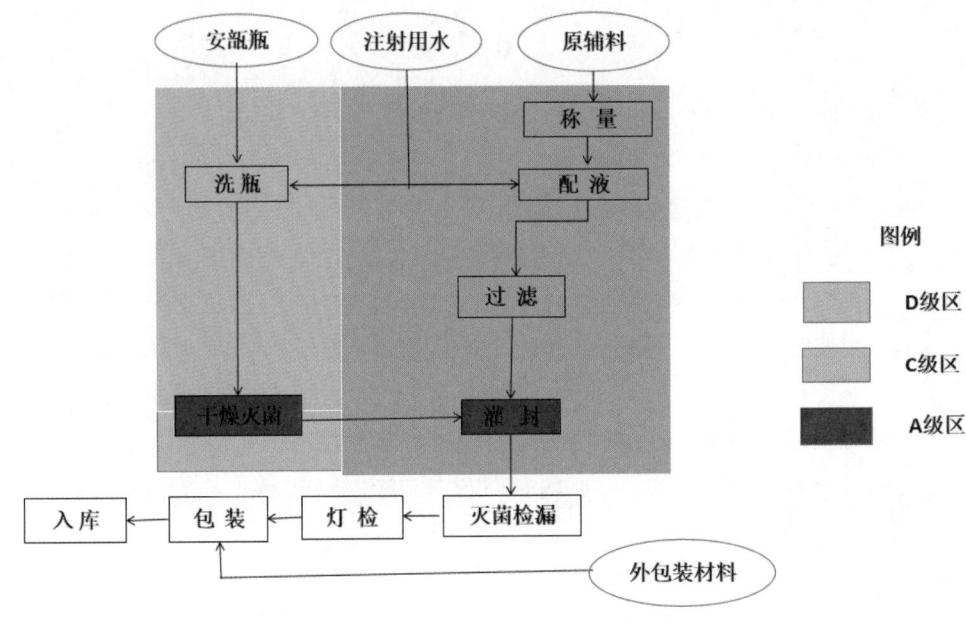

图9-5　最终灭菌小容量注射液生产工艺流程图

## 岗位任务

根据生产指令单（表9-1）的要求，按生产操作规范进行维生素C注射液安瓿的理瓶、清洗、干燥和灭菌操作，正确填写生产记录。

表9-1　维生素C注射液安瓿处理批生产指令单

| 品名 | 维生素C注射液 | 规格 | 2mL：0.1g | | |
|---|---|---|---|---|---|
| 批号 | 180608 | 批量 | 10万支 | | |
| 包装材料的名称和理论用量 | | | | | |
| 序号 | 物料名称 | 规格 | 单位 | 批号 | 理论用量 |
| 1 | 安瓿 | 2mL | 支 | B0120180503 | 100000 |
| 生产开始日期 | | ××××年××月××日 | | | |
| 制表人 | | 制表日期 | | | |
| 审核人 | | 审核日期 | | | |
| 批准人 | | 批准日期 | | | |

## 生产过程

### 一、生产前检查

1.进入操作间，检查是否有"清场合格证"，且"清场合格证"在有效期内。

2.检查操作间的温度、相对湿度、压差是否与要求相符，并记录。

3.接到批生产指令单、安瓿理瓶、洗瓶和干燥灭菌岗位操作规程、批生产记录等文件，明确产品名称、规格、批号、批量、工艺要求等指令。

4.按批生产指令单核对安瓿，核对规格、批号、数量，检查外观、检验合格证等，确认无误后，交接双方在领料单上签字。

5.悬挂生产运行状态标识，进入生产操作。

## 二、生产操作

### 1.理瓶

（1）领取的安瓿在拆包间进行外清、脱包后传入理瓶间。

（2）将完好的安瓿整齐、紧凑地码放在不锈钢周转盘中，保证每盘数量基本一致，理瓶时将破损瓶、异形瓶、脏瓶等不合格品挑出。每个周转盘附上物料标签，标明物料名称、规格、批号、数量、操作人等。

（3）理瓶结束后统一计数，并将数据填入批生产记录中。

（4）将码好瓶的不锈钢周转盘整齐地摆放在周转车上，将周转车推入气闸室缓冲自净，由洗瓶岗位人员将安瓿转移到洗瓶间。

### 2.洗瓶

（1）检查周转盘内安瓿是否质量完好。

（2）确认洗瓶机的模具规格正确（进瓶绞龙、提瓶块、喷针等），且已安装到位，点动运行，确认设备运行平滑，针头无弯曲、移位，进瓶绞龙、提瓶块不卡瓶，各部件动作准确，无异常声响，设定洗瓶机速度，设定超声波功率。

（3）设定循环水箱温度范围40～60℃；循环水压力范围0.2～0.6MPa；注射用水温度范围30～60℃，注射用水压力范围0.2～0.4MPa；压缩空气压力范围0.25～0.35MPa。

（4）当隧道烘箱温度达到280℃后，开始洗瓶，旋转调速旋钮，可调节洗瓶机速度。

### 3.干燥灭菌

（1）调节风门与瓶口的高度，并进行固定。

（2）打开电源开关。

（3）隧道式灭菌干燥机预热段、加热段、冷却段过滤器上下压差应分别保持在一定的范围，灌装间与洗瓶间的压差应在10～25Pa范围内。

（4）设定隧道烘箱加热段温度为280℃；设置烘箱履带走带方式为"走带自动操作"；开机升温。

（5）最初清洗的安瓿充满隧道烘箱加热段时，烘箱履带停止运行5min。

（6）监控隧道烘箱预热段、加热段、冷却段过滤器两端压差，每隔1h记录1次，应为：预热段：100～300Pa，加热段：150～350Pa，冷却段：50～250Pa。烘箱各段对房间应呈正压。

（7）监控隧道烘箱加热段温度，每隔1h记录1次，应在280℃±10℃范围内。

（8）最后清洗的安瓿全部进入加热段后，及时关闭预热段与加热段之间的闸板，烘箱履带停止运行5min。

（9）安瓿全部走出隧道烘箱加热段后，隧道烘箱停止加热，开始降温。

（10）加热段温度降至100℃以下后，关机。

（11）生产结束，将设备自动记录的烘箱温度曲线截取下来，附到洗瓶和干燥灭菌批生产记录上。

4.及时填写安瓿理瓶、洗瓶和干燥灭菌生产记录。

### 三、质量监控

1.理瓶时随时检查安瓿外观质量是否符合要求。

2.洗瓶机转速、循环水、注射用水温度、水压、压缩空气压力在设定的范围内。

3.隧道烘箱灭菌温度在设定的范围内，各段过滤器上下压差、各段与房间的压差在规定的范围内。

4.最终洗瓶注射用水检查，用250mL洁净容量瓶与喷淋板下取样100mL，置灯检台下观察，不得有可见异物。

5.安瓿洗涤质量检查，每4万支抽查100支，废品率不得超过1%。

### 四、清洁清场

1.将操作间的状态标志改写为"清洁中"。

2.将整批的安瓿数量重新复核一遍，检查物料标签，确实无误后，交下工序生产或送到中间站。

3.清退剩余安瓿、废瓶，并按车间生产过程剩余物料的处理标准操作规程进行处理。

4.按清洁标准操作规程，清洁和消毒所用过的设备、生产场地、用具、容器。

5.清场后，及时填写清场记录，自检合格后，请质检员或检查员检查。

6.经检查合格，发放清场合格证。

**注意事项**

1.安瓿清洗使用的是净化压缩空气和注射用水。

2.干燥灭菌后的安瓿应贮存在有净化空气保护的存放柜中，并在24h内使用。

**知识加油站**

### 一、安瓿的种类

最终灭菌小容量注射液的包装容器常用的是安瓿（图9-6），分为玻璃安瓿和塑

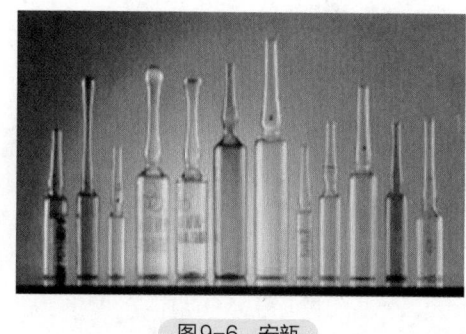

图9-6 安瓿

料安瓿两种。

我国目前以玻璃安瓿应用较多，生产中常用的有①**硬质中性玻璃**制成的安瓿，适用于弱酸性和中性药液，如葡萄糖注射液；②**含钡玻璃**制成的安瓿，适用于碱性较强的药液，如磺胺嘧啶钠注射液；③**含锆玻璃**制成的安瓿，适用于腐蚀性药液，如乳酸钠注射液。

注射液使用的安瓿必须是曲颈易折安瓿，规格有1mL、2mL、5mL、10mL、20mL五种。易折安瓿分为**色环易折安瓿**和**点刻痕易折安瓿**两种。生产中多采用**无色安瓿**，有利于检查注射液的澄明度；对光敏感的药物，也可采用**棕色安瓿**。

## 二、安瓿的质量要求

**安瓿的质量要求有**：应透明，便于检查可见异物等；具低膨胀性、高耐热性，生产过程中不易爆裂；足够的物理强度，耐受清洗和灭菌；高度的化学稳定性，不和溶液发生反应；熔点低，易于熔封；不得有气泡、麻点和沙砾等。

拓展阅读

### 预灌封注射器

长期以来，注射剂药物的包装形式一直采用安瓿和西林瓶，使用时将药液抽入注射器后再进行注射。预灌封注射器的概念产生于欧美发达国家，至今已有30多年，它把液体药物直接装入注射器中保存，高品质的注射器组件与药物有良好的相容性，同时又有很好的密封性，药品可以长期储存，预灌装注射器（图9-7）大大方便了药液的灌装和医务人员使用。

现今在注射用药物包装领域，预灌装注射器作为一种更高级别的药包材，同时具有储存药物和普通注射两种功能，相比传统的"药瓶"加"注射器"的方式，给制药企业和临床使用带来很多益处。制药企业减少了包材的清洗、灭菌等生产工序，临床使用环节避免了抽吸药物可能的损耗和打开安瓿可能带来二次污染的风险，操作简便，节约时间，成为继第一

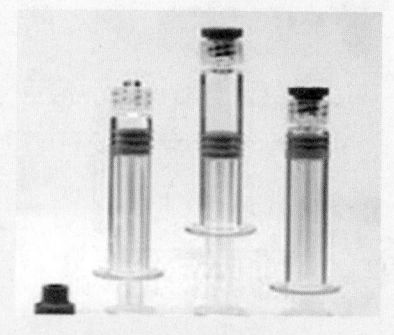

图9-7 预灌封注射器

代玻璃注射器和第二代一次性塑料注射器后的第三代注射器。目前，我国一些附加值较高的生物药品、基因药品已经逐步开始使用这种包装形式。

## 一、安瓿的清洗

国内常采用的洗瓶方法有**加压喷射气水洗涤法**和**超声波洗涤法**。**超声波洗涤法**，是一种采用超声波洗涤与注射用水和压缩空气交替喷射洗涤相结合的方法，具有清洗洁净度高、速度快的特点，得到广泛的应用。其原理是将浸没在清洗液中的安瓿在超声波发生器的作用下，使安瓿与液体接触的界面处于剧烈的超声振动状态，将安瓿内外表面的污垢冲击剥落，从而达到安瓿清洗的目的。

清洗过程主要分**粗洗**和**精洗**两个阶段，先进行超声波粗洗，使附着在安瓿内外壁的异物脱落，再经气→水→气→水→气进行精洗、吹干，完成清洗过程。

常用的安瓿清洗设备是全自动超声波洗瓶机，其外观和结构原理分别见图9-8和图9-9。

图9-8 超声波洗瓶机外观

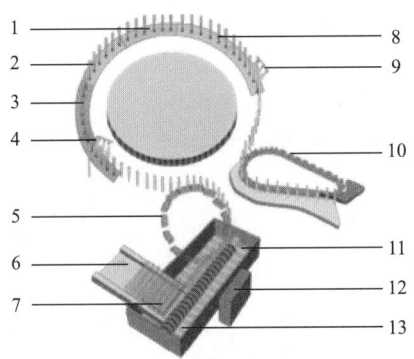

图9-9 超声波洗瓶机结构原理

1,3—内喷水；2,8—内喷气；4—外喷水；5—提升机构；6—进瓶机构；7—喷淋板；9—外喷气；10—出瓶机构；11—送瓶螺杆；12—循环水箱；13—超声波清洗箱

## 二、安瓿的干燥与灭菌

安瓿清洗后应通过干燥灭菌，达到杀灭细菌和热原的目的。少量制备可采用间歇式干燥灭菌设备，即烘箱；大生产中广泛采用连续式干热灭菌设备，即隧道式灭菌烘箱。**隧道式灭菌烘箱**有两种形式，一种是热风循环灭菌烘箱，另一种是远红外加热灭菌烘箱，前者更为常用，其外观和结构原理分别见图9-10和图9-11。

图9-10　热风循环隧道式灭菌烘箱外观

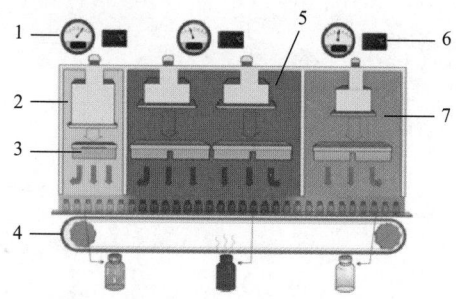

图9-11　热风循环隧道式灭菌烘箱结构原理

1—压差感应探头；2—预热段；3—高效过滤器；4—输瓶
网带；5—加热段；6—温度感应探头；7—冷却段

　　隧道式灭菌烘箱有层流净化空气保护，安瓿经传送带进入隧道灭菌烘箱，可连续完成安瓿的预热、高温灭菌和冷却三个过程。预热区温度升至100℃左右，使大部分水分蒸发；灭菌区温度为270～350℃，可迅速达到干燥灭菌和除去热原的效果；冷却区温度降至40～60℃左右，安瓿降温后送至下工序，进行灌封。

**课堂互动**

单选题：

1.下列哪项不是注射用安瓿的主要质量要求（　　）。

　（A）外观应无色透明或纯色　　　　　　　（B）具有低膨胀系数

　（C）具有熔点低　　　　　　　　　　　　（D）应符合无菌

2.注射液呈碱性时，可以首选（　　）安瓿，注射液在存储期不容易产生脱片现象。

　（A）中性玻璃　　　　　　　　　　　　　（B）碱性玻璃

　（C）含锆玻璃　　　　　　　　　　　　　（D）含钡玻璃

3.安瓿玻璃一般应无色透明，主要是为了（　　）。

　（A）保证药液的质量　　　　　　　　　　（B）便于可见异物的检查

　（C）便于封口　　　　　　　　　　　　　（D）都不是

高精度的相逢——
称量配料

 岗位任务

　　根据生产指令单（表9-2）的要求，按生产操作规范进行维生素C注射液的称量
操作，正确填写生产记录。

表9-2　维生素C注射液称量批生产指令单

| 品名 | 维生素C注射液 | | 规格 | | 2mL：0.1g | |
| --- | --- | --- | --- | --- | --- | --- |
| 批号 | 180608 | | 批量 | | 10万支 | |
| 原辅料的名称和理论用量 | | | | | | |
| 序号 | 物料名称 | 规格 | 单位 | 批号 | 理论用量 | |
| 1 | 维生素C | 注射用 | g | Y0120180501 | 10400 | |
| 2 | 碳酸氢钠 | 注射用 | g | F0120180402 | 4900 | |
| 3 | 依地酸二钠 | 注射用 | g | F0220180301 | 5 | |
| 4 | 亚硫酸氢钠 | 注射用 | g | F0320180205 | 200 | |
| 5 | 注射用水 | 注射用 | mL | — | 加至200000mL | |
| 生产开始日期 | | | ××××年××月××日 | | | |
| 制表人 | | | 制表日期 | | | |
| 审核人 | | | 审核日期 | | | |
| 批准人 | | | 批准日期 | | | |

 生产过程

## 一、生产前检查

1.进入操作间，检查是否有"清场合格证"，且"清场合格证"在有效期内。

2.检查计量器具与称量的范围是否相符，有校验合格证并在使用有效期内。

3.检查操作间的温度、相对湿度、压差是否与要求相符，并记录。

4.接到批生产指令单、称量配料岗位操作规程、批生产记录等文件，明确产品名称、规格、批号、批量、工艺要求等指令。

5.按批生产指令单核对物料的品名、规格、批号、数量，检查外观、检验合格证等，确认无误后，交接双方在领料单上签字。

6.悬挂生产运行状态标识，进入生产操作。

## 二、生产操作

1.准备称量用物品，如：称量袋、不锈钢桶、剪刀、系口绳、转运车等。

2.开启A级送风，自净至少10min。

3.根据辅料的理论量选择电子秤，称取辅料。

4.根据原料的含量和干燥失重（水分）计算原料实投量：

$$原料实投量 = \frac{理论量}{（1-水分）\times 含量}$$

根据实投量选择电子秤，称取原料。

5.用标准砝码校准电子秤后，开始称量并记录。

6.将称取的固体物料装入双层药用塑料袋中，将袋口封好，在每种原辅料的内层袋上贴上物料标签，标明物料名称、规格、批号、数量、操作人等。

7.将称量好的物料按批装入密闭容器中，贴上批物料标签，存入原辅料暂存室。

8.及时填写原辅料台账和称量、配料生产记录。

## 三、质量监控

1.称量前检查原辅料的颜色、色泽正常、无异味、无异物，内、外包装完好。

2.称量间对缓冲走廊压差应呈相对负压（压差表显示值≥5Pa）。

3.称量过程必须由双人复核，QA监控。

## 四、清洁清场

1.将操作间的状态标志改写为"清洁中"。

2.将整批的原、辅料数量重新复核一遍，检查物料标签，确实无误后，交下工序生产或送到中间站。

3.清退剩余物料、废料，并按车间生产过程剩余产品的处理标准操作规程进行处理。

4.按清洁标准操作规程，清洁和消毒所用过的设备、生产场地、用具、容器。

5.清场后，及时填写清场记录，自检合格后，请质检员或检查员检查。

6.经检查合格，发放清场合格证。

**注意事项**

1.物料的称量复核操作：每称完一个物料后，必须进行复核称量，复核称量时应将称量物品从计量器具上取下，再将其称量一次，应与第一次称量相符。将称量显示值记录在称量记录上，操作人、复核人签字确认。

2.一个称量工具一次只能用于一种物料的称量，不能混用；多批次称量时，一种物料称量完毕，再进行其他物料的称量。

3.每个称量间称取两种以上的物料时应先称取与其他品种共用的辅料，再称取本品种辅料，最后称取本品种原料。

**知识加油站**

## 一、洁净区的空气洁净度级别

为保证药品生产质量，防止生产环境对药品的污染，生产区域必须符合GMP规定，并与其生产工艺相适应。药品生产环境分为**一般生产区**和**洁净区**，洁净区是指需要对环境中尘粒和微生物数量进行控制的房间（区域）。

我国现行GMP把洁净区划分为4个洁净度级别，由高到低的顺序为：A级、B级、C级和D级。不同洁净区的悬浮粒子和微生物标准详见表9-3和表9-4所示。

表9-3　洁净区悬浮粒子数的标准

| 洁净度级别 | 悬浮粒子最大允许数/立方米 | | | |
|---|---|---|---|---|
| | 静态 | | 动态 | |
| | ≥0.5μm | ≥5μm | ≥0.5μm | ≥5μm |
| A级 | 3520 | 20 | 3520 | 20 |
| B级 | 3520 | 29 | 352000 | 2900 |
| C级 | 352000 | 2900 | 3520000 | 29000 |
| D级 | 3520000 | 29000 | 不作规定 | 不作规定 |

注：静态测量是指所有设备均已安装就绪，但未运行且没有操作人员在现场的状态。

动态测量是指生产设备均按预定的工艺模式运行且有规定数量的操作人员在现场操作的状态。

表9-4　洁净区微生物数监测的动态标准

| 洁净度级别 | 浮游菌/（cfu/m³） | 沉降菌（φ90mm）/（cfu/4h） | 表面微生物 | |
|---|---|---|---|---|
| | | | 接触碟（φ55mm）/（cfu/碟） | 5指手套/（cfu/手套） |
| A级 | <1 | <1 | <1 | <1 |
| B级 | 10 | 5 | 5 | 5 |
| C级 | 100 | 50 | 25 | — |
| D级 | 200 | 100 | 50 | — |

## 二、药品生产对洁净区的要求

根据药品的质量要求及生产过程的特点，药品生产环境的洁净度要求有所不同，如表9-5所示。

**A级**：高风险操作区，如注射剂的灌装区，放置胶塞桶、敞口安瓿、敞口西林瓶的区域及无菌装配或连接操作的区域。通常用层流操作台（罩）来维持该区的环境状态。

**B级**：无菌配制和灌装等高风险操作A级区所处的背景区域。

**C级和D级**：生产无菌药品过程中重要性程度较低的洁净操作区和非无菌药品的生产区域。

表9-5　药品生产环境洁净度要求一览表

| 项目 | | 灌装 | C级背景下的局部A级 |
|---|---|---|---|
| 无菌药品 | 最终灭菌药品 | 1.配制、过滤<br>2.眼用制剂、无菌软膏、无菌混悬剂的配制、灌装<br>3.直接接触药品的包装材料最终处理后的暴露环境 | C级 |
| | | 1.扎盖<br>2.直接接触药品的包装材料最终清洗 | D级 |
| | 非最终灭菌药品 | 1.灌装前不用除菌过滤的药液或产品的配制<br>2.注射剂的灌装、分装、压塞<br>3.直接接触药品的包装材料灭菌后的装配<br>4.无菌原料药的粉碎、过筛、混合、分装 | B级背景下的局部A级 |
| | | 1.处于未完全密封状态产品的转运<br>2.直接接触药品的包装材料灭菌后的转运和存放 | B级 |
| | | 灌装前可除菌过滤的药液或产品的配制、过滤 | C级 |
| | | 直接接触药品的包装材料的最终清洗、灭菌 | D级 |
| 非无菌药品 | | 1.口服液体和固体制剂、腔道用药（含直肠用药）、表皮外用药品等非无菌制剂生产的暴露工序<br>2.直接接触药品的包装材料最终处理 | D级 |

## 三、洁净区的管理要求

**1.人员数量和培训**：洁净室内人员数量应严格控制。其工作人员（包括维修、辅助人员）应定期进行卫生和微生物学基础知识、洁净作业等方面的培训及考核；对进入洁净室的临时外来人员应进行指导和监督。

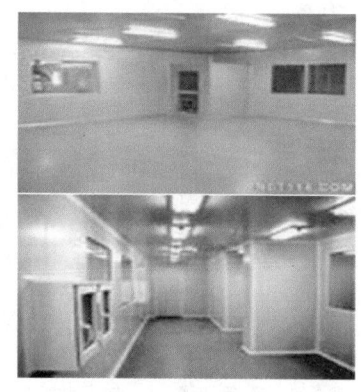

图9-12 洁净生产区

**2.进入洁净区（图9-12）的人员不得化妆和佩戴饰物。**

**3.缓冲**：洁净区与非洁净区之间必须设置缓冲设施，人流、物流走向合理。

**4.内表面**：洁净室内表面应平整光滑、无裂缝、接口严密、无颗粒物脱落，并能耐受清洗和消毒，墙壁与地面的交界处宜成弧形，以减少灰尘积聚和便于清洁。

**5.水池和地漏**：在A、B级洁净区内不得设置水池、地漏。C、D级洁净区内水池、地漏设计要合理，不得对环境造成污染，有防止倒灌的装置。

**6.照明、温度、相对湿度与压差**：洁净区内应有适当的照明、温度、相对湿度和通风。一般要求温度为18～26℃，相对湿度45%～65%，照度不低于300lx；洁净区与非洁净区之间、不同级别洁净区之间的压差应不低于10Pa。产尘操作间应保持相对负压或采取专门的措施，防止粉尘扩散，避免交叉污染。

**7.设备**：与药品直接接触的生产设备表面应光洁、平整、易清洗或消毒、耐腐蚀，不得与药品发生化学反应、吸附药品或向药品中释放物质。

**课堂互动**

单选题：

1.制剂生产洁净区洁净度最高的是（　　）。

（A）A级　　　　　（B）B级　　　　　（C）C级　　　　　（D）D级

2.洁净区与非洁净区之间、不同级别洁净区之间的压差应不低于（　　）Pa。

（A）5　　　　　（B）10　　　　　（C）15　　　　　（D）20

**生产小能手**

原辅料的准备：供注射用的原料药必须达到注射用规格，符合《中国药典》规定的各项杂质检查与含量限度。辅料也要符合药典标准或注册标准，并选用注射用规格。原辅料称量时，应准确无误，双人核对签名。

 案例分析

## 注射剂原料用量的计算

注射剂配制前，应按处方和原料测定的含量结果，正确计算原料的用量，如原料含有结晶水应注意换算。

投料量的计算方法：在投料之前，应根据处方规定用量、原料实际含量、成品含量及损耗计算所有成分的实际投料量。

实际配液数＝实际灌装量＋实际灌装时损耗量

原料实际用量＝（原料理论用量×成品标示量）/原料实际含量

原料理论用量＝实际配液数×成品含量%

如：某药厂欲制备2mL装量的2%盐酸普鲁卡因注射液50000支，原料实际含量为98.0%，实际灌注时有5%损耗，计算需投料多少？

**答**：实际灌注量＝（2+0.15）×50000=107500mL（其中0.15为2mL注射液的装量增量）

实际配液量=107500+107500×5%=112875mL

原料理论用量=112875×2%=2257.5g

原料实际用量=（2257.5×100%）/98%=2303.6g

即：原料的实际投料量为2303.6g。

 课堂互动

1.试着称取两种物料，并进行双人复核并记录。

每两人一组，称量氯化钠10g、碳酸氢钠5g。

2.（单选题）注射剂配制后，剩余的原辅料应封口贮存，并在容器外标明（　　）。

（A）品名、批号、日期、剩余量及使用人签名

（B）品名、批号、剩余量及使用人签名

（C）品名、批号、剩余量

（D）批号、日期、剩余量及使用人签名

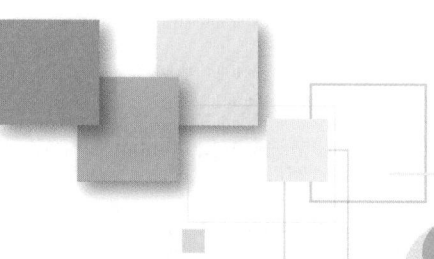

## 任务3　纯净药液的诞生——配液过滤

### 岗位任务

根据生产指令单的要求，按生产操作规范进行维生素C注射液的配液过滤操作，正确填写生产记录。（批生产指令单见模块九任务2表9-2）

药液流向：配液罐→0.45μm预过滤器→0.22μm除菌过滤器→储液罐。正确填写生产记录。

中间体内控质量标准如下。

1.外观：无色至微黄色澄明液体。

2.pH值：5.5～6.5。

3.含量：标示量的95%～105%。

### 一、生产前检查

1.进入操作间，检查是否有"清场合格证"，且"清场合格证"在有效期内。

2.检查计量器具与计量的范围是否相符，有校验合格证并在使用有效期内。

3.检查操作间的温度、相对湿度、压差是否与要求相符，并记录。

4.接收到批生产指令单、配液过滤岗位操作规程、批生产记录等文件，明确产品名称、规格、批号、批量、工艺要求等指令。

5.按批生产指令单核对已经称量好的原辅料的品名、规格、批号、数量，检查外观、检验合格证等，确认无误后，交接双方在物料交接单上签字。

6.悬挂生产运行状态标识，进入生产操作。

### 二、生产操作

1.酸度计用苯二甲酸盐标准缓冲液（25℃，pH4.01）和磷酸盐标准缓冲液

（25℃，pH 6.86）进行校正。

2.确认0.45μm和0.22μm滤器起泡点测试符合规定（分别≥2300mbar和3500mbar）。

3.检查配制过滤系统所有阀门状态正确、配液罐校零无误。

4.在配液桶中加入约为总量50%～80%的30～60℃的注射用水，打开搅拌，将已称取的原辅料加入配液桶中，搅拌溶解，补加注射用水至全量。

5.继续搅拌，至药液搅拌均匀。检测药液pH值应在6.0～6.3之间。

6.检查药液输送管路上的手动阀门，是否处于正确状态。

7.设定配液罐压料压力0.15MPa，将药液经0.45μm滤芯和0.22μm滤芯串联除菌过滤，滤至储液罐中，记录过滤时间。

8.在药液过滤过程的前、后时段各记录1次0.45μm和0.22μm过滤器前、后两端的压力。过滤器两端压差应小于0.30MPa。

9.药液过滤结束后，确认0.45μm和0.22μm滤器起泡点测试符合规定（分别≥2300mbar和3500mbar）。

10.及时填写配液过滤生产记录。

### 三、质量监控

1.药液应是无色至微黄色澄明液体，pH值应在5～7，药液中主药含量应为95%～105%；可见异物检查：用250mL洁净容量瓶取样100mL，置灯检台下观察应澄明，不允许有可见异物。

2.投料过程双人复核，确保配制过程正确无误。

3.配制（投料）开始到除菌过滤结束不超过4h。

4.除菌过滤器应进行完整性测试，过滤前后起泡点均合格。

5.配滤系统的清洁从过滤结束到清洁开始时间不得超过2h。

### 四、清洁清场

1.将操作间的状态标志改写为"清洁中"。

2.将整批的配液数量重新复核一遍，检查物料标签，确实无误后，交下工序生产或送到中间站。

3.清退剩余物料、废料，并按车间生产过程剩余产品的处理标准操作规程进行处理。

4.按清洁标准操作规程，清洁和消毒灭菌所用过的设备、生产场地、用具、容器。

5.清场后，及时填写清场记录，自检合格后，请质检员或检查员检查。

6.经检查合格，发放清场合格证。

## 注射剂的组成

注射剂是由药物、注射用溶剂和注射剂的附加剂组成。

### 一、药物

注射剂必须采用注射用原料药，且必须符合药典或国家药品注册标准。

### 二、注射用溶剂

药物需要用适当的溶剂进行溶解、混匀或乳化才能制备成注射剂。注射用溶剂包括注射用水、注射用油和其他注射用溶剂。

#### 1.注射用水

因其对机体组织良好的适应性，是首选的注射用溶剂。注射用水的质量应符合《中国药典》的质量检查要求。

#### 2.注射用油

对于一些水不溶性药物，如激素、甾体类化合物和脂溶性维生素可以选择溶解性好、可在机体进行新陈代谢的植物油作为溶剂。常用的注射用油有大豆油（供注射用）、精制玉米油、橄榄油等。

#### 3.其他注射用溶剂

此类溶剂多数能与水混溶，与水混合使用，以增加药物的溶解度或稳定性，适用于对水不溶、难溶于水或在水溶液中不稳定的药物。常用的如：乙醇是氢化可的松注射液的溶剂；甘油（供注射用）与乙醇和水作为混合溶剂，是洋地黄毒苷注射液的溶剂，可以增加药物的溶解度和稳定性；丙二醇（供注射用）是苯妥英钠注射液的溶剂；聚乙二醇（PEG）是1%噻替哌注射液的溶剂。

### 碘值、皂化值和酸值

碘值、皂化值和酸值是评价注射用油质量的重要指标。**碘值**表示油中不饱和游离脂肪酸的多少，碘值高，则不饱和键多，易氧化，不适合注射用；**皂化值**表示油中游离脂肪酸和结合成酯的脂肪酸总量的多少，可以看出油的种类和纯度；**酸值**表示油中游离脂肪酸的多少，酸值高则质量差，也可以看出酸败的程度。

## 三、注射剂的附加剂

配制注射剂时，除主药和溶剂外，还可加入其他物质，这些物质统称为**附加剂**。所用附加剂应不影响药物疗效，避免对检验产生干扰，使用浓度不得引起毒性或明显的刺激性。

加入附加剂的主要**目的**是：①增加药物的溶解度；②增加药物的物理和化学稳定性；③提高使用的安全性，减轻注射疼痛或对组织的刺激性；④抑制微生物生长。

注射剂的附加剂按其用途可以分为以下几类：pH值调节剂、渗透压调节剂、抑菌剂、防止药物氧化的附加剂、局部止痛剂、增溶剂与助溶剂、乳化剂和助悬剂等。

**1. pH值调节剂**：调节注射剂的pH值至适宜范围，可增加药物溶解度，提高药物稳定性，减少对机体的刺激性。人体血液pH值约为7.4，只要不超过血液的缓冲极限，人体可自行调节pH值，所以，一般注射剂溶液的pH值控制为4～9。椎管用的注射剂及大剂量静脉注射剂尽量接近人体血液的pH值。

常用pH值调节剂有：酸（盐酸、枸橼酸等）、碱（氢氧化钠、碳酸氢钠等）及缓冲液（磷酸氢二钠-磷酸二氢钠等）。

**2.渗透压调节剂**：**等渗溶液**是指与血浆具有相等渗透压的溶液，如0.9%的氯化钠溶液（生理盐水）、5%的葡萄糖溶液。注入机体内的注射液一般要求等渗，若大量注入低渗溶液，水分子通过细胞膜进入红细胞内，使之膨胀破裂，造成溶血现象；反之，若注入大量高渗溶液，红细胞内水分渗出，使红细胞萎缩。因此，注射剂应调节渗透压与血浆等渗或略偏高渗。常用的等渗调节剂有氯化钠、葡萄糖等。

**3.抑菌剂**：凡采用低温灭菌、滤过除菌或无菌操作法制备的注射剂和多剂量包装的注射剂，均应加入适宜的抑菌剂，以抑制注射液中微生物的生长。加有抑菌剂的注射剂，仍应采用适宜的方法灭菌，并在标签或说明书上注明抑菌剂的名称和用量。常用抑菌剂的使用浓度及应用范围见表9-6所示。

注意：静脉给药与脑池内、硬膜外、椎管内用的注射液均不得添加抑菌剂；除另有规定外，一次注射量超过15mL的注射液，不得添加抑菌剂。

表9-6　常用抑菌剂的浓度及应用范围一览表

| 抑菌剂名称 | 使用浓度/（g/mL） | 应用范围 |
|---|---|---|
| 苯酚 | 0.5% | 适用于偏酸性药液 |
| 甲酚 | 0.3% | 适用于偏酸性药液 |
| 三氯叔丁醇 | 0.5% | 适用于偏酸性药液 |
| 苯甲醇 | 1%～3% | 适用于偏碱性药液 |
| 羟苯酯类 | 0.05%～1% | 在酸性药液中作用强，在碱性药液中作用弱 |

**4.防止药物氧化的附加剂**：有些注射剂中的主药在氧、金属离子等作用下易被氧化，会出现药液颜色加深、析出沉淀、药效减弱甚至消失以及产生毒性物质等现象。为防止药物氧化，除了可采用降低温度、避免光照、调至稳定性好的pH值等措施外，还可采用加入抗氧剂、金属离子络合剂、灌装时通入惰性气体等措施。

（1）抗氧剂：常用的抗氧剂有亚硫酸钠、亚硫酸氢钠和焦亚硫酸钠等，一般使用浓度为0.1%～0.2%，其应用范围见表9-7所示。

表9-7　常用抗氧剂及应用范围一览表

| 抗氧剂名称 | 应用范围 |
|---|---|
| 焦亚硫酸钠 | 水溶液呈酸性，适用于偏酸性药液 |
| 亚硫酸氢钠 | 水溶液呈酸性，适用于偏酸性药液 |
| 亚硫酸钠 | 水溶液呈弱碱性，适用于偏碱性药液 |
| 硫代硫酸钠 | 水溶液呈中性或弱碱性，用于偏弱碱性药液 |
| 维生素C | 水溶液呈酸性，适用于偏酸性药液 |
| 焦性没食子酸 | 适用于油溶性药物的注射剂 |

（2）金属离子络合剂：金属离子络合剂可与从原辅料、溶剂和容器中引入注射液中的微量金属离子形成稳定的络合物，从而消除金属离子对药物氧化的催化作用。常用的金属离子络合剂有依地酸钙钠、依地酸二钠，其浓度为0.01%～0.05%。

（3）惰性气体：对于接触空气易变质的药物，将惰性气体通入注射剂中可驱除溶解在溶液中的氧和容器空间的氧，防止药物氧化。常用惰性气体有 $N_2$ 和 $CO_2$，使用 $CO_2$ 时应注意可能改变药液的pH值或与碱性药物和钙制剂发生反应。

**5.局部止痛剂**：有些注射剂在皮下和肌内注射时，会对机体产生刺激而引起剧痛，可考虑加入适量的局部止痛剂。常用的局部止痛剂有三氯叔丁醇、苯甲醇、盐酸普鲁卡因和利多卡因等。

**6.增溶剂与助溶剂**：有些药物溶解度很低，即使配成饱和溶液，也难以满足临床治疗的需要，因此配制这类药物时，要使用一些增溶剂，以增加主药的溶解度。

有时增溶剂的效果不明显，还需要加入助溶剂共同作用。

　　注射剂中常用的增溶剂有聚山梨酯80（吐温80），主要用于小剂量注射剂和中药注射剂；供静脉注射用的注射剂应慎用增溶剂。助溶剂可与溶解度小的药物形成可溶性复合物。例如：苯甲酸钠咖啡因注射液中，苯甲酸钠为助溶剂。

　　**7.乳化剂与助悬剂：**注射剂中常用的乳化剂有卵磷脂、豆磷脂和泊洛沙姆F-68等。常用的助悬剂有羧甲基纤维素钠、聚乙烯吡咯烷酮、甲基纤维素等。供静脉注射用的乳化剂和助悬剂必须严格控制其粒径大小，一般应小于1μm。

 **课堂互动**

　　1.请分析下列注射液中各成分的作用。

　　（1）利舍平注射液

　　处方：利舍平2.5g　　　吐温80　100.0mL　　　苯甲醇20.0mL

　　　　　无水枸橼酸钠2.5g　　注射用水加至1000mL

　　（2）维生素C注射液

　　处方：维生素C 5.2g　　　碳酸氢钠2.42g　　　EDTA-Na$_2$0.05g

　　　　　焦亚硫酸钠0.2g　　　注射用水加至100mL

　　2.（单选题）注射剂中加入焦亚硫酸钠的作用是（　　）。

　　（A）抑菌　　　　　（B）止痛　　　　　（C）调节pH值　　　（D）抗氧化

　　3.（单选题）关于注射剂的质量要求叙述正确的是（　　）。

　　（A）允许pH值范围在2～11

　　（B）输液剂要求无菌，所以应该加入抑菌剂，以防止微生物的生长

　　（C）大量输入体内的注射液可以低渗

　　（D）溶液型注射剂不得有肉眼可见的浑浊或异物

　　4.（单选题）下列选项中，（　　）不能作注射剂的溶媒。

　　（A）注射用水　　　（B）注射用油　　　（C）少量乙醇　　　（D）二甲亚砜

 **拓展阅读**

**齐二药事件**

　　2006年，我国齐齐哈尔第二制药有限公司生产的亮菌甲素注射液在临床使用中出现严重的不良反应，造成多名患者死亡，被称为"齐二药事件"。经调查，该注射液中

所用的溶剂应是丙二醇,某经销商将工业用原料二甘醇假冒丙二醇销售给了齐齐哈尔第二制药有限公司,而该厂又在未经严格检验的情况下将这种二甘醇当成丙二醇使用在了亮菌甲素注射液中。由于二甘醇对人体严重的肾毒性,造成患者急性肾衰竭死亡。

因此,为保障公众用药安全,药品生产企业必须严格遵守国家有关规定,保证每个环节严格执行标准操作规程,对原辅料的采购、检验和使用等环节进行严格管理。

## 一、注射液的配液方法

(1)**浓配法**:将全部原料加入部分溶剂中先配成浓溶液,加热或冷藏后过滤,再稀释至所需浓度的配液方法。此法适用于质量较差的原料,浓配过滤时可滤除溶解度小的杂质。

(2)**稀配法**:将全部原料加入全部溶剂中,一次配成所需浓度的配液方法。此法适用于原料质量好或不易带来可见异物的原料。

配制油性注射液时,器具必须充分干燥,先将注射用油置150~160℃干热灭菌1~2h,冷却至适宜温度,趁热配制,配液温度不宜过低,否则黏度增大,不宜下一步过滤。

配制注射液时应在洁净的环境中进行,尽可能缩短配制时间,以防止微生物与热原的污染及药物变质。配制的药液,需经过pH值、含量等项检查,合格后进入下工序。

### 配液时活性炭的使用

注射液的配制过程中,对于不易滤清的药液,常加入0.02%~1%针用一级活性炭处理,进行助滤,还可脱色、除热原。应用时,把针用活性炭加入药液中煮沸一定时间,并适当搅拌,稍冷后过滤。

需要注意的是:①活性炭中的可溶性杂质可能将进入药液,不易除去;②活性炭在酸性条件下吸附作用强,在碱性溶液中出现脱吸附,反而使药液中杂质增加;③活性炭可能对有效成分有吸附作用,从而影响药物含量。

## 二、配液设备

配制注射液的用具和容器均应不影响药液的稳定性。大量生产时常用不锈钢夹层配液罐，如图9-13所示，配有搅拌器，以便溶解药物，夹层可通蒸汽加热，也可通冷水冷却。配制前用新鲜注射用水荡洗或灭菌后备用。每次配液完毕后，立即将所有配制用具清洗干净，干燥灭菌供下次使用。

图9-13　不锈钢配液罐

配液用具和容器的材料均应由化学稳定性好的材料制成，宜采用不锈钢、玻璃、搪瓷、耐酸耐碱陶瓷和无毒聚氯乙烯、聚乙烯塑料等，不宜采用铝、铁、铜质器具。

## 三、注射液的过滤

配制好的注射液中可能含有多种杂质，如活性炭、纤维、棉绒、金属、细菌、玻璃屑等，必须滤过除去，因此过滤是注射液配制的重要步骤之一，是保证药液澄明度的关键工序。注射液的过滤是靠介质的拦截作用，根据其孔径和所能截留的物质的大小，可分为**粗滤**和**精滤**两种。

注射液的滤过，一般采用二级过滤法，即先将药液进行初滤，如使用钛滤器过滤，药液经含量、pH值检验合格后，再进行精滤，常用孔径为0.22～0.45μm微孔滤膜滤器进行过滤。为确保滤过质量，在药液灌装前再用孔径为0.22μm的微孔滤膜滤器进行终端过滤。

**增加过滤速度的方法**常有：①加压或减压，以提高压力差；②适当升高药液温度，以降低黏度；③先预滤，以减少滤饼厚度；④使颗粒变粗，以减少滤饼阻力等。

## 四、滤器

注射液过滤时常用的粗滤滤器包括砂滤棒、板框式压滤器、钛滤器；精滤滤器包括垂熔玻璃滤器、微孔滤膜过滤器、超滤膜过滤器等，常用过滤器及用途见表9-8及图9-14～图9-16所示。

表9-8　常用滤器及其用途一览表

| 名称 | 用途 |
| --- | --- |
| 垂熔玻璃滤器（图9-14） | 常用作精滤和膜滤器的预滤 |
| 金属钛过滤器（图9-15） | 可用于注射液的初滤 |
| 微孔滤膜过滤器（图9-16） | 适用于注射液的大生产 |

图9-14　垂熔玻璃滤器

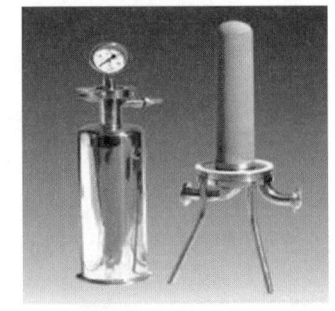

图9-15　金属钛过滤器

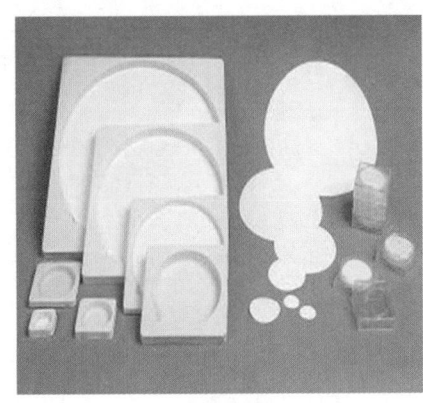

（a）微孔滤膜　　　　　　　（b）不锈钢微孔滤器

图9-16　微孔滤膜过滤器

**微孔滤膜过滤器**是注射剂生产中应用最广泛的过滤器，其膜材常用纤维酯膜、尼龙膜、聚四氟乙烯膜等，孔径在 $0.025 \sim 14\mu m$ 之间。使用前用70℃左右的注射用水浸泡12h以上备用，临用时再用注射用水冲洗后装入滤器。

该滤器的优点是孔径小、均匀，截留能力强；滤速快、无介质脱落；不影响药液的pH值；吸附性小、不滞留药液；其缺点是耐酸、耐碱性差，易堵塞，影响滤速。

微孔滤膜使用前要进行起泡点、流速等测试，对于除菌滤过用的滤膜，还应测定其截留细菌的能力。

Part 3
项目三

制备注射剂和
眼用液体制剂

### 起泡点试验

将微孔滤膜湿润后装在过滤器中,在滤膜上覆盖一层水,从滤器下端通过氮气,以每分钟压力升高34.3kPa的速度加压,水从微孔中逐渐排出。当压力升高至一个值,滤膜上面水层中开始有连续水泡逸出时,此压力即为该滤器的起泡点。每种孔径的滤器都有特定的起泡点,使用前后均要进行气泡点试验。孔径为0.22μm的滤器起泡点压力应≥0.35MPa,0.45μm的滤器起泡点压力应≥0.23MPa。

课堂互动

1.(判断题)虽然原料药符合注射用要求,但其溶液的澄明度较差,一般都采用稀配法。(  )

2.(多选题)下列哪项不是注射液过滤用的微孔滤膜,在使用前必须要进行的操作步骤(  )。

（A）用注射用水洗涤　　　　　　　　（B）用纯化水洗涤

（C）用新鲜的注射用水浸泡12h以上　　（D）用紫外线灭菌

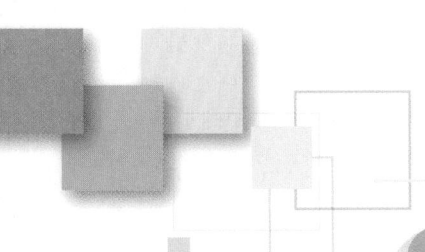

任务4 一灌一封乾坤大——
灌装封口

岗位任务

根据生产指令单（表9-9）的要求，按生产操作规范进行维生素C注射液灌封操作，正确填写生产记录。

表9-9 维生素C注射液灌封批生产指令单

| 品名 | 维生素C注射液 | 规格 | 2mL：0.1g |
|---|---|---|---|
| 批号 | 180608 | 批量 | 10万支 |
| 配液半成品 | 200000mL | 理论灌装量 | 2mL |
| 实际灌装量 | 2.15mL | | |
| 装量差异内控标准 | 2.10～2.20mL（2.15mL±0.05mL） | | |
| 生产开始日期 | ××××年××月××日 | | |
| 制表人 | | 制表日期 | |
| 审核人 | | 审核日期 | |
| 批准人 | | 批准日期 | |

生产过程

## 一、生产前检查

1.进入操作间，检查是否有"清场合格证"，且"清场合格证"在有效期内。

2.检查计量器具与计量的范围是否相符，有校验合格证并在使用有效期内。

3.检查操作间的温度、相对湿度、压差是否与要求相符，并记录。

4.接到批生产指令单、小容量注射液灌封岗位操作规程、批生产记录等文件，明确产品名称、规格、批号、批量、工艺要求等指令。

5.按批生产指令单核对维生素C注射液半成品的品名、规格、批号、数量，检查外观、检验合格证等，核对空安瓿的规格、数量和质量状况，确认无误后，交接双方在物料交接单上签字。

6.悬挂生产运行状态标识，进入生产操作。

## 二、生产操作

1.检查氧气、二氧化碳、燃气供应及压力正常：氧气0.3MPa、二氧化碳0.35～0.40MPa、燃气0.02MPa。

2.安装好充二氧化碳系统，调节二氧化碳气流量为10L/min。

3.开启A级层流，自净至少10min后，将灭菌的灌装器具放入A级层流内，安装好灌滤系统，自净至少10min。

4.将储液罐推至灌封间，药液管路在A级层流内与终端过滤器、药液灌装系统连接，储液罐呼吸器与二氧化碳气管连接，自净至少10min。

5.检查确认终端滤器起泡点测试符合规定（≥3500mbar）。

6.低速空车启动，确认设备运行平滑，灌针垂直无弯曲，进瓶绞龙、行走梁不卡瓶，各部件动作准确，无异常声响。

7.调整灌针位置：运行设备，使安瓿进入灌注位活动齿板，查看针头是否与安瓿口摩擦，针头插入安瓿的深度和位置是否合适，如发现针头与安瓿口有摩擦，必须重新调节针头位置，使其达到灌封技术要求。

8.安瓿的接收：启动灌封机进瓶网带，将安瓿输送到进瓶绞龙处，取出防倒链，用镊子将倒瓶扶正，整齐排布。

9.运行灌装泵至药液充满整个灌装分液系统，并排尽分液系统中的气泡。

10.设定主机速度，依次打开燃气、氧气开关，用点火器点燃，调节燃气、氧气压力，使火焰正常。

11.观察火板高度，火苗应至安瓿直颈上口1/3处；观察拉丝钳的高度，应封口效果良好。点动进瓶，每个火头的安瓿封头结实圆滑，无拉丝、泡头、歪头、平头等现象。

12.开启灌封机，在出瓶处检查安瓿的封口质量，不得有封口不严、泡头、尖头、歪头、平头等情况出现，否则应调整至符合要求。

13.调节每个针头的装量，应控制在2.10～2.20mL（2.15mL±0.05mL）。每次每个针头取样两支检测装量，直至调节合格。

14.封口和装量检查合格，正式开始灌封。灌装过程中应注意随时抽查产品封口质量，及时调节氧气、燃气，保证封口圆滑。

15.每30min进行一次装量检查，根据检查情况，及时调整装量。

16.将灌封好的产品进行装盘排瓶，整齐收到收瓶盘中，保证每盘产品数量一致。收满1盘，按顺序号放上写好的"物料盘签"，放到灭菌车上。

17.灌封结束，依次关闭氧气、燃气，停机。

18. 及时填写灌封生产记录。

## 三、质量监控

1. 灌封环境级别应符合A级标准，A级背景区域应符合B级标准。

2. 每30min进行一次装量检查并记录，每次每个针头取样2支，用精确的小量筒校正过的注射器的吸取量进行检查。

3. 每2h检查可见异物一次：抽取50支于灯检台下检查，不得有外来可见异物，如有其他可见异物，不得多于1支。

4. 不定时检查封口质量，安瓿封口严密，不漏气，颈端圆整光滑，无尖头、泡头、歪头、平头和焦头。

5. 药液从过滤结束到灌封结束不超过10h；储液罐、灌装系统的清洁从灌封结束到清洁开始的时间不超过2h。

## 四、清洁清场

1. 将操作间的状态标志改写为"清洁中"。

2. 将整批的灌封产品数量重新复核一遍，检查物料标签，确实无误后，交下工序生产或送到中间站。

3. 清退剩余物料、废料，并按车间生产过程剩余产品的处理标准操作规程进行处理。

4. 按清洁标准操作规程，清洁和消毒灭菌所用过的设备、生产场地、用具、容器。

5. 清场后，及时填写清场记录，自检合格后，请质检员或检查员检查。

6. 经检查合格，发放清场合格证。

**注意事项**

1. 灌装时要求装量准确，每次灌装前必须调整装量，应对所有针头的装量和封口质量一一抽查，不得有一支不合格，若发现有不合格，针对相应针头调节装量和火力大小，直至合格，符合规定后再进行灌装。

2. 通入惰性气体时既不使药液溅至瓶颈，又要使安瓿空间的空气除尽。

**常见问题**

安瓿灌封过程中可能出现的问题如表9-10所示。

表9-10　安瓿灌封过程中可能出现的问题

| 出现的问题 | 原因 |
| --- | --- |
| 剂量不准确 | 可能是剂量调节螺丝松动 |
| 大头（鼓泡） | 与火焰太强、位置太低或安瓿内空气过度膨胀有关 |
| 焦头 | 因安瓿颈部沾有药液，熔封时炭化而致。当灌药太急、溅起药液在安瓿壁；针头注药后不能立即缩液回药，针端挂有水珠；针头安装不正，针头刚进瓶口就注药或针头临出瓶口时才注完药液，或升降轴不够润滑，针头起落迟缓等都会造成焦头 |
| 封口不严 | 可能是火焰不够强所致 |

生产小能手

注射液的灌装封口是指将滤过的药液，定量地灌注到安瓿中并进行封口的操作，包括灌装和熔封两个步骤，必须在无菌环境下进行，常在一台设备内自动完成。药液灌封要求计量准确，药液不沾瓶口，封口严密，顶端圆整光滑，无尖头和泡头。

1.调整装量：灌装标示装量不大于50mL的注射液，为补偿使用时安瓿壁黏附药液和注射器与针头吸留药液所造成的损失，应增加装量，以保证每次注射用量准确。《中国药典》规定的注射剂装量增加量见表9-11所示。

表9-11　注射剂装量增加量

| 标示装量/mL | 0.5 | 1 | 2 | 5 | 10 | 20 | 50 |
| --- | --- | --- | --- | --- | --- | --- | --- |
| 易流动增加量/mL | 0.10 | 0.10 | 0.15 | 0.30 | 0.50 | 0.60 | 1.00 |
| 黏稠液增加量/mL | 0.12 | 0.15 | 0.25 | 0.50 | 0.70 | 0.90 | 1.50 |

2.通入惰性气体：对接触空气易氧化变质的药物，在灌装过程中，应排除容器内的空气，可填充氮气或二氧化碳等气体，立即熔封或严封。碱性药液或钙制剂不能使用$CO_2$。1～2mL的安瓿常在灌装药液后通入惰性气体，5mL以上的安瓿在药液灌装前后各通一次，以尽可能赶尽安瓿内的残余空气。

3.安瓿封口：灌装好的药液应立即熔封，一般采用直立（或倾斜）旋转拉丝式封口方法。安瓿封口时要求不漏气、顶端圆整光滑，无尖头、焦头及小泡。

4.灌封设备：目前注射液灌封的主要设备是全自动安瓿拉丝灌封机，如图9-17和图9-18所示。安瓿灌装封口的工艺过程一般包括上瓶、药液的灌注、充气和封口等工序。

（1）上瓶：将已经灭菌的安瓿通过传送装置送达药液灌注工位。

（2）灌注：将经过滤的、检验合格的药液按规定的装量要求注入安瓿中，装量由灌注计量机构和注射针头实现。

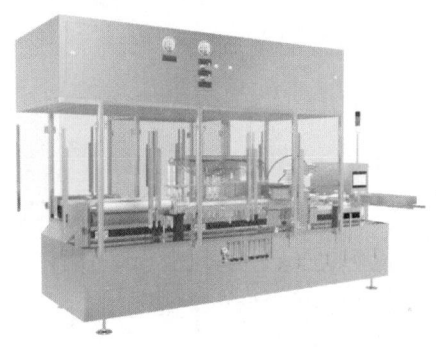

图9-17 安瓿拉丝灌封机外观图

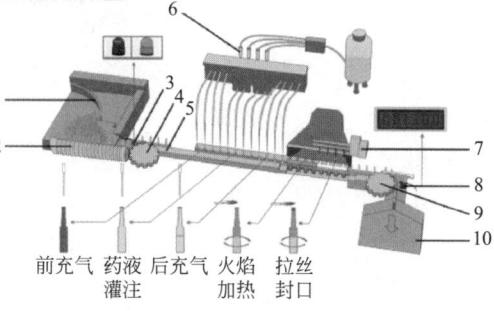

前充气 药液 后充气 火焰 拉丝
　　　灌注　　　　　加热　封口

图9-18 安瓿拉丝灌封机结构原理图

1—理瓶挡板；2—进瓶螺杆；3—缺瓶感应；4—进瓶转盘；5—进瓶轨道；6—计量泵；7—拉丝机构；8—光电计数器；9—出瓶转盘；10—集瓶盘

（3）**充气**：对于易被空气氧化的药品充入氮气或二氧化碳气体，置换药液上部的空气。

（4）**封口**：已灌注完药液的安瓿通过传送装置送入安瓿的预热区，通过轴承自转以使安瓿颈部受热均匀，然后进入封口区，安瓿在高温下熔化，同时在旋转作用下通过机械拉丝钳，将安瓿上部多余的部分强力拉走，安瓿封口严密。

灌装设备还可与超声波洗瓶机、隧道式灭菌烘箱组成安瓿洗灌封联动生产线（图9-19），完成安瓿洗涤、干燥灭菌以及药液灌封三个步骤，生产全过程在密闭或层流条件下完成，确保安瓿的灭菌质量，有效提高产品质量和生产效率。

图9-19 安瓿洗灌封联动生产线

### 吹灌封三合一无菌灌装技术

吹灌封三合一无菌灌装技术是一种先进的塑料安瓿无菌加灌装技术，在无菌状态下完成塑料容器的吹塑成型、药液灌装、封口过程。与传统的玻璃瓶技术相比，无需对瓶与胶塞进行清洗、灭菌，节约水汽和能源；减少人为因素产生的质量风险。

主要生产过程有：①挤出成型，塑料粒子在一定温度和压力条件下热熔后进入模具，无菌压缩空气吹瓶成型；②灌装，无菌药液经过精密计量系统灌入成型的塑料容器内；③密封，模具合拢，抽取真空进行密封，密封后打开模具，成品被送出。

**课堂互动**

1.（判断题）注射剂的焦头主要原因是安瓿颈部沾有药液，封口时炭化而致。（　）

2.（单选题）标示装量为2mL的易流动注射液，按现行版《中国药典》规定，增加量为（　）。

（A）0.1mL　　　　（B）0.15mL　　　　（C）0.25mL　　　　（D）0.35mL

**任务5** 一进一出两个样——
灭菌检漏

岗位任务

根据生产指令单（表9-12）的要求，按生产操作规范进行维生素C注射液的灭菌检漏操作，正确填写生产记录。

表9-12 维生素C注射液灭菌检漏批生产指令单

| 品名 | 维生素C注射液 | 规格 | 2mL：0.1g |
|---|---|---|---|
| 批号 | 180608 | 批量 | 10万支 |
| 灌装半成品 | 0.92万支 | 灭菌温度 | 100℃ |
| 灭菌时间 | 15分钟 | 真空度 | −80kPa |
| 清洗时间 | 1～3min | | |
| 生产开始日期 | ××××年××月××日 | | |
| 制表人 | | 制表日期 | |
| 审核人 | | 审核日期 | |
| 批准人 | | 批准日期 | |

生产过程

## 一、生产前检查

1.进入操作间，检查是否有"清场合格证"，且"清场合格证"在有效期内。

2.检查计量器具是否符合要求，有校验合格证并在使用有效期内。

3.接到批生产指令单、灭菌检漏岗位操作规程、批生产记录等文件，明确产品名称、规格、批号、批量、工艺要求等指令。

4.按批生产指令单核对维生素C注射液灌封半成品的品名、规格、批号、数量，检查外观、检验合格证等，确认无误后，交接双方在物料交接单上签字。

5.悬挂生产运行状态标识，进入生产操作。

## 二、生产操作

1.检查水、电、压缩空气、蒸汽是否正常（压缩空气0.1～0.3MPa，蒸汽0.3～0.5MPa，纯化水0.1～0.3MPa）。

2.确认色水在有效期内（7天）或重新配制色水（0.025g亚甲蓝用纯化水溶解后加入4kg纯化水中）。

3.调整搬运车，将已经装载了灌装产品的灭菌内车推入灭菌柜中，固定，关闭柜门并进行气密封。

4.打开水、蒸汽、压缩空气开关，接通电源，设定工作参数：温度100℃；时间15min；真空度：-80kPa，清洗时间1～3min。

5.按下"启动"按钮，自动进行以下过程：注水-升温-灭菌-排压-检漏-清洗-结束。灭菌检漏程序结束，打印灭菌报表，附在批生产记录上。

6.当灭菌柜内室压力降至10kPa后，打开灭菌柜后门，拉出灭菌车，将灭菌后的产品推到晾瓶暂存间，放到斜坡车上沥水，并挂上"已消毒/灭菌"标识和"物料标签"。

7.及时填写灭菌检漏生产记录。

## 三、质量监控

1.生产前确认达到灭菌条件：温度100℃、时间15min。

2.生产前确认达到检漏条件：检漏真空度-80kPa。

3.灭菌检漏后，QA按灭菌柜次进行取样，用于无菌检测，取样点应包括前、中、后期样品，检查结果应无菌。

## 四、清洁清场

1.将操作间的状态标志改写为"清洁中"。

2.将整批的产品数量重新复核一遍，检查物料标签，确实无误后，交下工序生产或送到中间站。

3.清退剩余物料、废料，并按车间生产过程剩余产品的处理标准操作规程进行处理。

4.按清洁标准操作规程，清洁和消毒所用过的设备、生产场地、用具、容器。

5.清场后，及时填写清场记录，自检合格后，请质检员或检查员检查。

6.经检查合格，发放清场合格证。

### 注意事项

1.操作时应将灭菌前、后的药品严格区分开，以防止漏灭漏检的现象发生。

2.灭菌时间必须从全部药液真正达到所要求的温度时算起。

## 一、灭菌和灭菌法

灭菌是指采用物理或化学的方法杀死或除去所有微生物的繁殖体和芽孢的过程。灭菌法是指用适当的物理或化学方法杀灭或除去活的微生物的方法。

## 二、灭菌的方法

除无菌操作生产的注射剂外，所有的注射剂灌装后都应及时灭菌。通常从配液到灭菌要求在12h内完成。根据药液中原辅料的性质来选择不同的灭菌方法和时间，既要保证灭菌效果，又不能破坏主药的有效成分。必要时，采取几种灭菌方法联用。

常用的灭菌方法如图9-20所示。

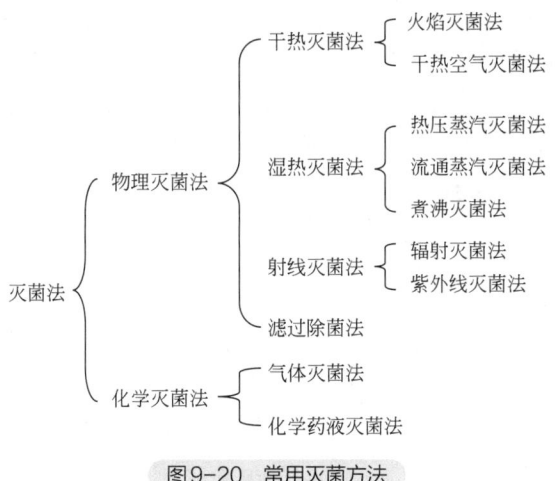

图9-20 常用灭菌方法

### 1.干热空气灭菌法

利用热空气传递热量，使细菌的繁殖体因体内脱水而死亡的灭菌方法，需长时间、高温度才能达到灭菌目的。适用于耐高温的玻璃、金属等用具，以及不允许湿气穿透的油脂类和耐高温的粉末等，如安瓿、输液瓶、西林瓶及注射用油等的灭菌。一般135～145℃灭菌3～5h，或者160～170℃灭菌2～4h，或者180～200℃灭菌0.5～1h；250℃30min或200℃45min热原就会被破坏。常用的灭菌设备是电热箱。

### 2.湿热灭菌法

利用饱和水蒸气或沸水来杀灭微生物的灭菌方法，是注射剂生产中应用最广泛的灭菌方法，包括热压灭菌法、流通蒸汽灭菌法、煮沸灭菌法。具有穿透力强，传导快，能使微生物的蛋白质较快变性或凝固，作用可靠，操作简便的特点，但对湿热敏感的药物不宜应用。

（1）**热压灭菌法**：在密闭的高压蒸汽灭菌器内，利用压力大于常压的饱和水蒸气来杀灭微生物的方法。具有灭菌完全可靠、效果好、时间短、易于控制等优点，能杀灭所有微生物的繁殖体和芽孢，适用于输液灭菌。热压灭菌温度与时间的关系如下：115℃（68kPa）灭菌30min，121℃（98kPa）灭菌20min，126℃（137kPa）灭菌15min。热压灭菌器最常用的是卧式热压灭菌器，一般为双扉式灭菌柜。

（2）**流通蒸汽灭菌法**：常压下，在不密闭的灭菌箱内，用100℃流通蒸汽30～60min来杀灭微生物的方法。适用于1～2mL注射剂及不耐高温的品种，但不能保证杀灭所有的芽孢，因此产品中要加抑菌剂。

（3）**煮沸灭菌法**：把待灭菌物品放入水中煮沸30～60min进行灭菌。不能保证杀灭所有的芽孢，因此产品中要加抑菌剂。

 拓展阅读

### 影响湿热灭菌的因素

**1.微生物的性质和数量**：各种微生物对热的抵抗力相差较大，处于不同生长阶段的微生物，所需灭菌的温度与时间也不相同，繁殖期的微生物对高温的抵抗力要比衰老时期抵抗力大得多，芽孢的耐热性比繁殖期的微生物更强。在同一温度下，微生物的数量越多，则所需的灭菌时间越长，因此，在整个生产过程中应尽一切可能减少微生物的污染，尽量缩短生产时间，灌封后立即灭菌。

**2.注射液的性质**：注射液中含有营养性物质如糖类、蛋白质等，对微生物有一种保护作用，能增强其抗热性。另外，注射液的pH值对微生物的活性也有影响，一般微生物在中性溶液中耐热性最大，在碱性溶液中次之，酸性不利于细菌的发育，如一般生物碱盐注射剂用流通蒸汽灭菌15min即可。因此，注射液的pH值最好调节至偏酸性或酸性。

**3.灭菌温度与时间**：根据药物的性质确定灭菌温度与时间，一般温度越高，时间越短。但温度增高，化学反应速率也增快，时间越长，起反应的物质越多。为此，在保证药物达到完全灭菌的前提下，应尽可能地降低灭菌温度或缩短灭菌时间，如维生素C注射剂用流通蒸汽100℃灭菌15min。另外，一般高温短时间比低温长时间更能保证药品的稳定性。

**4.蒸汽的性质**：饱和水蒸气热含量高，穿透力大，灭菌效力高。湿饱和水蒸气热含量较低、过热蒸汽与干热空气差不多，它们的穿透力均较差，灭菌效果不好。

### 3.射线灭菌法

（1）**紫外线灭菌法**：是指用紫外线照射杀灭微生物的方法。一般波长200～300nm的紫外线可用于灭菌，灭菌力最强的是波长254nm，但其穿透较弱，作用仅限于被照射物的表面，不能透入溶液或固体深部，因此只适用于无菌室空气、表面灭菌，装在玻璃瓶中的药液不能用本法灭菌。

（2）**辐射灭菌法**：是指用放射性同位素（$^{60}$Co或$^{137}$Cs）放射的γ射线杀菌的方法。适用于不耐热药物的灭菌，如维生素、抗生素、激素、肝素、羊肠线、医疗器械、高分子材料等。但辐射灭菌设备费用高，某些药品经辐射后，有可能效力降低或产生毒性物质，此外，操作时还需有安全防护措施。

### 4.滤过除菌法
：是指利用滤过方法除去活的或死的微生物的方法。适用于很不耐热药液的灭菌。常用的滤器有$G_6$号垂熔玻璃漏斗、0.22μm的微孔滤膜等。为保证无菌，采用滤过除菌法时，必须配合无菌操作法，并加抑菌剂；所用滤器及接收滤液的容器均必须经121℃热压灭菌。

### 5.气体灭菌法
：是指用化学消毒剂的气体或蒸汽杀灭微生物的方法。常用的化学消毒剂有环氧乙烷、甲醛蒸气、臭氧等。适用于在气体中稳定的物品的灭菌，如塑料制品；现在广泛使用臭氧进行生产环境的消毒灭菌。

### 6.化学药液灭菌法
：是指利用药液杀灭微生物的方法。常用的消毒液是0.1%～0.2%苯扎溴铵溶液、75%乙醇等，一般用于皮肤、器具的消毒。

 生产小能手

## 一、小容量注射剂的灭菌

在避菌条件较好的环境中生产的注射剂，一般1～5mL安瓿多用流通蒸汽100℃灭菌30min；10～20mL安瓿采用100℃灭菌45min。对热不稳定的产品，可适当缩短灭菌时间；对热稳定的品种、输液，均应采用热压灭菌；以油为溶剂的注射剂，选用干热灭菌。每批灭菌后的注射液，均需进行"无菌检查"，合格后方可移交下工序。

## 二、小容量注射剂的检漏

安瓿熔封时，有时由于熔封工具或操作等原因，少数安瓿顶端留有毛细孔或微隙而造成漏气。漏气安瓿则易污染微生物而造成药液变质，因此必须查出漏气安瓿，予以剔除。

**安瓿的检漏方法**有下列两种。

1.将安瓿浸入有色溶液（如：0.05%曙红、酸性大红G或亚甲蓝等）中，再置灭菌器内灭菌；或将灭菌后的安瓿趁热浸入有色溶液中，当冷却时，因安瓿内压力降低，有色溶液借助负压由漏孔进入安瓿内，而使药液染色，即可检出。

2.将安瓿置于密闭容器内，抽去容器内空气后，再放入有色溶液，由于漏气安瓿内空气也被抽出，当放入空气时，有色溶液借助大气压力进入漏气安瓿而被检出。若药液色泽较深，可在减压后灌入常水，如药液色泽变浅，即表示漏气。

而深色注射液的检漏，则可将安瓿倒置进行热压灭菌，灭菌时安瓿内气体膨胀，将药液从漏气的细孔中挤出，使药液减少或成空安瓿而被剔除。

图9-21　AM系列安瓿检漏灭菌柜外观

## 三、灭菌和检漏设备

**AM系列安瓿检漏灭菌柜**是一种高性能、高智能化的安瓿灭菌检漏清洗设备，如图9-21所示。主要用于安瓿、口服液、小输液瓶等的灭菌和检漏处理。

### 课堂互动

1.（判断题）无菌是指某一物体或介质中没有任何活的微生物存在。（　　）

2.（判断题）紫外线灭菌常用于照射物表面灭菌、空气及蒸馏水的灭菌以及固体深部的灭菌。（　　）

3.（判断题）因蒸汽潜热大，穿透力强，容易使蛋白质变性或凝固，故灭菌效率比干热灭菌法好。（　　）

4.（单选题）采用物理或化学的方法杀灭或除去所有致病和非致病微生物繁殖体和芽孢的手段称为（　　）。

　（A）灭菌　　　　　（B）防腐　　　　　（C）消毒　　　　　（D）无菌操作法

5.（单选题）采用紫外线灭菌时，紫外线灭菌力最强的波长是（　　）。

　（A）286nm　　　　（B）250nm　　　　（C）365nm　　　　（D）254nm

岗位任务

根据生产指令单（表9-13）的要求，按生产操作规范进行维生素C注射液安瓿的灯检操作，正确填写生产记录。

表9-13　维生素C注射液灯检批生产指令单

| 品名 | 维生素C注射液 | 规格 | 2mL：0.1g |
|---|---|---|---|
| 批号 | 180608 | 批量 | 10万支 |
| 维生素C注射液灭菌检漏中间体 | 0.92万支 | 照度 | 1000～1500lx |
| 生产开始日期 | ×××年××月××日 | | |
| 制表人 | | 制表日期 | |
| 审核人 | | 审核日期 | |
| 批准人 | | 批准日期 | |

生产过程

## 一、生产前检查

1.进入操作间，检查是否有"清场合格证"，且"清场合格证"在有效期内。

2.接到批生产指令单、灯检岗位操作规程、批生产记录等文件，明确产品名称、规格、批号、批量、工艺要求等指令。

3.按批生产指令单核对已灭菌维生素C注射液的品名、规格、批号、数量，检查外观、检验合格证等，确认无误后，交接双方在物料交接单上签字。

4.悬挂生产运行状态标识，进入生产操作。

## 二、生产操作

1.灯检人员调整好灯检坐凳高度，保证灯检时产品与眼睛的距离为20～25cm，调整灯检照度为1000～1500lx。

2.将待灯检产品逐盘放在灯检台上，在照明灯下，检查产品颜色，应为无色。挑出漏封、泡头、焦头、瘪头等灌装不合格品。

3.手持检品颈部，每次6支，将其倒置后翻正，轻轻振摇，使药液全部处于瓶颈以下，视线自下到上逐一检查可见异物，挑出含有玻璃屑、纤维、白点、异物、装量明显不合格等不合格品。每次检查不得低于10s。置待检品于遮光板边缘处，在黑色背景下观察白色的纤维、漂浮物；再在白色背景下观察带色纤维和杂质。

4.可见异物包括：烟雾状微粒柱、金属屑、玻璃屑、明显可见异物（长度或最大粒径超过2mm的纤维和块状物）及微细可见异物（点状物、长度或最大粒径小于2mm的纤维和块状物）。

5.将灯检合格品和灯检不合格品整齐地收在周转盘内，分别放置以备计数，并有醒目的状态标识：绿色"灯检合格品"、红色"灯检不合格品"。

6.每盘灯检合格品均应放置"物料盘签"，灯检人签名。

7.每班灯检结束后，灯检组长对灯检不合格品进行统计、收集，并在QA的监督下对不合格品进行销毁处理（销毁方式：砸碎），并在批生产记录相应位置填写记录、签名确认。

8.已灯检产品的存放：已灯检产品存放在专门的暂存间遮光保存，并做好物料标识，暂存间上锁管理。灯检合格品进入暂存间，填写中间产品台账，双方共同签字确认。

9.及时填写灯检生产记录。

## 三、质量监控

1.生产前确认灯检照度为1000～1500lx。

2.灯检过程中，人员视力无波动，注意力集中，灯检人员每隔2h应休息10min放松眼睛。

3.每盘灯检合格品抽检60支，可见异物、装量、封口质量应合格，否则本盘应复检。

4.灯检后的产品实行二级抽查，即灯检组长抽查合格后，再由质量保证部QA抽查，无论哪一级抽检到不合格均应返工重检。

5.按可见异物检查法，不得有肉眼可见的浑浊或异物。

## 四、清洁清场

1.将操作间的状态标志改写为"清洁中"。

2.将整批的产品数量重新复核一遍，检查物料标签，确实无误后，交下工序生产或送到中间站。

3.清退剩余物料、废料，并按车间生产过程剩余产品的处理标准操作规程进行处理。

4.按清洁标准操作规程，清洁和消毒所用过的设备、生产场地、用具、容器。

5.清场后，及时填写清场记录，自检合格后，请质检员或检查员检查。

6.经检查合格，发放清场合格证。

**注意事项**

1.灯检人员视力应进行远距离和近距离视力测试，均应为4.9或4.9以上（矫正后视力应为5.0或5.0以上）；应无色盲。灯检人员每年检查一次视力。

2.产品应按批号进行灯检，一个操作间同一时间只能灯检同一批的产品，以免产生混淆和差错。

**生产小能手**

### 一、可见异物的概念

可见异物是指存在于注射剂、滴眼剂中，在规定条件下目视可以观测到的不溶性物质，其粒径或长度通常大于50μm。可以是外源性物质，如纤毛、金属屑、玻璃屑、白点、白块等；也可以是内源性物质，如原料相关的不溶物、药物放置后析出的沉淀物等。

### 二、可见异物的检查方法

可见异物的检查方法有灯检法和光散射法两种。

**1.灯检法**：视力符合药典标准要求的操作工，在暗室中用一定光照强度下的灯检仪下目视对注射剂内容物进行逐一检查。检查时采用40W的日光灯做光源，并用挡板遮挡以避免光线直射入眼内，背景为白色或黑色，使其具有明显对比度，安瓿距光源约200mm，轻轻转动安瓿，目测药液内有无微粒。

缺点：灯检人员视力不同，检测结果不同，质量不均一；操作工眼睛易疲劳，容易误检或漏检；生产效率低，是大规模生产的产量瓶颈。

**2.光散射法**：采用可见异物测定仪进行检查的方法。仪器经校准（用40μm、60μm标准粒子）后，计算检测限度值（相当于50μm粒子的像素），上样品瓶，调整视窗，设置旋瓶时间、静置时间、测定限值等，测定样品，给出可见异物是否符合规定的结果。

### 三、灯检设备

人工灯检时使用的人工灯检仪（图9-22）应复核光的照度，工作一段时间后应休息眼睛，保证灯检的有效性。目前企业越来越多地采用全自动灯检机（图9-23）进行灯检。全自动灯检机是一种集机电技术于一体的检测设备，相比人工灯检的优点：对50μm以上微粒可全部检出；成品质量均一稳定，不存在质量波动，可降低质量风险；可实现大规模工业化生产；对每支次品均可保存其不合格原因，产品的分析数据可用于注射剂生产工艺的优化。

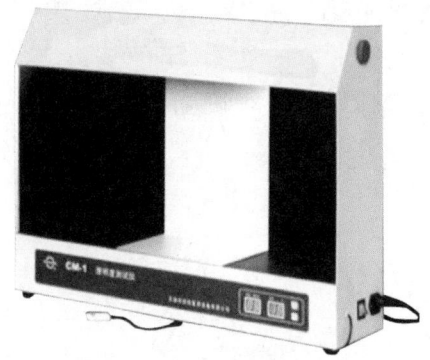

图9-22 人工灯检仪

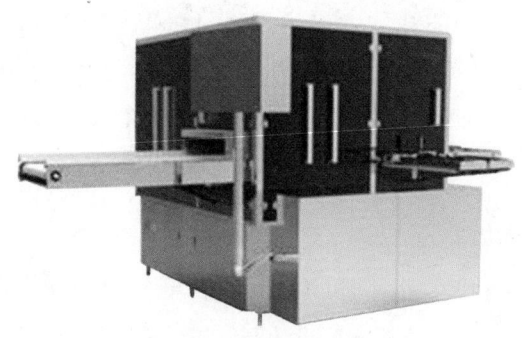

图9-23 全自动灯检机

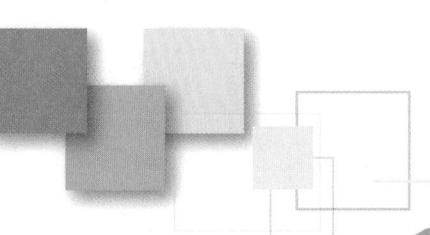

## 任务7 我终于有了身份——印字包装

 岗位任务

根据包装指令单（表9-14）的要求，按生产操作规范进行维生素C注射液的包装操作，正确填写生产记录。

表9-14　维生素C注射液批包装指令单

| 品名 | 维生素C注射液 | 规格 | 2mL：0.1g |
|---|---|---|---|
| 批号 | 180608 | 批量 | 10万支 |
| 生产日期 | 2018年6月20日 | 有效期至 | 2020年5月 |
| 包装规格 | 10支/小盒×100小盒/箱 | 待包装产品数量 | 9.2万支 |
| 包装材料的名称和理论用量 | | | |

| 序号 | 物料名称 | 规格 | 单位 | 批号 | 理论用量 |
|---|---|---|---|---|---|
| 1 | 瓶签 | — | 个 | B0120180501 | 92000 |
| 2 | 说明书 | — | 张 | B0220180401 | 9200 |
| 3 | 小盒 | — | 个 | B0320180503 | 9200 |
| 4 | 大箱 | — | 个 | B0420180601 | 92 |
| 5 | 装箱单 | — | 张 | B0520180302 | 92 |
| 6 | PVC硬片（棕色） | 药用130mm | kg | B0620180205 | 240 |

| 包装开始日期 | ××××年××月××日 | | |
|---|---|---|---|
| 制表人 | | 制表日期 | |
| 审核人 | | 审核日期 | |
| 批准人 | | 批准日期 | |

 生产过程

## 一、生产前检查

1.进入包装间，检查是否有"清场合格证"，且"清场合格证"在有效期内。

2.检查计量器具与计量的范围是否相符，有校验合格证并在使用有效期内。

3.接到批包装指令单、包装岗位操作规程、批包装记录等文件，明确产品名称、规格、批号、批量、生产日期、有效期至等工艺要求指令。

4.按批包装指令单核对待包装维生素C注射液的品名、规格、批号、数量，检查外观、检验合格证等，确认无误后，在物料交接单上签字确认。

5.按批包装指令单领取外包装物料，复核包材名称、规格、批号、数量、合格状态标识、包装情况等，确认无误后，在领料单上签字确认。

6.悬挂生产运行状态标识，进入生产操作。

## 二、生产操作

1.瓶签印字、小盒印字、箱签印字及首检：在正式开始包装前，根据批包装指令设置生产批号、生产日期、有效期至、规格等信息，要求打印信息准确无误、印字清晰，各取一份放入批包装记录中。

2.塑托成型检查：检查热塑机设定温度，安装好棕色PVC硬片，达到设定温度后，开机试运行，进行压塑成型，检查塑托质量，应符合要求。

3.说明书：将说明书安装在折纸机固定结构中，并从中抽取1张说明书，附到批记录上。

4.贴标机在每个安瓿上贴好标签。

5.入托：在自动包装生产线上，将贴上瓶签的产品自动抓取装入成型的塑托中。

6.折叠安放说明书：每个塑托对应放1张折好的说明书。

7.装小盒和小盒印字：设备将小盒撑开口，塑托运行至装盒工位，推杆将塑托和说明书推入小盒中，小盒自动封口。小盒在轨道上运行至喷码位置，在规定位置喷印上"产品批号、生产日期、有效期至"的内容。

8.电子赋码/箱签印字：每包小盒追溯码向上，依次在追溯码扫描装置上进行扫描，扫描成功后，装入大箱。每箱放入1张装箱单。将打印机打出的2张印有追溯码、"产品批号、生产日期、有效期至"和箱号信息的箱签粘贴在纸箱上的贴标签处。

9.生产结束，将剩余包材及时清点数量计数或称量，下批包装产品能继续使用的做好物料标签放置在原位置，下批不使用的放上物料标签转移至暂存间或退库。

10.产品清理：清点成品和不合格品数量，计算物料平衡和产品收率。

11.及时填写包装生产记录。

### 三、质量监控

1.生产过程的前、中、后分别检查印字、贴签、装托、装（封）箱质量。印字和贴签应位置正确，内容准确，字迹清晰。包装应数量正确，说明书、装箱单等齐全。

2.生产过程的前、中、后分别检查小盒和大箱的装箱质量。检查封箱胶带平整无褶皱，黏合牢固；打包带两端整齐、无翻卷、松紧适中。

3.清点包装材料的领用量、使用量、损耗量、退库量，应双人复核。

4.产品需要进行合箱包装时，只限同一品种规格、连续生产的两个批号为一个合箱，合箱外应当标明全部批号，并填写合箱记录。

### 四、清洁清场

1.将操作间的状态标志改写为"清洁中"。

2.将整批的产品数量重新复核一遍，确实无误后，交仓库。

3.清退剩余物料、废料，并按车间生产过程剩余产品的处理标准操作规程进行处理。

4.按清洁标准操作规程，清洁和消毒所用过的设备、生产场地、用具、容器。

5.清场后，及时填写清场记录，自检合格后，请质检员或检查员检查。

6.经检查合格，发放清场合格证。

注意事项

1.瓶签、小盒、中盒和大箱的标签印字要进行**首检**，且双人复核，确认无误后正式生产。

2.印刷包材要及时进行**物料平衡**计算。

3.包装过程中产生的报废包装材料，其中**印字包材**应由专人负责全部**计数**，并在QA监督下销毁，非印字包材收集、计数（称重）、销毁。

生产小能手

印刷包材的管理要按照GMP有关规定执行，实行双人复核制。

1.**拼箱**：应将同品种、同规格的上批产品的零头（以小盒为零头）与本批产品拼成合箱。合箱的药品只限两个批次、连续批号为一合箱。外箱上应标明两批产品的批号及每批拼箱的数量。

**2.零箱操作：** 如果包装结束，本批产品出现零头的情况，将零箱产品做好状态标识交给包装组长进行保管，在装箱单上注明零箱的数量。

**3.包装设备：** 印字包装可采用全自动生产线，包括印字机和全自动装盒机。装盒机可自动完成药品的传送、说明书的折叠与传送、纸盒的折叠与传送，将药品与说明书装入纸盒内，纸盒两端纸舌封装等工序，并对不合格品进行自动剔除。

## 目标检测

**一、判断题**

1.小容量注射剂的生产过程分为原辅料的准备、容器处理、配制、滤过、灌封、灭菌、质量检查、印字、包装等步骤。（    ）

2.注射剂是指药物制成的供注入体内的灭菌溶液。（    ）

3.纯化水可作为配制普通药剂的溶剂或试验用水，不得用于注射液的配制。（    ）

4.所有注射剂都能添加抑菌剂。（    ）

5.配制油性注射液，应将注射用油先经100℃干热灭菌30min，冷却至室温。（    ）

6.小容量注射剂的灭菌必须采用热压灭菌法。（    ）

7.灭菌后的安瓿应立即进行漏气检查。（    ）

8.注射剂的焦头主要原因是安瓿颈部沾有药液，封口时炭化而致。（    ）

**二、单选题**

1.注射剂的渗透压与血浆的渗透压相比，应为（    ）。

（A）低渗　　　　　　　　　　（B）高渗

（C）等渗　　　　　　　　　　（D）都不是

2.下列哪项不是注射剂的特点（    ）。

（A）给药不方便　　　　　　　（B）成本低

（C）注射时疼痛　　　　　　　（D）质量要求更严格

3.注射用油作为非极性药物溶剂，仅供（    ）注射。

（A）静脉　　　　　　　　　　（B）肌内

（C）皮下　　　　　　　　　　（D）动脉

4.下列哪项（    ）不可作为非水性注射溶剂。

（A）乙醇　　　　　　　　　　（B）丙三醇

（C）丙二醇　　　　　　　　　（D）PEG400

5.一些易氧化的碱性药液制备针剂时，要通入（　　）。

（A）氮气或二氧化碳　　　　　　（B）二氧化碳

（C）氮气　　　　　　　　　　　（D）氧气

6.当注射剂采取（　　）给药方式时，能够不以水为溶媒。

（A）静脉给药　　　　　　　　　（B）肌内给药

（C）皮下给药　　　　　　　　　（D）口服给药

7.下列哪个不是注射液生产过程中，调节溶液pH值的理由（　　）。

（A）防止产生低渗或高渗现象　　（B）为了增加药物的溶解度

（C）保证药物的稳定性　　　　　（D）减少药物对肌体的局部刺激

8.在注射液中含有1%盐酸普鲁卡因是为了起到（　　）作用。

（A）抗氧剂　　　　　　　　　　（B）抑菌剂

（C）减小疼痛剂　　　　　　　　（D）助溶剂

9.脊椎腔注射，注射液必须严格调节至等渗，常用的渗透压调节剂有（　　）。

（A）氯化钠　　　　　　　　　　（B）硼砂

（C）碳酸氢钠　　　　　　　　　（D）盐酸

10.下列哪个不是注射液在灌封中可能出现的问题（　　）。

（A）药液中有可见异物　　　　　（B）剂量不准

（C）封口不严　　　　　　　　　（D）焦头

11.无菌操作法是指整个生产过程控制在无菌条件下进行的一种操作方法，主要适用于（　　）药物的制备。

（A）耐热　　　　　　　　　　　（B）不耐热

（C）易氧化　　　　　　　　　　（D）易还原

12.欲增加易氧化药物的稳定性，可采取下列除（　　）外的措施。

（A）加抗氧剂　　　　　　　　　（B）加金属离子络合剂

（C）通惰性气体　　　　　　　　（D）加等渗调节剂

13.下面关于抑菌剂的叙述，错误的是（　　）。

（A）静脉注射用的注射剂不得添加抑菌剂

（B）椎管注射用的注射剂必须添加抑菌剂

（C）加有抑菌剂的注射剂还必须进行灭菌

（D）抑菌剂应对人体无毒、无害

三、多选题

1.延缓主药氧化的附加剂有（　　）。

（A）等渗调节剂　　（B）金属离子络合剂　　（C）抗氧剂

（D）惰性气体　　　（E）pH值调节剂

2.注射液灌封时可能出现的问题有（　　）。

（A）药液蒸发　　　（B）鼓泡　　　　　（C）焦头

（D）装量不准确　　（E）微粒超标

3.不能添加抑菌剂的有（　　）。

（A）脊椎注射液　　　　　　　　　　　（B）输液

（C）普通滴眼剂　　　　　　　　　　　（D）多剂量注射液

（E）2mL注射液

四、简答题

1.什么是注射剂？按制备工艺是如何分类的？有哪些质量要求？

2.最终灭菌小容量注射液的生产工艺流程是怎样的？

3.注射液配制方法有哪几种？分别适用的条件是什么？

4.小容量注射液灌封时易出现哪些质量问题？如何避免？

模块 10

# 盐水瓶里有什么——认识输液

### 学习目标

1. 能知道输液的概念、分类和质量要求。
2. 能看懂输液的生产工艺流程。
3. 能了解输液生产方法和质量检查项目。

### 学习导入

医院中刚做完腹部手术的患者，往往不能立即饮食，为维持生命和治疗，应该以什么方式，给予哪些种类的药物（见图10-1）？

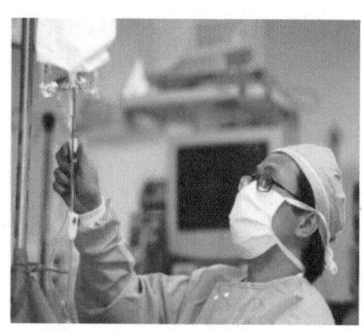

图10-1　静脉滴注

临床上广泛用于危重患者抢救和治疗的给药手段之一是静脉滴注,供静脉滴注用的大容量注射剂也称为**输液**。

知识充电宝

## 一、输液的定义和特点

输液即大容量注射剂,是指供静脉滴注用的大容量注射液(除另有规定外,一般不小于100mL,生物制品一般不小于50mL),通常包装在玻璃瓶、塑料瓶或袋中,不含抑菌剂。

根据临床要求和输液本身的性质,输液具有以下**特点**:输液一般包装于密闭的中性硬质玻璃瓶或轻便的特制塑料瓶、袋中,容积一般在100mL以上,大的有1000mL,临床上广泛用于危重患者的抢救和治疗;输液的质量要求比小容量注射液更为严格;输液多以水为溶剂,不能加入任何抑菌剂;输液不能采用混悬液及油性溶液,多以静脉滴注给药。

## 二、输液的种类

**1.电解质输液**:用于补充体内的水分和电解质,调节酸碱平衡等,如复方氯化钠注射液(图10-2)。

**2.营养输液**:用于不能口服吸收或急需补充营养的患者,主要包括糖类及多元醇类输液(如葡萄糖注射液),用于供给机体能量,补充体液;氨基酸输液(如各种复方氨基酸注射液),用于维持危重患者的营养,补充体内蛋白质;脂肪类输液(静脉脂肪乳注射液),是一种高能量肠外营养液,适用于不能口服的患者(图10-3)。

**3.胶体输液**:又称血浆代用液,是一种与血浆等渗的胶体溶液,用于调节渗透压。该类输液可较长时间地保持在循环系统内,增加血容量和维持血压,以防患者产生休克,如右旋糖酐输液(图10-4)。

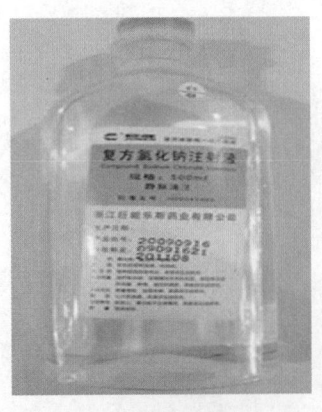

图10-2 电解质输液

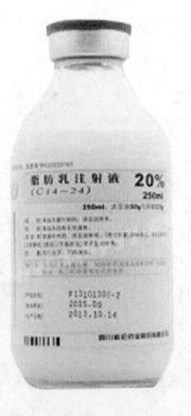

图10-3 营养输液

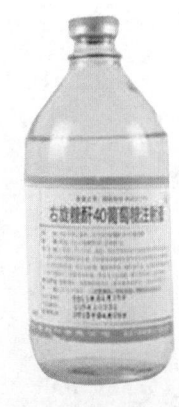

图10-4 胶体输液

**4.含药输液**：将需静脉滴注的治疗药物与渗透压调节剂等共同制成的输液，可直接用于临床治疗，如苦参碱输液、替硝唑输液等。

## 三、输液的质量要求

输液的质量除应符合注射剂的一般要求外，因其一次用量较大，因此对无菌、无热原及可见异物等质量和安全性要求更为严格，同时还应符合下列要求：

1.除另有规定外，尽可能与血液等渗或略高渗。

2.pH值在保证制品稳定和疗效的基础上，尽量接近人体血液的pH值，过高或过低会引起酸碱中毒。

3.不得加入任何抑菌剂，储存过程中保持质量稳定。

4.静脉乳液状注射液中90%的乳滴粒径应在1μm以下，不得有大于5μm的乳滴。

5.无毒副作用，不能有引起过敏反应的异性蛋白及降压物质，输入人体后不应引起血象的异常变化，不损害肝脏、肾脏等。

 生产小能手

## 一、输液的生产工艺

输液的生产工艺与小容量注射剂接近，但有一些差异，因为输液的用量大且直接进入血液，因此质量要求更高。不同包装形式的输液生产过程会有较大的差异，图10-5是玻璃容器包装输液的工艺流程，图10-6是塑料容器包装输液的工艺流程，图10-7是复合膜包装输液的工艺流程，其中复合膜包装的输液得到越来越广泛的应用。

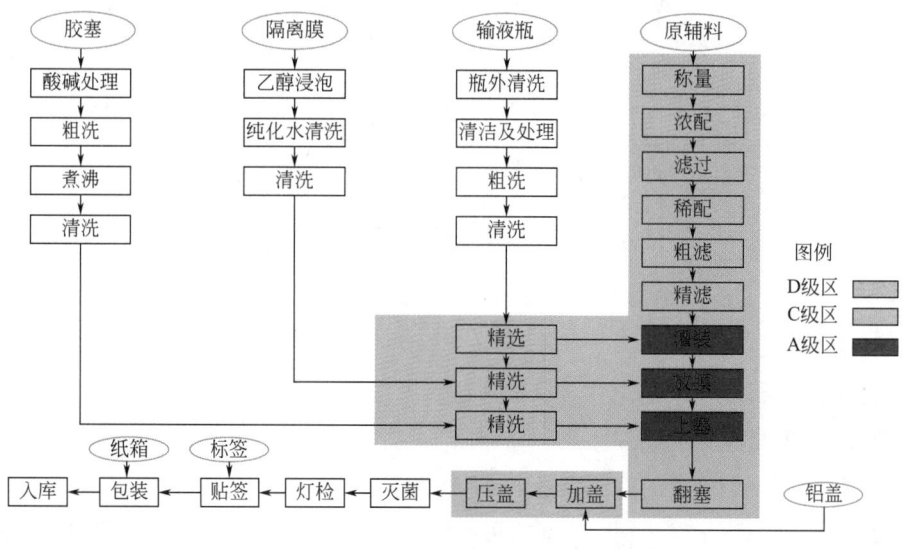

图10-5　输液（玻璃容器）生产工艺流程

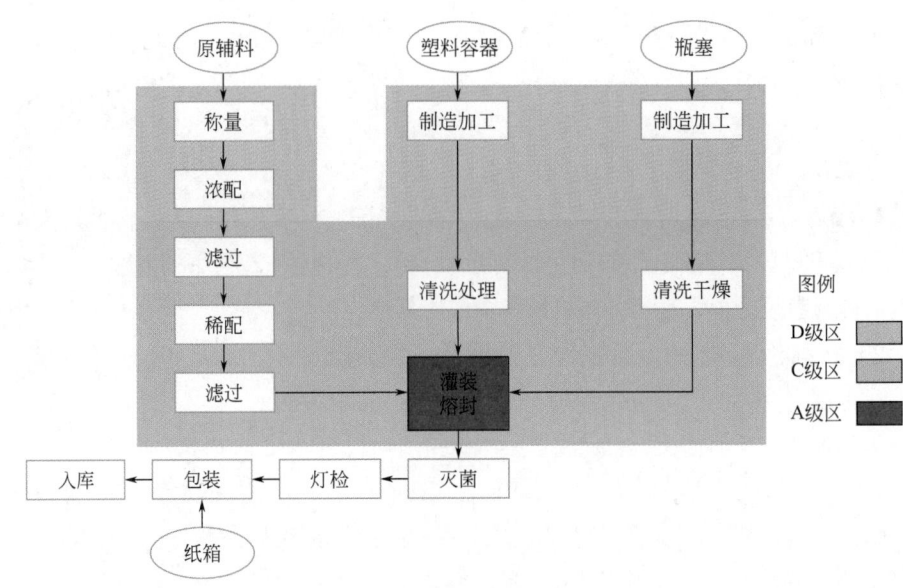

图10-6 输液（塑料容器）生产工艺流程

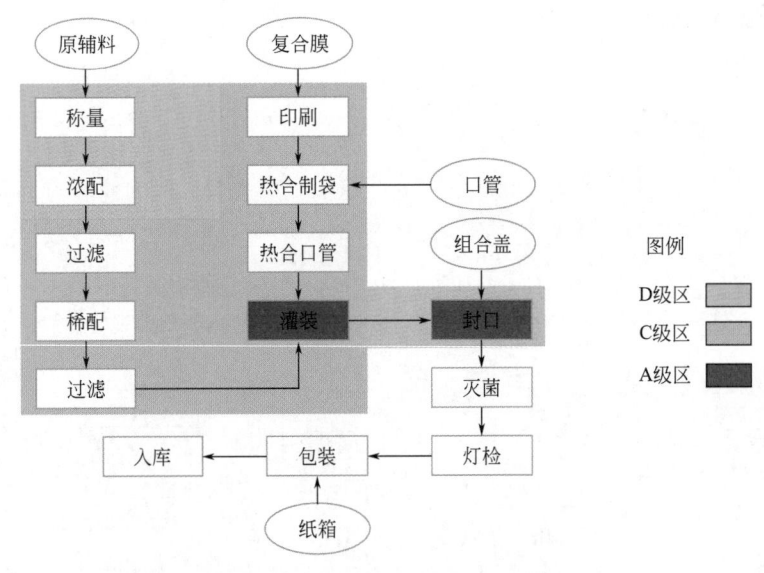

图10-7 输液（复合膜）生产工艺流程

## 二、输液的包装材料

输液的包装材料有输液容器、隔离膜、橡胶塞及铝盖等。输液容器有玻璃瓶、塑料瓶和塑料袋等（图10-8）。

**1.玻璃瓶：**是传统的输液容器，材质为硬质玻璃，透明度好，耐高温高压，但重量、体积较大，运输不便。玻璃瓶生产时经酸碱处理后，用纯化水和注射用水洗净备用。

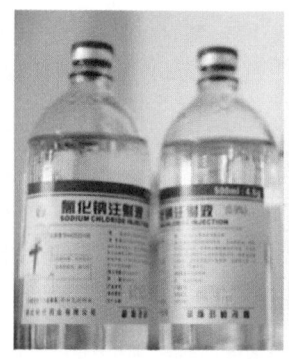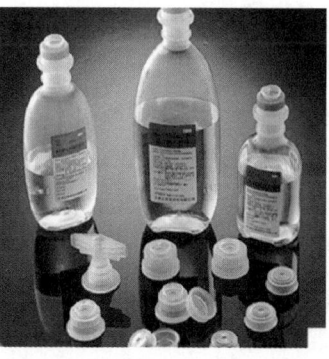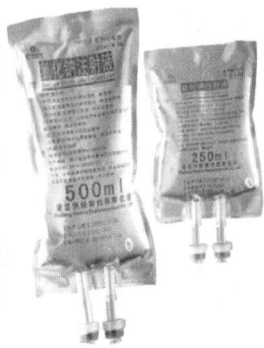

图10-8　输液容器（玻璃瓶、塑料瓶、塑料袋）

**2.塑料瓶**：是目前广泛使用的一种包装形式，材质为聚乙烯（PE）和聚丙烯（PP），耐腐蚀，重量轻，不易破损，化学稳定性好。生产的自动化程度高，一次成型，生产过程中制瓶和灌装可在同一生产区域内完成，瓶子无需洗涤直接灌装。但塑料瓶的透明度和热稳定性不如玻璃瓶，与玻璃瓶一样，使用过程中需外界空气进入瓶体才能使药液滴出，增加了输液过程中的二次污染。

**3.塑料袋**：是较为理想的输液包装形式，目前允许使用的是非PVC软袋，耐温范围广，不易破碎，可冰冻；质轻、透明度高、药物相容性好，生产自动化程度高；临床输液时软袋自动收缩，实现全封闭式输液，可避免二次污染。

**4.药用胶塞**：常用的是卤化丁基胶塞，具有适宜的硬度、弹性和柔软度，不吸附药物和附加剂，不向药液中释放任何物质，化学稳定性高。生产时，胶塞需经清洗和灭菌后使用。

## 三、输液的生产

**1.配液**：是输液配制的基本操作，其环境要求和原辅料质量要求与小容量注射剂基本相同，可采用稀配法或浓配法。配液必须用新鲜的注射用水；原辅料的质量好坏，对输液的质量影响很大，原料应是优质供注射用原料。配制时，根据处方严格核对原辅料的名称、质量、规格。采用浓配法时，通常加入0.01%～0.3%的针用一级活性炭，保温20～30min处理。

目前配液生产设备多采用优质不锈钢夹层配液罐和不锈钢快装管道加压过滤输送配液系统。

【想一想】输液配制过程中活性炭的作用是什么？

2.**过滤**：输液的滤过多采用加压滤过法，即粗滤→精滤→终端过滤的三级过滤，常先用钛滤棒脱炭过滤，再分别以0.45μm和0.22μm的微孔滤膜进行过滤。滤液应按中间体质量标准进行检查，合格后方能灌装。

3.**灌封**：输液的灌封分为灌注药液、塞胶塞和轧铝盖三步，灌封是输液生产的重要环节，采用局部层流净化，严格控制洁净度（局部A级），三步连续完成。大量生产多采用自动转盘式灌装机、自动翻塞机和自动落盖轧口机等完成整个灌封过程。灌封完成后，应进行检查，对于轧口不紧而松动的输液，应剔除处理，以免灭菌时冒塞或贮存时变质。

4.**灭菌**：输液的灭菌要及时，从配液到灭菌的时间，一般不超过4h。输液的灭菌多采用热压灭菌法，根据药液中原辅料的性质，选择不同的灭菌条件，一般采用116℃灭菌40min或121℃灭菌15min，塑料袋装输液一般采用109℃灭菌45min。生产中常用的灭菌设备是热压灭菌柜，有蒸汽式和水浴式两种。

**输液联动生产线**可以自动完成上瓶、进瓶、压缩空气倒吹清洗、定量灌装、上盖、加热压合封口、出瓶等工序。软袋输液（多层非PVC共挤膜）代表输液产品最高水平，**软袋大输液联动生产线**集制袋、灌装、封口一次成型。该联动线由制袋成型、灌装和热熔封口三部分组成，可自动完成上膜、印字、口管管理、口管预热、制袋成型、去除废边、检漏、灌装、封口、出袋等工序。

## 四、输液的质量检查

输液的质量检查包括装量、渗透压摩尔浓度、可见异物、不溶性微粒、热原、无菌、含量与pH值检查等项，均应符合《中国药典》的规定。

 案例分析

### 5%葡萄糖注射液

【处方】注射用葡萄糖50g    1%盐酸 适量    注射用水加至1000mL

【制备】将处方量葡萄糖投入煮沸的注射用水内，制成50%～60%的浓溶液，加盐酸适量，调节pH值至3.8～4.0，加浓溶液量的0.1%（g/mL）的活性炭，混匀，加热煮沸约15min，40～50℃保温搅拌10min，趁热滤过脱炭。滤液加注射用水稀释至所需量，测定pH值、含量，合格后，滤过、灌装、封口，115℃热压灭菌30min。

【注解】1.5%葡萄糖注射液，具有补充体液、营养、强心、利尿、解毒作用，用于大量失水、血糖过低等症。

2.葡萄糖注射液有时产生云雾状沉淀，一般是由于原料不纯或滤过时漏炭

等原因造成，解决方法是采用浓配法，滤膜滤过，加入适量盐酸，中和胶粒上的电荷，加热煮沸使原料中的糊精水解，蛋白质凝聚，并加入活性炭吸附，滤过除去杂质。

3.葡萄糖注射液易变黄和pH值下降，是因葡萄糖在酸性溶液中易分解生成有色物质，所以应注意严格控制灭菌时间和温度，灭菌结束后立即降温，并调节溶液的pH值在3.8～4.0较为稳定。

### 输液生产中的常见问题、原因及解决办法

1.**可见异物与微粒问题**：输液中较大的微粒可造成局部循环障碍，引起血管栓塞；微粒过多，能造成局部堵塞和供血不足、组织缺氧而产生水肿和静脉炎。微粒包括炭黑、碳酸钙、氧化锌、纤维素、纸屑、黏土、玻璃屑、细菌、真菌等。微粒产生的原因有：①空气洁净度不够；②工艺操作中的问题；③橡胶塞与输液瓶质量不好，在储存期间污染药液；④原辅料质量问题。实际生产中应针对产生问题的原因采取相应措施。

2.**染菌**：有些输液染菌后出现霉团、云雾状、浑浊、产气等现象，也有些外观虽没有任何变化，但也已经染菌。如果使用这种输液，能引起脓毒症、败血病、内毒素中毒甚至死亡等严重后果。输液的染菌原因，主要是生产过程中严重污染，灭菌不彻底、瓶塞不严或松动等。输液制备过程要特别注意防止污染，同时，输液多为营养物质，细菌易于滋生繁殖，即使最后经过灭菌，仍有大量细菌尸体存在，也能引起发热反应，因此，根本办法是尽量减少生产过程中的污染，同时还要严格灭菌，严密包装。

3.**热原反应**：输液的热原反应，临床上时有发生，使用过程中造成的热原反应占多数，必须引起足够的重视。因此，一方面要加强生产过程的控制，同时也应重视使用过程中的污染，采用经灭菌的一次性全套输液器。

### 输液使用的误区

根据世界卫生组织的统计数据，2004年全球发生的160亿次注射中，中国发生了50亿次，是世界最大的"注射大国"，而每年发生的药品不良反应，有60%左右是在静脉输液过程中发生的。

在一般人的印象里，输液最大的好处就是"好得快"，其实，只要消化吸收能力没有问题，口服药和输液的效果是相当的。但与口服药物相比，输液的过敏反应概率更高，更易产生耐药性。相对而言，口服药要经过肠道吸收，将身体不需要的或对身体有害的物质过滤之后，才进入肝脏代谢，经过这样的过程后，就会降低血药浓度，进而降低过敏反应发生的概率。

另一些风险潜藏在操作环节。如果输液器具在生产和储藏过程中受到污染，或者输液部位的皮肤没有经过完全消毒，输液的过程也会成为一道桥梁，让病毒、病菌能够轻松进入人体。最严重的时候，这可能会造成病原体随着血液扩散到全身，引发威胁生命的败血症。

因此，医生在选择用药时，要遵循可以口服的不注射，可肌内注射不静脉注射的原则。

## 目标检测

**一、判断题**

1. 输液绝对不允许低渗。（　　）

2. 输液容易长菌、灌装速度很慢、容器须暴露数秒后方可密闭的，应在洁净度为A级生产区域进行。（　　）

3. 细菌污染、热原反应、可见异物不合格和不溶性微粒超标是输液的主要质量问题。（　　）

**二、单选题**

1. 下列哪项不是输液生产中存在的主要质量问题（　　）。

（A）可见异物　　　（B）染菌　　　　（C）热原　　　　（D）装量差异

2. 静脉输液是指供静脉滴注用的大容量注射液，除另有规定之外，一般不少于（　　）。

（A）65mL　　　（B）50mL　　　（C）100mL　　　（D）250mL

3. 输液的灭菌一般均采用（　　）。

（A）热压灭菌　　　　　　　　　　（B）干热灭菌

（C）流通蒸汽灭菌　　　　　　　　（D）紫外灭菌

4. 下列哪个是调节体液酸碱平衡的输液。（　　）

（A）氯化钠注射液　　　　　　　　（B）复方氨基酸注射液

（C）右旋糖酐40葡萄糖注射液　　　（D）甲硝唑注射液

5. 下列哪个大容量注射液是血浆代用品类。（　　）

（A）氯化钠注射液　　　　　　　　（B）复方氨基酸注射液

（C）右旋糖酐40葡萄糖注射液　　　（D）甲硝唑注射液

6. 输液配制，通常加入0.01%～0.3%的针用活性炭，活性炭作用不包括（　　）。

（A）吸附热原　　　（B）吸附杂质　　　（C）吸附色素　　　（D）稳定剂

7.下列哪项不是输液产生细菌污染的主要原因（　　）。

（A）生产过程中严重污染　　　　　　（B）处方设计不合理

（C）瓶塞不严、松动漏气　　　　　　（D）灭菌不彻底

8.输液的不溶性微粒一般不会来源于（　　）。

（A）原料与溶剂　　（B）处方设计　　　（C）容器　　　　　（D）胶塞

9.输液的制备过程从配液到灭菌的时间，一般不超过（　　）。

（A）4h　　　　　　（B）5h　　　　　　（C）6h　　　　　　（D）7h

三、简答题

1.什么是输液？分为哪几类？请分别举例说明。

2.大容量注射液在质量要求和生产工艺上与小容量注射剂有哪些不同？

模块10　盐水瓶里有什么——认识输液

# 模块 11

## 制备注射用无菌粉末

### 学习目标

1. 能知道注射用无菌粉末的概念、分类和质量要求。

2. 能按照无菌操作法的要求进行无菌操作。

3. 能看懂注射用无菌粉末分装和注射用冷冻干燥制品的生产工艺流程。

4. 能认识无菌粉末分装和真空冷冻干燥设备的基本结构。

5. 能按照操作规程进行无菌粉末的分装和冷冻真空干燥制品的生产操作。

6. 能进行无菌粉末的分装和冷冻真空干燥制品生产过程的质量控制，能正确填写生产记录。

图11-1　注射用辅酶A

### 学习导入

图11-1和图11-2中的这些药品，它们是固体粉末状，难道也是注射剂吗？它们的使用方法和注射液有什么不同呢？

注射剂除了液体形态的产品，还有固体粉末形态的产品，但它们在临用前仍需用适当的溶剂进行溶解，再进行注射或滴注注入人体。

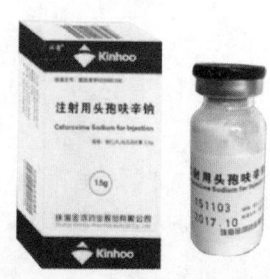

图11-2　注射用头孢呋辛钠

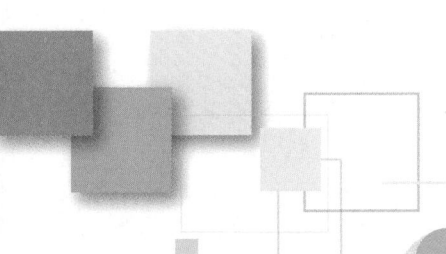

任务1 转出螺杆的精度——
分装注射用头孢唑啉钠

 岗位任务

根据生产指令单（表11-1）的要求，按生产操作规范进行注射用头孢唑啉钠的分装操作，正确填写生产记录。

表11-1 注射用头孢唑啉钠分装批生产指令单

| 品名 | 注射用头孢唑啉钠 | | 规格 | | 0.5g | |
|---|---|---|---|---|---|---|
| 批号 | 180708 | | 批量 | | 10万支 | |
| 装量差异内控标准 | | | 0.480～0.520g（0.5g±4%） | | | |
| 原辅料的名称和理论用量 | | | | | | |
| 序号 | 物料名称 | 规格 | 单位 | 批号 | | 理论用量 |
| 1 | 头孢唑啉钠 | 药用 | g | Y0220180601 | | 50000g |
| 2 | 胶塞 | 药用 | 个 | B0720180404 | | 100000 |
| 3 | 铝盖 | 药用 | 个 | B0820180505 | | 100000 |
| 4 | 西林瓶 | 7mL | 支 | B0920180701 | | 100000 |
| 生产开始日期 | | | ××××年××月××日 | | | |
| 制表人 | | | 制表日期 | | | |
| 审核人 | | | 审核日期 | | | |
| 批准人 | | | 批准日期 | | | |

 生产过程

## 一、生产前检查

1.进入操作间，检查是否有"清场合格证"，且"清场合格证"在有效期内。

2.检查计量器具与称量的范围是否相符，有校验合格证并在使用有效期内。

3.检查操作间的温度、相对湿度、压差是否与要求相符，并记录。

4.接到批生产指令单、无菌粉末分装岗位操作规程、批生产记录等文件，明确产品名称、规格、批号、批量、工艺要求等指令。

5.按批生产指令单核对头孢唑啉钠，核对品名、规格、批号、数量，检查外观、检验合格证等，核对已灭菌西林瓶的规格、数量和质量状况，确认无误后，交接双方在物料交接单上签字。

6.悬挂生产运行状态标识，进入生产操作。

## 二、生产操作

1.检查真空是否供应正常。

2.开启A级层流，自净至少10min后，将灭菌的分装器具、物料等放入A级层流内，自净至少10min。

3.空载检查：打开电源开关，在控制面板上点击"调试"，在该界面上分别点动"转盘"、"拨瓶"、"搅拌"、"送粉"、"步进1"、"步进2"，检查空载运转是否正常。

4.上瓶：将西林瓶放在转盘上，至少装满2/3，按启动按钮，检查转盘运行是否正常，停机。

5.装粉：将药粉装入料斗中，可点动"调试"界面上的"送粉启停"，使药粉的装量至视窗的一半。

6.在理塞器中加入适量的胶塞，调节胶塞的振动至适当速度，使得胶塞正常下落。

7.在轧盖机的振荡器中加入适量的铝盖，调节铝盖的振动至适当速度，使得铝盖正常下落。

8.根据生产指令调节装量在合格范围内。

9.每15min进行一次装量检查，根据检查情况，及时调整装量。

10.及时填写无菌粉末分装生产记录。

## 三、质量监控

1.分装区域洁净级别应符合A级标准，A级背景区域应符合B级标准。

2.每15min进行一次装量检查并记录，每次每个下料口取样2支。

3.每2h检查可见异物一次：抽取50支于灯检台下检查，不得有可见异物。

4.不定时检查铝盖封口质量，不得有封口不严的情况。

## 四、清洁清场

1.将操作间的状态标志改写为"清洁中"。

2.将整批的产品数量重新复核一遍，检查物料标签，确实无误后，交下工序生产或送到中间站。

3.清退剩余物料、废料，并按车间生产过程剩余产品的处理标准操作规程进行处理。

4.按清洁标准操作规程，清洁和消毒灭菌所用过的设备、生产场地、用具、容器。

5.清场后，及时填写清场记录，自检合格后，请质检员或检查员检查。

6.经检查合格，发放清场合格证。

 **常见问题**

1.**装量差异不符合要求**：主要影响因素是药物粉末的流动性。粉末的水分高，室内湿度大，则粉末流动性差；粉末密度大，容易分装，质轻密度小的针状结晶不易分装准确；设备的机械性能也会影响装量差异。

2.**不溶性微粒超标**：药物粉末经过一系列处理，增加了污染机会，往往使粉末溶解后出现毛头、小点等，导致可见异物和不溶性微粒检查不符合要求。因此，应从原辅料的处理开始，严格控制车间洁净环境，防止污染。

3.**无菌不合格**：层流净化装置应定期进行验证，为分装过程提供可靠的环境保证；对耐热药品可以采用补充灭菌的办法保证无菌。

4.**吸潮现象**：粉末分装过程中吸潮会引起物料结块，造成分装装量不准，有的药物还会引起分解和变质，因此分装室的相对湿度应控制在药物的临界相对湿度以下；并确保铝盖封口的严密。

 **知识加油站**

## 一、注射用无菌粉末的定义、分类和质量要求

### 1.注射用无菌粉末的定义

注射用无菌粉末又称**粉针**，是指原料药物或适宜的辅料制成的供临用前用无菌溶液配制成注射液的无菌粉末或无菌块状物，一般采用无菌分装或冷冻干燥法制得。注射前，可用灭菌注射用水、0.9%氯化钠注射液等溶解配制；也可静脉输液配制后静脉滴注。

在水中不稳定的药物，特别是对湿热敏感的抗生素类药物及生物制品，如青霉

素、头孢菌素类及一些酶制剂（胰蛋白酶、辅酶A），宜制成注射用无菌粉末，以保证药品稳定，不分解失效。

**2.注射用无菌粉末的分类**

依据生产工艺不同，注射用无菌粉末可分为**注射用无菌分装产品**和**注射用冷冻干燥制品**两种。前者是将精制而得的无菌药物粉末在无菌操作条件下分装而成，常用于抗生素药品，如青霉素；后者是将灌装的药液进行真空冷冻干燥后制得，常用于生物制品，如辅酶类。

**3.注射用无菌粉末的质量要求**

除应符合《中国药典》对注射用原料药物的各项规定外，还应符合下列要求：（1）粉末无异物：配成溶液或混悬液后可见异物检查合格。（2）粉末细度或结晶度应适宜，便于分装。（3）无菌、无热原。

## 二、注射用无菌分装产品

注射用无菌分装产品是将药物经精制成无菌药物粉末后，在无菌操作条件下直接分装于洁净灭菌的西林瓶或安瓿中，密封而成。

大多数情况下，制成无菌分装产品的药物稳定性差，因此，一般没有高温灭菌过程，因而对无菌操作有较为严格的要求，特别是分装等关键工序，需采取层流净化措施，以保证操作环境的洁净度。若药物能耐受一定的温度，则应进行补充灭菌。

## 三、无菌操作法

无菌操作法是指把整个制备过程控制在无菌条件下进行的一种操作方法。

主要适用于制备不耐热的无菌制剂，如注射用粉针剂、生物制剂等。无菌操作所需的一切器具、材料以及整个操作环境，均需进行适当的灭菌，操作需在无菌室或层流净化工作台中进行。

**1.无菌室的灭菌：**无菌室应定期进行灭菌，常常需要几种灭菌法同时使用。无菌室空气的灭菌，常采用甲醛溶液加热熏蒸、丙二醇蒸气熏蒸、过氧乙酸熏蒸等。近年来，已经广泛使用臭氧灭菌。无菌室内的地面、墙面和设备器具用75%乙醇、0.2%苯扎溴铵（新洁尔灭）喷洒或擦拭消毒。工作前用紫外线灭菌1h，中午休息再灭菌0.5～1h，以保持无菌状态。

**2.无菌操作：**操作人员进入无菌室前要严格执行人员更衣操作规程，更换无菌工作服和专用鞋帽等；室内操作人员不宜过多，尽量减少人员流动；无菌室内所有用具均需热压灭菌或干热灭菌；物料通过适当的方式（机械传送或传递）在无菌状态下送入室内；人流和物流要严格分开，避免交叉污染。

## 一、无菌分装产品的生产工艺

无菌分装产品的生产工艺主要包括药物的准备、西林瓶的清洗和灭菌、胶塞和铝盖的处理、无菌粉末的分装、灭菌和外包装等工序，工艺流程如图11-3所示。

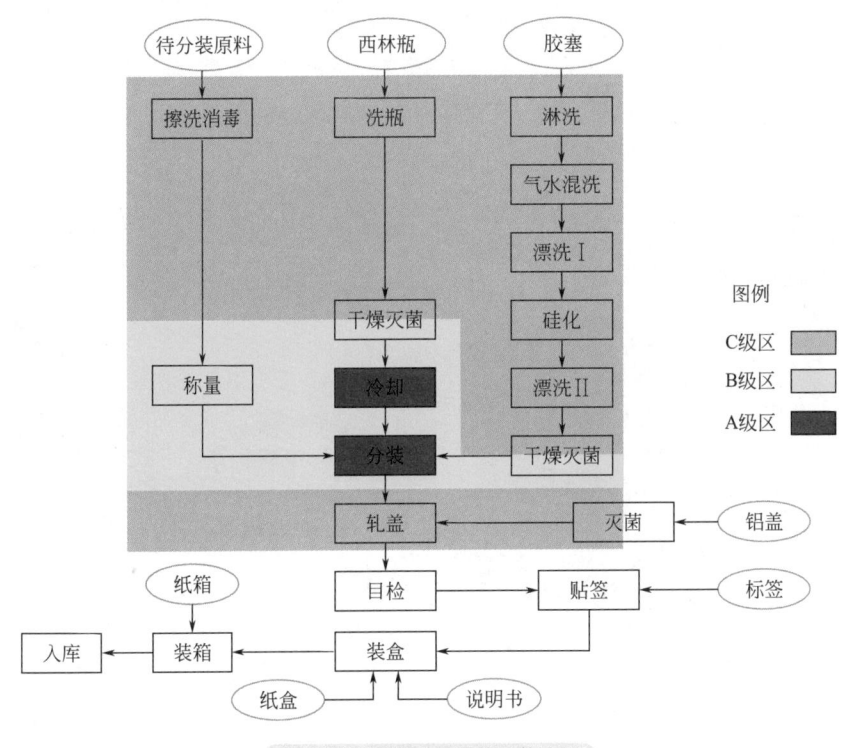

图11-3 无菌粉末分装工艺流程

### 1.药物的准备

待分装原料药可采用无菌过滤、无菌结晶或喷雾干燥等方法处理，必要时进行粉碎、过筛等操作，以得到流动性好，符合注射用精制无菌粉末分装的要求，生产上常把无菌粉末原料药的精制、烘干、包装称为**精烘包**。无菌粉末的精烘包过程必须在A级洁净条件下进行。原料药应符合以下要求：无菌、无热原；粉末的细度和结晶应适宜，便于分装；可见异物符合规定。

### 2.西林瓶的清洗和灭菌

注射用无菌粉末的分装容器主要采用中性硬质玻璃制成的西林瓶，也有采用安瓿分装的。西林瓶或安瓿通常采用超声波洗瓶机清洗，隧道式烘箱进行灭菌，灭菌条件是300～350℃，10min，冷却后使用。

### 3.胶塞和铝盖的处理

西林瓶封口用的胶塞采用丁基橡胶时，需在注射用水洗净后用硅油在胶塞表面进行处理，再于125℃干热灭菌2.5h。灭菌好的胶塞应在净化空气保护下存放，存放时间不超过24h。近年来，企业越来越多地使用免洗胶塞（121℃，20min湿热灭菌）或即用胶塞（提前灭菌，并保持无菌状态）。

### 4.无菌粉末的分装和轧盖

无菌粉末的分装常采用直接分装法，必须在无菌环境中按无菌操作法进行生产。目前常用的分装设备有螺杆式分装机和气流式分装机，分装后立即加塞、轧盖密封。螺杆式分装机和西林瓶轧盖机的设备外观和结构原理分别见图11-4～图11-7所示。

图11-4　螺杆式分装机外观

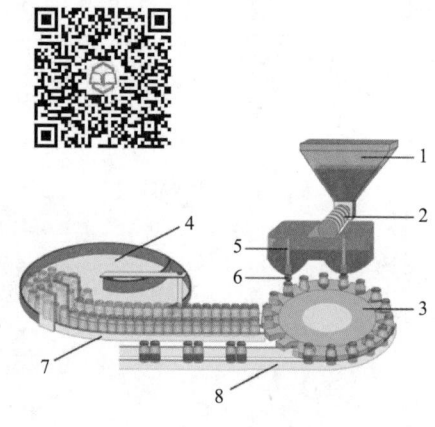

图11-5　螺杆式分装机结构原理

1—料斗；2—送粉螺杆；3—拨瓶转盘；4—理瓶转盘；
5—步进螺杆；6—下料口；7—进瓶导轨；8—出瓶导轨

图11-6　西林瓶轧盖机外观

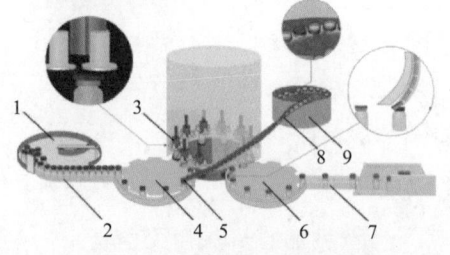

图11-7　西林瓶轧盖机结构原理

1—进瓶转盘；2—进瓶导轨；3—轧刀；
4—进瓶拨盘；5—加盖机构；6—出瓶拨盘；7—出瓶导轨；8—下盖轨道；9—理盖机

### 5.灭菌和异物检查

对于能耐热的无菌分装产品，如青霉素，可进行补充灭菌，以保证无菌水平；对于不耐热的品种，必须进行无菌操作。

异物检查一般在传送带上，逐瓶目视检查，剔除不合格者。

## 二、注射用无菌粉末的质量检查

注射用无菌粉末的质量检查项目有装量差异和不溶性微粒检查等，其他检查项目同小容量注射剂。

### 1.装量差异检查

取供试品5支，除去标签、铝盖，容器外壁用乙醇擦净，干燥。开启时避免玻璃屑等异物落入容器内，分别迅速精密称定。倒出内容物，容器用水或乙醇洗净，在适宜条件下干燥，再分别精密称定每一容器重量，计算出每瓶装量与平均装量，每瓶装量与平均装量比较（如有标示装量，则与标示装量比较）应符合表11-2的规定，如有1瓶不符合规定，应另取10瓶复试，应符合规定。

表11-2　注射用无菌粉末装量差异

| 平均装量或标示装量 | 装量差异限度 |
| --- | --- |
| 0.05g及0.05g以下 | ±15% |
| 0.05g以上至0.15g | ±10% |
| 0.15g以上至0.50g | ±7% |
| 0.50g以上 | ±5% |

### 2.不溶性微粒检查

采用光阻法检查时，除另有规定外，每个供试品容器中含10μm及10μm以上的微粒不得超过6000粒，含25μm及25μm以上的微粒不得超过600粒。采用纤维计数法时，除另有规定外，每个供试品容器中含10μm及10μm以上的微粒不得超过3000粒，含25μm及25μm以上的微粒不得超过300粒。

任务 2 留住药品的灵魂——
冻干注射用辅酶A无菌溶液

岗位任务

根据生产指令单（表11-3）的要求，按生产操作规范进行注射用辅酶A的生产操作，正确填写生产记录。

**表11-3　注射用辅酶A冷冻真空干燥批生产指令单**

| 品名 | 注射用辅酶A | 规格 | 0.5mg（50U） |
|---|---|---|---|
| 批号 | 180808 | 批量 | 10万支 |
| 辅酶A灌装中间体 | 10万支 | 规格 | 0.5mg |
| 冻干中间体内控标准 | | 水分≤2% | |
| 生产开始日期 | | ××××年××月××日 | |
| 制表人 | | 制表日期 | |
| 审核人 | | 审核日期 | |
| 批准人 | | 批准日期 | |

生产过程

## 一、生产前检查

1.进入操作间，检查是否有"清场合格证"，且"清场合格证"在有效期内。

2.检查操作间的温度、相对湿度、压差是否与要求相符，并记录。

3.接到批生产指令单、冷冻真空干燥岗位操作规程、批生产记录等文件，明确产品名称、规格、批号、批量、工艺要求等指令。

4.按批生产指令复核注射用辅酶A灌装半成品，核对品名、规格、批号、数量。

5.悬挂生产运行状态标识，进入生产操作。

## 二、生产操作

1.确认产品进箱完毕，冻干箱门已关闭。

2.点击程序界面选择冻干程序输入品名、批号后，选择自动运行模式。

3.预冻：设定导热油温度–40℃，设定有限量泄漏为（0.15±0.02）mbar；真空报警0.4mbar。

4.启动循环泵，启动压缩机，开启板冷阀，开始对制品进行制冷。

5.当导热油温度达到–40℃时，开始计时，保温1.5h，继续保温1.5h（同时后箱自动制冷至-45℃以下）。

6.一次干燥（升华干燥）：启动真空系统，20s以后打开小蝶阀，2min后打开大蝶阀，对整个系统抽真空至≤0.15mbar。设定导热油温度–25℃，匀速升温6h。设定导热油温度–15℃，对制品进行升华6h。

7.二次干燥：设定导热油温度0℃，导热油温度按5℃/h上升。当导热油温度达到15℃后，取消有限量泄漏设定，进行极限抽真空；当导热油温度到达25℃时就不再升高，继续对制品供热4h左右，关闭大蝶阀，结束整个冻干过程。

8.冻干结束，依次关闭大蝶阀、小蝶阀、真空泵组、冷凝器阀、压缩机，关闭循环泵。

9.全压塞：开启液压站，设定压塞压力90bar，将板层缓缓下降完成压塞，通过视镜观察压塞情况，此过程需进行2次，直至全部压上塞。

10.出箱：全压塞结束后，在控制界面中开启进气阀，经除菌的洁净空气进入冻干箱中，至箱内外压力平衡，药品可出箱。

11.化霜：点击化霜界面，进入设定界面，设定化霜参数：化霜压力0.3MPa；化霜排水次数2次；干燥时间30min。确认后系统自动进行化霜。化霜完毕，利用水循环泵排除所有管道和阀门内的水分，干燥冷凝器，关闭纯蒸汽阀。

12.及时填写冷冻真空干燥生产记录。

## 三、质量监控

冻干过程中严格监控冻干机组件的各个参数（导热油温度、压缩机压力、冷凝器温度等）、冻干曲线、报警显示，以及设备运行状态，每一个小时填写一次监控记录。

## 四、清洁清场

1.将操作间的状态标志改写为"清洁中"。

2.将整批的产品数量重新复核一遍，检查物料标签，确实无误后，交下工序生产或送到中间站。

3.清退剩余物料、废料，并按车间生产过程剩余产品的处理标准操作规程进行处理。

4.按清洁标准操作规程，清洁和消毒灭菌所用过的设备、生产场地、用具、容器。

5.清场后，及时填写清场记录，自检合格后，请质检员或检查员检查。

6.经检查合格，发放清场合格证。

**常见问题**

1.**产品外形不饱满**：药液浓度太高，黏度大的产品，冻干开始形成的干燥外壳结构致密，升华的水蒸气穿透阻力增大，水蒸气滞留在已干的外壳内，使部分药物潮解，致使体积收缩，外形不饱满。可在配制时加入适量甘露醇、氯化钠等填充剂，或采用反复预冻升华法，改善药物结晶状态与制品的通气性，使水蒸气顺利逸出，产品外观就可得到改善。当真空度不够或一次干燥温度过高时，也可能会造成产品塌陷。

2.**产品含水量偏高**：主要原因可能是药液装量过厚、真空度不够、干燥时热量供应不足、冷凝器温度偏高等。可采用减少装载量、控制好真空度与干燥温度、时间等相应措施解决。

3.**喷瓶**：预冻阶段，在高真空条件下，少量液体从已干燥的固体界面下喷出的现象称为喷瓶。主要原因是预冻温度过高，产品冻结不实，升华时供热过快，部分产品熔化为液体。可采取控制预冻温度（产品共熔点以下10～20℃）、控制升华温度（不超过产品共熔点）等措施解决。

**知识加油站**

## 一、注射用冷冻干燥制品的定义和特点

注射用冷冻干燥制品即冻干粉针，是将药物制成无菌水溶液，进行无菌灌装，再经冷冻真空干燥，在无菌生产工艺条件下封口制成的固体状制剂。适用于对热敏感、遇水易分解的药物，如酶制剂及血浆、蛋白质等生物制品。

注射用冷冻干燥制品具有如下几个**特点**。①确保产品质量：对热敏感的药物可避免因高温而分解变质；干燥在真空中进行，药物不易氧化；含水量低；真空或充氮后密封，可长期保存。②药品复溶性好：产品质地疏松，加水后迅速溶解而恢复原有特性。③产品剂量准确，外观优良。④改善生产环境，避免有害粉尘，容易实现无菌操作，产品中微粒较少。

其**不足**之处是溶剂不能随意选择，生产技术比较复杂，冻干过程较长（20h左右甚至更长），设备特殊，成本高、产量低。

## 二、冷冻真空干燥的原理

冷冻真空干燥简称冻干，是将含有大量水分的物料降温至冰点以下（-50～-10℃），冻结成固态，然后在一定的低温和真空下使其中的水分从固态不经液态直接升华成气态，最终使物料脱水的干燥技术。

利用水的三相图（图11-8）可以说明冻干的原理和过程。图中OA线为熔化曲线，在此线上冰水共存；OB线为蒸发曲线，在此线上水气共存；OC线为升华曲线，在此线上冰气共存；O点为冰、水、气三相的平衡点，该点的温度为0.01℃，压力为4.6mmHg（613.3Pa）。

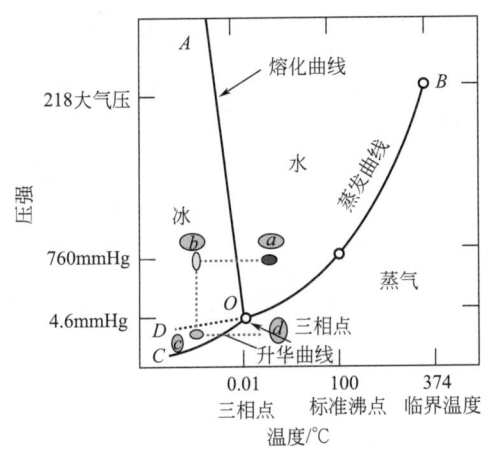

**图11-8　水的三相图**

冻干过程可分为三个步骤，第一步是降温、冷冻：处于a点的水经恒压降温，沿ab线移动，在OA的交叉点上结冰，最后到达b点。第二步是抽真空：冰在b点经恒温降压到达c点。第三步是升华：c点的冰再经恒压升温，沿cd方向移动，在OC交叉点上开始升华为水蒸气，到达d处。

**冻干粉针的生产工艺**包括容器的处理、配液、过滤、分装、冷冻真空干燥和轧盖封口等过程，其中配液、过滤和分装工序与小容量注射液的生产相近，容器的处理和轧盖封口工序与无菌粉末分装产品的生产一致。生产工艺流程如图11-9所示。

### 一、配液、滤过和分装

冻干前的原辅料、西林瓶按适宜的方法处理，然后进行原辅料配液、无菌过滤和分装。当药物剂量和体积较小时，需加入适宜填充剂以增加容积。常用的填充剂

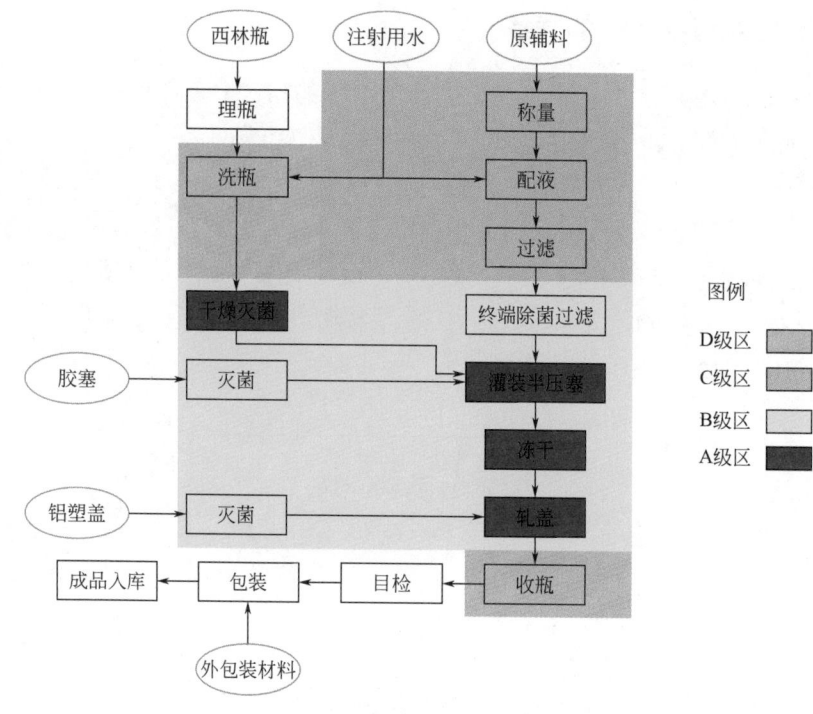

图11-9 注射用冷冻干燥制品生产工艺流程

有甘露醇、乳糖、右旋糖酐、明胶等。如注射用辅酶A的处方为：辅酶A 0.5mg，是主药；水解明胶5mg、甘露醇10mg、葡萄糖酸钙10mg，均为填充剂；半胱氨酸0.5g，为抗氧剂。

配制好的药液经0.22μm微孔滤膜除菌滤过后分装在灭菌西林瓶内，分装时，药液液面不超过瓶子深度的1/2，以便水分升华。

冻干前的药液灌装过程和小容量注射液的要求一致，唯一不同在于灌装后进行半加塞（即胶塞一半插入瓶口，胶塞上的孔道使内外相通，既可防止异物落入，又可使冻干时的水分升华出来，见图11-10和图11-11），然后在A级保护下转运至冻干机内。西林瓶液体灌装机的外观和结构原理见图11-12和图11-13所示。

图11-10 冷冻干燥产品用胶塞

图11-11 普通胶塞

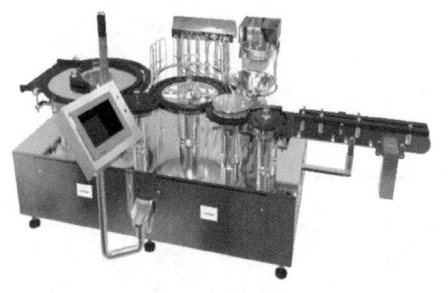

图11-12 西林瓶液体灌装机外观

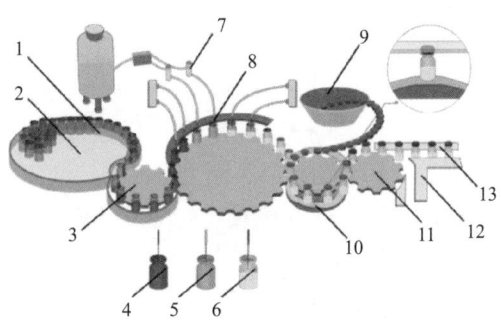

图11-13 西林瓶液体灌装机结构原理

1—进瓶导轨；2—进瓶转盘；3—进瓶拨盘；4—前充气；
5—药液灌注；6—后充气；7—计量泵；8—灌注针头；
9—胶塞振荡盘；10—加塞机构；11—出瓶拨盘；
12—剔废导轨；13—出瓶导轨

## 二、冷冻真空干燥

**1.预冻**：预冻是恒压降温过程，冻结温度通常应低于产品低共熔点10～20℃，以保证冷冻完全。预冻是为了固定产品，以便在真空条件下进行升华干燥。如果预冻时没有冻牢，则在抽真空时药液会喷向瓶口，引发喷瓶，使产品表面不平整；如果冻得温度过低，则会浪费能源和时间，还可能降低某些产品的活性。预冻前要确定三个参数：预冻速率、预冻温度和预冻时间。

按预冻速率来分，有**速冻法**和**慢冻法**两种方法，慢冻法形成结晶数量少，晶粒粗，但冻干效率高；快冻法是将冻干箱先降温至−45℃以下，再将制品放入，因急速冷冻而析出结晶，形成结晶数量多，晶粒细，制得产品疏松易溶。

### 共熔点

水有一个固定的结冰点，而溶液却不一样，它不是在某个固定的温度时完全凝结成固体，而是在某一温度时晶体开始析出，随着温度的下降，晶体量不断增加，直到最后溶液才全部凝结。当冷却时，开始析出晶体的温度称溶液的**冰点**，而溶液全部凝结的温度叫**凝固点**。因为凝固点就是熔化的开始点（熔点），对于溶液来说，则是溶质和熔媒共同的熔化点，所以叫**共熔点**。

一般来说，冻干产品的溶液是由药用成分、抗氧剂、填充剂等和制药用水混合而成的。冻干时，需要确定一个较高的安全操作温度，使得在该温度以上时，产品中存在未冻结的液体，而低于该温度时，产品将全部冻结，这个温度就是冻干产品的**共熔点温度**。

**2.一次干燥**：也称为升华干燥，一次干燥首先是恒温降压过程，降压达到一定真空度后，进行恒压升温，为产品中的水分升华提供能量，使固态水升华逸去。一次干燥后，药液中90%的水分被除去。

升华干燥有**一次升华法**和**反复冷冻升华法**两种，一次升华法适用于共熔点为–20～–10℃的产品，而且溶液的浓度、黏度不大，装量在10～15mm厚的情况。反复预冻升华法适用于共熔点较低，或结构比较复杂而黏稠，难以冻干的产品，如蜂蜜、蜂王浆等。

**3.二次干燥**：也称为再干燥或解析干燥，一次干燥完成后，继续升高干燥温度

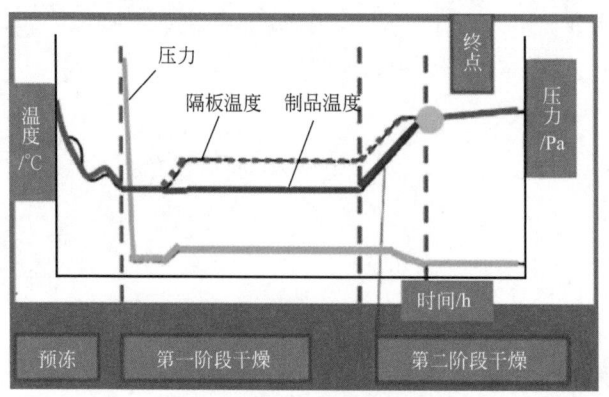

图11-14　冻干曲线示意图

至0℃或室温，并保持一段时间，可使已升华的水蒸气或残留的水分被抽尽。二次干燥可保证冻干产品含水量低于3%，并有防止回潮的作用。

冻干过程中最重要的工艺参数是产品温度和干燥箱内的压力。**冻干曲线**就是记录冻干过程中产品温度、干燥箱的压力随时间变化而变化的曲线，如图11-14所示。

## 三、封口和轧盖

冷冻真空干燥完成后，通过安装在冻干箱内的压塞机构进行全压塞，出箱后用铝盖进行轧盖密封。

**冷冻真空干燥机**简称冻干机，由制冷系统、真空系统、加热系统和控制系统组成。冻干箱是能抽成真空的密闭容器，箱内设有若干层隔板供放置西林瓶用，隔板内置冷凝管和加热管。冻干机的外观和结构原理见图11-15和图11-16所示。

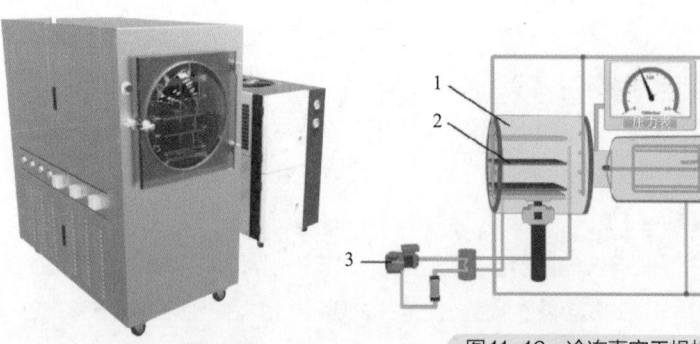

图11-15　冷冻真空干燥机外观

图11-16　冷冻真空干燥机结构原理

1—干燥箱；2—板层；3—制冷系统；4—温控系统；5—真空系统

拓展阅读

## 冻干技术在其他领域的运用

冻干技术在生物工程、医药和食品工业、材料科学、农副产品加工，甚至古旧书画修复、动植物标本制作等领域有着广泛的应用。药品的冻干，除了用于对热敏感的药物外，部分中草药，如人参、鹿茸、山药、冬虫夏草等也可采用冻干技术，进行长期保存，减少有效成分的损失。其他应用举例如下。

**1.微生物的冻干**：如细菌、放线菌、酵母菌和病毒等许多微生物，冻干后的存活率在80%以上。

**2.食品的冻干**：可保持新鲜食品的色香味，避免其他干燥方法造成的营养损失和表面硬化，复水性和速溶性强。

**3.人细胞的冻干**：如果能将人的细胞（红细胞、脐血细胞）成功地进行冻干，在急需时就能复活使用。人细胞的冻干技术仍在探索阶段，如果成功则有望给临床医学带来重大变革。

**4.其他**：在皮肤、角膜、骨骼的保存、组织工程支架的制备等方面有了重要的应用；也成为制备精细陶瓷粉末、催化剂粉末、合金粉末的新技术手段；在新型保健化妆品的研制、饱水文物的脱水、生物样品制备、动物和人体器官标本制备等方面，冻干技术也显示出特色。

目标检测

一、单选题

1.《中国药典》规定，平均装量为0.05g及0.05g以下的注射用无菌粉末，装量差异限度为（　　）。

（A）±15% 　　　　　　　　　　（B）±10%

（C）±7% 　　　　　　　　　　（D）±5%

2.注射用无菌粉末的精制过程必须在（　　）洁净环境下进行。

（A）B级 　　　　　　　　　　（B）C级

（C）B级背景下的A级 　　　　　（D）D级

3.将青霉素钾制成粉针剂的目的是（　　）。

（A）免除微生物污染 　　　　　（B）防止水解

（C）防止氧化分解 　　　　　　（D）易于保存

4.无菌粉末分装室的洁净度要求是（　　）。

　　（A）C背景下A级　　　　　　　　（B）B背景下A级

　　（C）B级　　　　　　　　　　　　（D）C级

5.制备冷冻干燥制品时预先要测定产品（　　）。

　　（A）临界相对湿度　　　　　　　　（B）熔点

　　（C）共熔点　　　　　　　　　　　（D）昙点

6.冷冻干燥工艺流程正确的为（　　）。

　　（A）测共熔点 - 预冻 - 升华 - 干燥　　（B）测共熔点 - 预冻 - 干燥 - 升华

　　（C）预冻 - 测共熔点 - 升华 - 干燥　　（D）预冻 - 测共熔点 - 干燥 - 升华

7.冷冻干燥的预冻温度一般低于产品共熔点（　　）。

　　（A）5～10℃　　　（B）10～20℃　　　（C）20～30℃　　　（D）30～40℃

8.凡是对热敏感，在水溶液中不稳定的药物，适合采用下列哪种制法制备注射剂（　　）。

　　（A）灭菌溶剂结晶法制成注射用无菌分装产品

　　（B）冷冻干燥制成的注射用冷冻干燥制品

　　（C）喷雾干燥法制得的注射用无菌分装产品

　　（D）无菌操作制备的溶液型注射剂

9.冻干产品若（　　）不完全，在减压过程中可能产生沸腾冲瓶现象，使产品表面不平整。

　　（A）预冻　　　　　（B）溶解　　　　　（C）冷却　　　　　（D）加热

10.在冻干粉针剂生产工艺流程中，冷冻干燥的前一个工序是（　　）。

　　（A）灌装、半压塞　（B）轧盖　　　　　（C）全压塞　　　　（D）称量配液

二、多选题

1.下列需要制成粉针的药物不稳定的情形有（　　）。

　　（A）遇热　　　　　（B）遇水　　　　　（C）遇光

　　（D）遇氧　　　　　（E）碰撞

2.关于注射用无菌粉末的叙述，正确的是（　　）。

　　（A）对水不稳定的药物可制成粉针剂　　（B）粉针剂为非最终灭菌药品

　　（C）粉针剂可采用冷冻干燥法制备　　　（D）粉针剂的原料必须无菌

　　（E）遇热不稳定的只能制成冻干制品

3.将药物制成注射用无菌粉末的目的是（　　）。

　　（A）防止药物潮解　　　　　　　　（B）防止药物挥发

　　（C）防止药物水解　　　　　　　　（D）防止药物遇热分解

　　（E）防止药物见光分解

4.注射用冷冻干燥制品的特点是（　　）。

（A）可避免药品因高热而分解变质

（B）可随意选择溶剂，以制备某种特殊药品

（C）含水量低

（D）所得产品质地疏松

（E）成本低

5.冷冻干燥技术包括（　　）等工艺。

（A）预冻　　　　　（B）减压　　　　　　　（C）灭菌

（D）再干燥　　　　（E）升华干燥

三、简答题

1.无菌粉末分装生产中易出现哪些问题？有什么解决方法？

2.简述冷冻真空干燥的基本过程。

3.简述冻干产品生产中易出现的问题及原因。

## 模块 12

# 开瓶用不完就要丢——认识滴眼剂

### 学习目标

1.能知道眼用液体制剂的概念和分类。

2.能知道滴眼剂的概念、滴眼剂的附加剂和质量要求。

3.能看懂滴眼剂的生产工艺流程。

4.能了解滴眼剂的生产方法和质量检查项目。

### 学习导入

**眼用制剂**是指直接用于眼部发挥治疗作用的**无菌制剂**，可分为眼用液体制剂，如滴眼剂、洗眼剂、眼内注射溶液；眼用半固体制剂，如眼膏剂（图12-1）、眼用乳膏剂和眼用凝胶剂（图12-2）等；眼用固体制剂，如眼膜剂、眼丸剂和眼内插入剂等。眼用液体制剂也可以是固体形式包装，另备溶剂，在临用前配成溶液或混悬液。

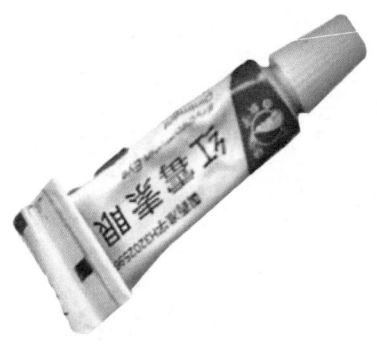

图12-1 眼药膏

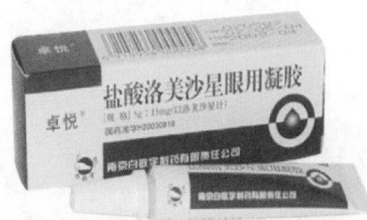

图12-2 眼用凝胶剂

知识充电宝

## 一、眼用液体制剂的定义和分类

眼用液体制剂是供洗眼、滴眼用的治疗或诊断眼部疾病的液体制剂，可分为滴眼剂、洗眼剂和眼内注射溶液三类，分别参见图12-3～图12-5所示。

**1.滴眼剂**：是由药物与适宜辅料制成的供滴入眼内的无菌液体制剂，可以是水或油性溶液、混悬液或乳状液。

**2.洗眼剂**：是由药物制成的无菌澄明水溶液，供冲洗眼部异物或分泌液、中和外来化学物质的眼用液体制剂。因用量较大，应尽可能与泪液等渗并具有相近的pH值。

**3.眼内注射溶液**：是由药物与适宜辅料制成的无菌液体，供眼周围组织或眼内注射的无菌眼用液体制剂。

滴眼剂在眼用液体制剂中应用最为广泛，常用作杀菌、消炎、散瞳、缩瞳、麻醉或诊断，也可用作润滑或代替泪液等。

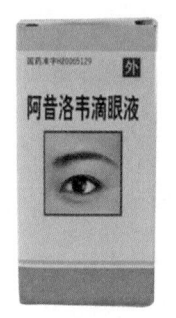

图12-3　滴眼液

图12-4　洗眼液

图12-5　眼用注射液

## 二、滴眼剂的质量要求

**1.pH值**：滴眼剂的pH值范围应为5.0～9.0，pH值小于5.0或大于11.4时，对眼有明显的刺激性，增加泪液的分泌，导致药物迅速流失，甚至损伤角膜。

**2.渗透压**：摩尔浓度除另有规定外，滴眼剂应与泪液等渗。眼球能适应的渗透压范围相当于0.6%～1.5%的氯化钠溶液，超过2%就有明显的不适感。水溶液型滴眼剂按各品种项下的规定，照《中国药典》渗透压摩尔浓度测定项下检测方法进行检测，应符合规定。

**3.无菌**：一般滴眼剂要求无致病菌，不得检出铜绿假单胞菌和金黄色葡萄球菌。多剂量滴眼剂一般应加入适当抑菌剂，尽量选用安全风险小的抑菌剂；供角膜创伤或手术用的滴眼剂应无菌。

**4.可见异物**：不得检出金属屑、玻璃屑、长度超过2mm的纤维、最大粒径超过

2mm的块状物和静置一定时间后轻轻旋转时肉眼可见的烟雾状微粒沉积物、无法计数的微粒群或摇不散的沉淀，以及在规定时间内较难计数的蛋白质絮状物等明显可见异物。

**5.沉降体积比**：混悬型滴眼剂的沉降物不应结块或聚集，经振摇应易再分散，沉降体积比不低于0.90。

**6.粒度**：混悬型滴眼剂的混悬微粒，应符合《中国药典》的规定。

**7.黏度**：滴眼剂合适的黏度在4.0～5.0mPa·s之间，适当增大滴眼剂的黏度，可延长药物在眼内停留时间，从而增强药物的作用。

**8.装量**：除另有规定外，滴眼剂每个容器的装量应不超过10mL。单剂量包装的装量不得少于标示量。多剂量包装的按照《中国药典》最低装量检查法进行检查，应符合规定。

**9.稳定性**：滴眼剂大多以水为分散介质，易出现水解、氧化或霉变等现象，故要求滴眼剂具备一定的物理、化学和生物学稳定性，确保制剂安全有效。但供外科手术用和急救用的滴眼剂，不得添加抑菌剂、抗氧剂或不适的缓冲剂，且应包装于无菌容器内，供一次性使用。

## 三、滴眼剂的附加剂

**1.pH值调节剂**：滴眼剂的最佳pH值应满足刺激性最小、药物溶解度最大和制剂稳定性最好的要求。正常眼睛可耐受的pH值范围是5.0～9.0，选用适当的缓冲液做眼用溶剂，可使滴眼剂的pH值稳定在一定范围内，保证对眼无刺激。常用的pH缓冲液有磷酸盐缓冲液（pH5.9～8.0），适用药物有阿托品、麻黄碱等；硼酸盐缓冲液（pH6.7～9.1），适用药物有盐酸可卡因、盐酸普鲁卡因等。

**2.等渗调节剂**：滴眼剂应与泪液等渗，渗透压过高或过低对眼都有刺激性。常用的等渗调节剂有氯化钠、葡萄糖、硼酸、硼砂等。

**3.抑菌剂**：一般滴眼剂多为多剂量包装，在使用过程中无法始终保持无菌，故需要加入抑菌剂。抑菌剂要求效力确切、作用迅速，对眼无刺激。单一抑菌剂常因处方的pH值不合适或与其他成分的配伍禁忌而不能达到抑菌的目的，故常采用复合抑菌剂发挥协同作用，提高杀菌效能。复合抑菌剂常用的有苯扎氯铵+依地酸钠、苯氧乙醇+尼泊金等。

常用的抑菌剂及使用浓度如表12-1所示。

表12-1　滴眼剂常用抑菌剂及使用浓度一览表

| 类别 | 常用抑菌剂及参考浓度 |
| --- | --- |
| 有机汞类 | 0.002%～0.005%硝酸苯汞，醋酸苯汞，硫柳汞 |
| 季铵盐类 | 0.001%～0.002%苯扎氯铵，氯己定，苯扎溴铵 |
| 醇类 | 0.35%～0.5%三氯叔丁醇，0.5%苯乙醇，0.3%～0.6%苯氧乙醇 |
| 酯类 | 羟苯甲酯、羟苯乙酯，羟苯丙酯 |
| 酸类 | 0.15%～0.2%山梨酸 |

Part 3
项目三

制备注射剂和眼用液体制剂

**4.增稠剂：** 适当增加滴眼剂的黏度，可使药物在眼内停留时间延长，也可使刺激性减弱。常用的增稠剂有甲基纤维素（MC）、聚乙烯醇（PVA）、聚维酮（即聚乙烯吡咯烷酮，PVP）等。

滴眼剂根据需要，还可以添加抗氧剂、增溶剂、助溶剂等附加剂。

 案例分析

### 氯霉素滴眼液

【处方】氯霉素2.5g　　硼酸19g　　硼砂0.38g　　硫柳汞0.04g

　　　　注射用水加至1000mL

【分析】氯霉素在水中溶解度为1∶400，处方中用量已饱和，故加硼砂为助溶剂；氯霉素在碱性条件下易分解，故选用硼酸缓冲液为pH值调节剂；硫柳汞为抑菌剂。

【用途】该药物主要用于治疗由大肠杆菌、流感嗜血杆菌、克雷伯菌属、金黄色葡萄球菌、溶血性链球菌和其他敏感菌所致的眼部感染，比如沙眼、结膜炎、角膜炎、眼睑缘炎等。

 拓展阅读

#### 滴眼剂的药物吸收途径和影响吸收的因素

**1.药物吸收的途径：**（1）**角膜渗透**是眼部吸收的主要途径，主要吸收的是脂溶性药物，发挥局部作用；（2）**结膜渗透**是药物经眼部进入人体循环的主要途径，发挥全身作用。

**2.影响药物吸收的因素：**（1）药物可从眼睑缝隙中损失，因此需要增加滴眼次数；（2）药物的外周血管消除，可能引起全身的副作用；（3）既能溶于水又能溶于油的药物较水溶性药物更易透过角膜；（4）药物的刺激性大使泪液分泌增加，药物流失量增加；（5）降低滴眼剂表面张力，有利于药液与角膜的接触，使药物入膜；（6）增加药液黏度，可延长药物滞留时间，有利于吸收。

**生产小能手**

Part 3
项目三

眼用液体制剂和制备注射剂

## 一、滴眼剂的生产工艺

滴眼剂的生产工艺与注射剂基本相同。用于眼部手术或眼外伤的滴眼剂，按小容量注射剂生产工艺制备，分装于单剂量容器中密封或熔封，最后灭菌，不得加抑菌剂与抗氧剂。塑料瓶装的滴眼剂生产工艺流程见图12-6所示。

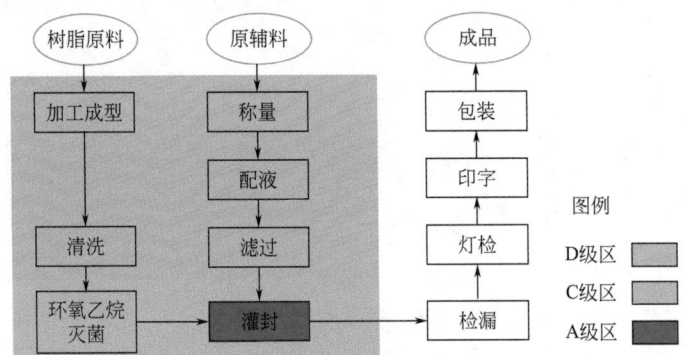

图12-6 塑料瓶装的滴眼剂生产工艺流程

一般滴眼剂应在无菌环境中配制、滤过除菌、无菌分装，可加抑菌剂。若药物性质稳定，可在配液后用大瓶包装，置100℃，灭菌30min，然后在无菌操作条件下分装。主药性质不稳定的，按无菌操作法制备，并加入抑菌剂。

## 二、滴眼剂的容器

滴眼剂的容器有玻璃瓶和塑料瓶两种。玻璃瓶质量要求与输液瓶相同，遇光不稳定的药物可选用棕色瓶。大多数滴眼剂使用塑料瓶包装，如图12-7和图12-8所示，包装材料价廉、轻便，由聚烯烃塑料吹塑而成，即时封口，不易污染。但塑料中的增塑剂或其他成分也会溶入药液中，使药液不纯；塑料瓶可能会吸附抑菌剂和某些药物，影响抑菌效果，因此，滴眼剂要根据药物相容性实验结果选择包装材料。

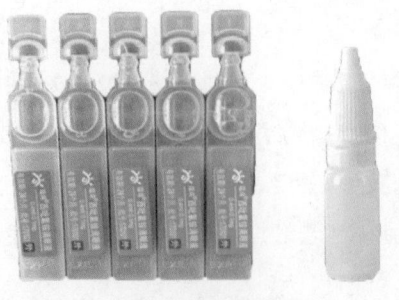

图12-7 一次性滴眼剂塑料瓶

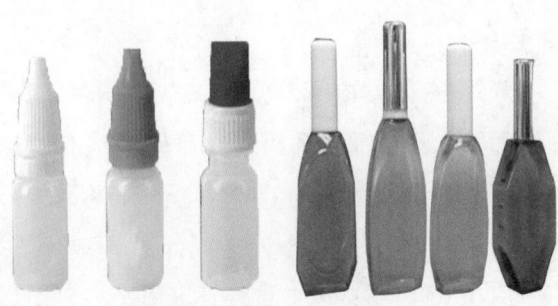

图12-8 多剂量滴眼剂塑料瓶

182

### 三、滴眼剂的灌封

滴眼剂的灌封可采用单头或多头的滴眼剂灌封机，如图12-9所示。滴眼剂瓶子由输送带、进瓶拔轮、定位圆盘送至灌装工位。药液由蠕动泵吸入，通过硅胶管输送，在灌装工位由针管灌装入瓶内。塞子和瓶盖分别由振荡料斗提供到加塞工位和加盖工位，灌装完的瓶子依次传送到加塞工位、加盖和旋盖工位，

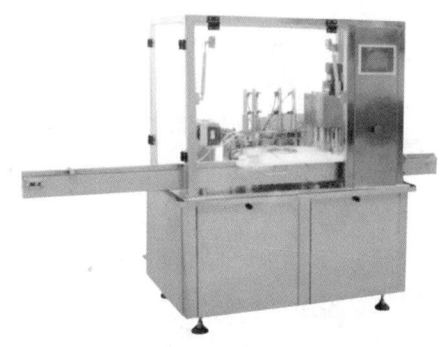

图12-9　HHGNX-II双头滴眼剂灌装旋盖机

旋好盖的瓶子再由出瓶拔轮送至输送带，进入下工序。

滴眼剂灌装联动线由全自动理瓶机、立式洗瓶机、灭菌干燥机、滴眼剂灌装旋盖机、立式贴标机组成，可完成理瓶、水、气的清洗、灭菌与烘干、灌装、加塞、加盖、旋盖、贴标等工序，确保瓶子与灌装过程没有污染，有利于提高产品质量。

#### 氧氟沙星滴眼剂

【处方】氧氟沙星3g　　　氯化钠8.5g　　　羟苯乙酯0.3g

注射用水加至1000mL

【制备】取氧氟沙星，加注射用水约200mL，滴加醋酸使其恰好溶解。另取羟苯乙酯，用适量热注射用水溶解，加入氯化钠使溶解，将上述两溶液混合，用氢氧化钠溶液调节pH值，过滤，加注射用水至1000mL，灌装，封口，100℃流通蒸汽灭菌30min，灯检后贴签、包装。

【注解】本品为抗生素类药物。处方中氯化钠为等渗调节剂，羟苯乙酯为抑菌剂。

一、单选题

1.根据滴眼剂的质量要求，每一容器的装量应不超过（　　）。

（A）5mL　　　　　　　　　　　　（B）10mL

（C）15mL　　　　　　　　　　　（D）20mL

2.滴眼液处方中加入甲基纤维素的作用是（　　）。

（A）调节等渗　　　　　　　　　　（B）抑菌

（C）调节黏度　　　　　　　　　　（D）医疗作用

3.滴眼剂的质量检查中，混悬液型滴眼剂（　　）。

（A）不得有超过60μm的颗粒　　　　（B）不得有超过70μm的颗粒

（C）不得有超过80μm的颗粒　　　　（D）不得有超过90μm的颗粒

4.滴眼剂的主要吸收途径有（　　）条。

（A）1　　　　　（B）2　　　　　（C）3　　　　　（D）4

5.为增加滴眼液的黏度，延长药液在眼内的滞留时间，合适的黏度是（　　）。

（A）2.0～3.0mPa·s　　　　　　　（B）3.0～4.0mPa·s

（C）4.0～5.0mPa·s　　　　　　　（D）5.0～6.0mPa·s

6.滴眼剂允许的pH范围是（　　）。

（A）6～8　　　　　（B）5～9　　　　　（C）4～9　　　　　（D）5～10

7.以下各项中，不是滴眼剂附加剂的是（　　）。

（A）pH调节剂　　　（B）润滑剂　　　（C）抑菌剂　　　（D）增稠剂

8.滴眼剂的制备过程一般为（　　）。

（A）容器处理-配液-滤过-无菌分装-灭菌-质检-包装

（B）容器处理-配液-滤过-灭菌-无菌分装-质检-包装

（C）容器处理-配液-灭菌-滤过-无菌分装-质检-包装

（D）容器处理-配液-滤过-无菌分装-质检-包装

二、多选题

1.滴眼剂中常用的缓冲溶液有（　　）。

（A）磷酸盐缓冲液　　　　　　　　（B）碳酸盐缓冲液

（C）醋酸盐缓冲液　　　　　　　　（D）硼酸盐缓冲液

（E）缓冲液

2.眼用液体制剂包括（　　）。

（A）滴眼剂　　　（B）洗眼剂　　　（C）眼内注射溶液

（D）眼膏剂　　　（E）眼用凝胶剂

3.关于滴眼剂的生产工艺叙述正确的有（　　）。

（A）药物性质稳定者灌封完毕后进行灭菌、质检和包装

（B）主药不稳定的品种全部采用无菌操作法制备

（C）用于眼部手术的滴眼剂必须加入抑菌剂，以保证无菌

（D）生产上多采用减压灌装法

（E）用于眼部手术的滴眼剂不得加入抑菌剂

4.用于手术及外伤的滴眼剂要求（　　）。

　　（A）绝对无菌　　　（B）单剂量包装　　　（C）应加抑菌剂

　　（D）多剂量包装　　（E）须经无菌检查

三、简答题

1.滴眼剂的附加剂有哪些？请分别举例说明。

**2.处方分析：**醋酸可的松滴眼液

处方：醋酸可的松（微晶）5.0g　　　硼酸20.0g　　　甘油5.0mL

吐温80　0.8g　　硝酸苯汞0.02g　　羧甲基纤维素钠2.0g

注射用水加至1000mL

请分析该处方中各成分的作用分别是什么？

药 物 制 剂 技 术
（中职阶段）

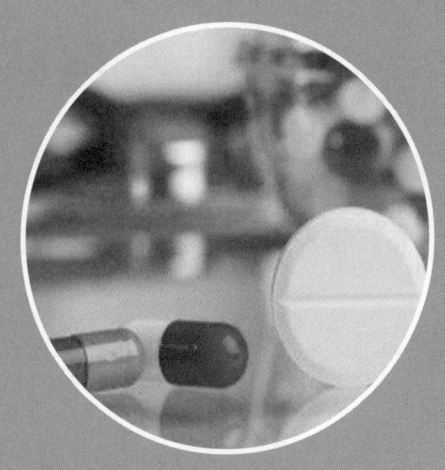

# Part 4

## 项目四

# 制备固体制剂

项目导学

常见的**固体剂型**有散剂、颗粒剂、微丸、胶囊剂、片剂等，固体制剂与液体制剂相比，物理、化学稳定性好，生产制造成本较低，携带与服用方便。

固体剂型的制备经历相似的前处理和单元操作，将原辅料粉碎与过筛后加工成各种剂型。如将药物与其他组分混合均匀后直接分装，可获得**散剂**；将混合均匀的物料进行造粒、干燥后分装，可得到**颗粒剂**；将物料混合后制成一定大小的圆球状实体，即可得到**微丸**；将混合的粉末、颗粒或微丸灌装入胶囊中，可制备成**胶囊剂**；将制备的颗粒压缩成型，可制备成**片剂**等。

固体制剂共同的吸收路径是固体制剂口服给药后，须经过药物的溶解过程，经胃肠道上皮细胞膜吸收进入血液循环而发挥其治疗作用。对于难溶性药物而言，药物的溶出过程将成为药物吸收的限速过程，若溶出速度小，吸收慢，则血药浓度难以达到治疗的有效浓度。比较一下各种剂型在口服后的吸收情况，如下所示：

**固体剂型的体内情况**

| 剂型 | 崩解或分散过程 | 溶解过程 | 吸收过程 |
| --- | --- | --- | --- |
| 片剂 | ○ | ○ | ○ |
| 胶囊剂 | ○ | ○ | ○ |
| 微丸 | ○ | ○ | ○ |
| 颗粒剂 | × | ○ | ○ |
| 散剂 | × | ○ | ○ |
| 混悬剂 | × | ○ | ○ |
| 溶液剂 | × | × | ○ |

注：○需要此过程；×不需要此过程。

# 模块 13

# 制备散剂

## 学习目标

1. 能知道散剂的概念、分类、特点和质量要求。
2. 能看懂散剂的生产工艺流程。
3. 能认识粉碎、筛分、混合、包装生产设备的基本结构。
4. 能按操作规程进行粉碎、筛分、混合、分剂量包装的生产操作。
5. 能进行粉碎、筛分、混合、包装生产过程中的质量控制，能正确填写生产记录。

## 学习导入

**散剂**是最古老的剂型之一，作为药物剂型之一，可直接应用于临床，也可以是制备其他固体剂型如片剂、丸剂、胶囊剂等的原料，常见的散剂如图13-1所示。虽然西药散剂应用越来越少，但中药散剂仍广泛应用于临床。

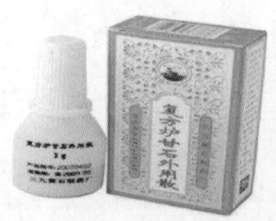

图13-1　散剂示意图

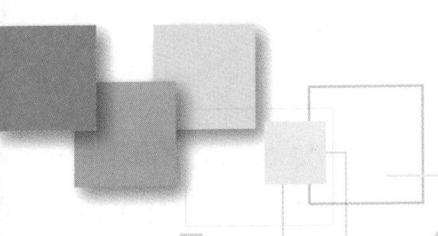

岗位任务

根据生产指令单（表13-1）的要求，按生产操作规范进行原辅料的粉碎和筛分操作，正确填写生产记录。

表13-1　六一散粉碎筛分批生产指令单

| 品名 | 六一散 | 规格 | | 9g/袋 | |
|---|---|---|---|---|---|
| 批号 | 180125 | 批量 | | 1万袋 | |
| 内控质量标准 | | 粉碎细度：100目 | | | |
| 原辅料的名称和理论用量 | | | | | |
| 序号 | 物料名称 | 规格 | 单位 | 批号 | 理论用量 |
| 1 | 甘草 | 药用 | kg | Z0120180101 | 14.4 |
| 2 | 滑石粉 | 药用 | kg | F0420180102 | 77 |
| 生产开始日期 | | ××××年××月××日 | | | |
| 制表人 | | | 制表日期 | | |
| 审核人 | | | 审核日期 | | |
| 批准人 | | | 批准日期 | | |

生产过程

## 一、生产前检查

1.进入操作间，检查是否有"清场合格证"，且"清场合格证"在有效期内。

2.检查计量器具与称量的范围是否相符，有校验合格证并在使用有效期内。

3.检查操作间的温度、相对湿度、压差是否与要求相符，并记录。

4.接到批生产指令单、粉碎筛分岗位操作规程、批生产记录等文件，明确产品名称、规格、批号、批量、工艺要求等指令。

5.按批生产指令单核对原辅料的品名、规格、批号、数量，检查外观、检验合格证等，确认无误后，交接双方在物料交接单上签字。

6.悬挂生产运行状态标识，进入生产操作。

## 二、生产操作

1.前处理：去除杂物，置紫外灯下，照射20min后翻转，至甘草表面全部受到紫外线照射灭菌为止。检查粉碎的物料中是否夹带金属物体，如有必须筛掉。

2.将锤式粉碎机接上电源线，点动，观察主轴电机的转向正确。

3.选取100目的筛网装上，准备好盛料袋。

4.打开粉碎机主机的电源开关，机器开始粉碎，先检查机器的运转方向与所示方向一致。

5.在粉碎机料斗内加入待粉碎物料，加入量不得超过料斗容量的2/3。

6.粉碎过程中严格监控粉碎机电流，不得超过设备要求，粉碎机壳温度不得超过60℃，如超过应立即停机，待冷却后，重新启动粉碎机。

7.完成粉碎任务后，关停粉碎机。

8.打开接料口，将料出于洁净的塑料袋内，称重，用干净的容器盛装好，贴上物料标签，注明物料品名、规格、批号、数量、日期和操作者的姓名。

9.及时填写粉碎过筛生产记录。

## 三、质量监控

筛网目数与粉碎要求相符合。

## 四、清洁清场

1.将操作间的状态标志改写为"清洁中"。

2.将整批的物料数量重新核对一遍，检查物料标签，确实无误后，交下工序生产或送到中间站。

3.清退剩余物料、废料，并按车间生产过程剩余产品的处理标准操作规程进行处理。

4.按清洁标准操作规程，清洁和消毒所用过的设备、生产场地、用具及容器。

5.清场后，及时填写清场记录，自检合格后，请质检员或检查员检查。

6.经检查合格，发放清场合格证。

1.开机前应检查粉碎机各紧固螺栓是否有松动，检查空载运行情况是否良好。

2.粉碎机开动后，待其转速稳定后再进行加料，否则如果药物先进入粉碎室，机器难以开启，会引起发热，甚至烧坏电动机。粉碎前应检查药物中的异物，不应夹杂硬物，以免卡塞，引起电动机发热或烧坏。

3.各种转动机构必须保持良好的润滑性。

### 一、散剂的定义

散剂是指一种或一种以上的药物与适宜的辅料均匀混合而制成的干燥粉末状制剂，供内服或外用。口服散剂一般溶于或分散于水或其他液体中服用，也可直接用水送服。局部用散剂可供皮肤、口腔、咽喉、腔道等处应用。专供治疗、预防和润湿皮肤的散剂也可称为撒布剂或撒粉。

### 二、散剂的分类

散剂按**组成**分类，有单散剂（如川贝散）与复散剂（如活血止痛散）；按**剂量**分类，有分剂量散与不分剂量散；按**用法**分类，有内服散（如乌贝散、益元散等）与外用散（如金黄散、冰硼散等）。

### 三、散剂的特点

散剂的比表面积较大，因而易分散、奏效快；剂量易于控制，便于婴幼儿服用；外用覆盖面积大，可以同时发挥保护和收敛等作用；贮存、运输、携带比较方便；制备工艺简单，成本低。

### 一、散剂的生产工艺流程

散剂的生产工艺流程包括原辅料的粉碎、筛分、称量配料、混合、分剂量包装等过程，如图13-2所示。

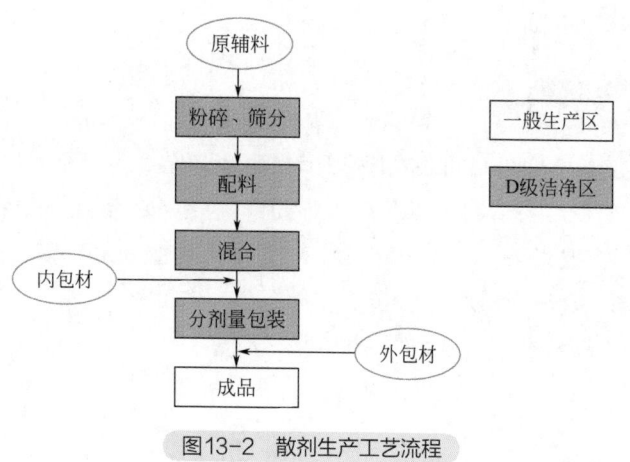

图13-2　散剂生产工艺流程

## 二、粉碎的定义和目的

粉碎是借助机械力将大块固体物料破碎成适宜大小的颗粒或粉末的操作过程。

**粉碎的目的**是减小物料的粒径，增加比表面积。其重要意义在于：

1.有利于提高难溶性药物的**溶出**速度，提高其生物利用度，从而提高药物的疗效；

2.有利于各成分的混合**均匀**，便于加工制成多种剂型；

3.有利于提高制剂**质量**，如提高混悬液的动力学稳定性；

4.有助于从天然药物中**提取**有效成分，有利于中药材的干燥与贮存等。

但粉碎有时也可能使药物晶型受到破坏，引起药效下降；粉碎过程产生的热效应可使热不稳定药物发生降解；粉碎时因药物表面积增大而使表面吸附空气增加，易氧化药物发生降解，这些现象都可能影响制剂质量及稳定性。

## 三、粉碎的方法

1.**单独粉碎与混合粉碎**：单独粉碎是对单一物料进行的粉碎操作。贵重药物、刺激性药物、氧化性和还原性药物等应进行单独粉碎。**混合粉碎**是将两种或两种以上物料同时进行粉碎的操作。若某些物料的性质与硬度相似，则可混合粉碎，既可避免一些黏性药物单独粉碎的困难，又可使粉碎与混合同时操作。

2.**干法粉碎与湿法粉碎**：干法粉碎是先将物料适当干燥，使水分减少到一定限度（一般应少于5%）后再进行粉碎的方法。对于挥发性、受热易起变化的物料，可用石灰进行干燥。**湿法粉碎**是在药物中添加适量液体（如水或乙醇）共同研磨的粉碎方法。当药物难溶于水，且要求粉碎成特别细的粉末时，可将药物与水共置于研钵中一起研磨，使研细的粉末混悬于水中，然后，将此混悬液倾出，余下的再加水反复操作，至全部药物研磨完毕，将所有的混悬液合并，沉降，倾去上层清液，将湿粉干燥，可得到极细的粉末，此法俗称**水飞法**。

3.**低温粉碎**：是将物料或粉碎机进行冷却的粉碎操作。适用于（1）常温下粉碎困难、软化点低、熔点低的可塑性物料，如树脂、树胶、干浸膏等的粉碎；（2）含

192

水、含油虽少，但富含糖分，有一定黏性的物料，如红参、玉竹、牛膝等的粉碎。

**4.闭塞粉碎与自由粉碎：闭塞粉碎**是在粉碎过程中，已达到粉碎度要求的粉末不能及时排出而继续和粗粒一起粉碎的操作。**自由粉碎**则是在粉碎过程中已达到粉碎度要求的细粉能及时排出而不影响粗粒继续粉碎的操作。因闭塞粉碎中的细粉成了粉碎过程的缓冲物，影响粉碎效果且能耗较大，故只适用于小规模的间歇操作；自由粉碎效率高，常用于连续操作。

**5.开路粉碎与循环粉碎：开路粉碎**是一边把物料连续地供给粉碎机，一边不断地从粉碎机中取出已粉碎细物的操作。物料只一次通过粉碎机，工艺简单，操作方便，但粒度分布宽，适用于粗碎和粒度要求不高的粉碎。**循环粉碎**是经粉碎机粉碎的物料通过筛子或分级设备使粗粒重新回到粉碎机反复粉碎的操作。操作的动力消耗相对低，粒度分布均匀，适用于粒度要求比较高的粉碎。

## 四、常用的粉碎设备

**1.研钵：**一般用瓷、玻璃、玛瑙、铁或铜制成，但以瓷研钵和玻璃研钵最为常用，主要用于小剂量药物的粉碎或实验室里散剂的制备。

**2.万能粉碎机：**粉碎作用以冲击力为主，结构简单，操作方便，适用于脆性、韧性物料的粉碎，应用广泛。典型的粉碎机结构有冲击柱式和锤击式两种。**锤击式粉碎机**的粉碎粒度可由锤头的形状、大小、转速以及筛网的目数来调节。生产中常用的万能粉碎机的外观和结构原理如图13-3和图13-4所示。

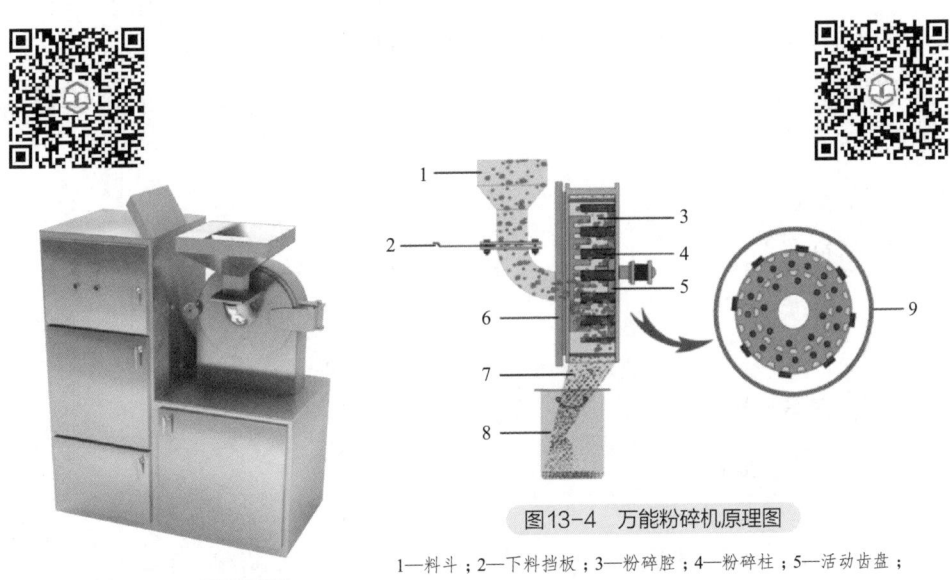

图13-4　万能粉碎机原理图

1—料斗；2—下料挡板；3—粉碎腔；4—粉碎柱；5—活动齿盘；
6—固定齿盘；7—出料口；8—物料袋；9—环形筛板

图13-3　万能粉碎机

**3.球磨机：**是在不锈钢或陶瓷制成的圆柱筒内装入一定数量、大小不同的钢球或瓷球，使用时将药物装入圆筒内密盖后，在电动机带动下圆筒转动，带动钢球（或瓷球）转动，并带到一定高度，然后在重力作用下抛落下来，球的反复上下运动使药物受到强烈的撞击和研磨，从而被粉碎，如图13-5所示。其粉碎效果与圆筒的转速、球与物料的装量、球的粒径与质量等有关。球磨机的粉碎效率较低，粉碎时间较长，由于是密闭操作，适合于贵重物料的粉碎、无菌粉碎、湿法粉碎等，必要时可充入惰性气体，所以适应范围很广。

图13-5　球磨机

**4.流能磨：**也称气流粉碎机，物料被压缩空气带动，在粒子与粒子间、粒子与器壁间发生强烈撞击、冲击、研磨等作用而得到粉碎。压缩空气夹带的细粉由出料口进入旋风分离器或袋滤器进行分离，较大颗粒由于离心力的作用沿器壁外侧重新带入粉碎室，重复粉碎。

气流式粉碎机的形式很多，其中最常用的典型结构如图13-6所示。

气流粉碎机的粉碎有以下特点：（1）可进行粒度要求为3～20μm超微粉碎，因而具有"微粉机"之称；（2）适用于热敏性物料和低熔点物料的粉碎；（3）设备简单，易于对机器及压缩空气进行无菌处理，可用于无菌粉末的粉碎；（4）和其他粉碎机相比，粉碎费用高，但如粉碎粒度的要求较高时，还是值得的。

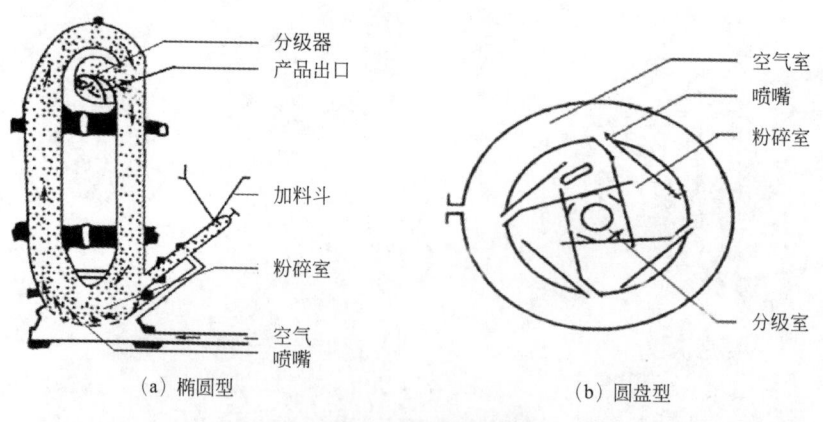

（a）椭圆型　　　　　　　　　　　　（b）圆盘型

图13-6　流能磨结构示意图

### 5.几种粉碎机的性能比较

粉碎时应根据物料的性质与粉碎产品的要求来选择适宜的粉碎机，几种常见粉碎机的性能比较如表13-2所示。

表 13-2　常见粉碎机的性能比较

| 粉碎机类型 | 粉碎作用力 | 粉碎后粒度/μm | 适应物料 |
|---|---|---|---|
| 万能粉碎机 | 冲击 | 4～325 | 大部分物料 |
| 球磨机 | 磨碎、冲击 | 20～200 | 可研磨性物料 |
| 气流粉碎机 | 撞击、冲击、研磨 | 1～30 | 中硬度物料 |

## 五、筛分的定义和目的

**筛分**是通过网孔状工具将粒度不同的物料进行分离的操作。筛分的**目的**是除去不符合要求的粗粉或细粉，得到粒径较均匀的物料，同时筛分还有混合作用，它对药品质量以及生产的顺利进行都有重要的意义。

## 六、筛分的方法

**1.药筛**：分为冲制筛和编织筛，冲制筛是在金属板上冲出圆形的筛孔而成，其筛孔坚固不易变形，一般用于高速旋转粉碎机的筛板及药丸的筛选。编织筛是用一定机械强度的金属丝或非金属丝编织而成。编织筛单位面积上筛孔多，筛分效率高，但筛线易移位致筛孔变形，从而影响筛粉的质量。

生产中常用的药筛有《中国药典》规定的**药筛**和**工业用筛**两种。《中国药典》根据筛孔内径（μm）将筛分为九种规格，分别为一号筛至九号筛，一号筛筛孔内径最大，依次减小，九号筛筛孔内径最小。工业筛多用"**目**"数表示孔径的大小，"**目**"即每一英寸（2.54cm）长度上的筛孔数目的多少。例如80目筛，是指每英寸长度上有80个孔。《中国药典》标准筛及工业筛规格见表13-3所示。

表 13-3　《中国药典》标准筛及工业筛规格

| 筛号 | 平均筛孔内径/μm | 工业筛目数/（孔/英寸） |
|---|---|---|
| 一号筛 | 2000±70 | 10 |
| 二号筛 | 850±29 | 24 |
| 三号筛 | 355±13 | 50 |
| 四号筛 | 250±9.9 | 65 |
| 五号筛 | 180±7.6 | 80 |
| 六号筛 | 150±6.6 | 100 |
| 七号筛 | 125±5.8 | 120 |
| 八号筛 | 90±4.6 | 150 |
| 九号筛 | 75±4.1 | 200 |

**2.药粉的分等**：是根据相应规格的药筛分等而定的。《中国药典》规定的粉末等级标准见表13-4所示。

表13-4 《中国药典》规定的粉末等级标准

| 等级 | 分等标准 |
|---|---|
| 最粗粉 | 指能全部通过一号筛，但混有能通过三号筛不超过20%的粉末 |
| 粗粉 | 指能全部通过二号筛，但混有能通过四号筛不超过40%的粉末 |
| 中粉 | 指能全部通过四号筛，但混有能通过五号筛不超过60%的粉末 |
| 细粉 | 指能全部通过五号筛，并含能通过六号筛不少于95%的粉末 |
| 最细粉 | 指能全部通过六号筛，并含能通过七号筛不少于95%的粉末 |
| 极细粉 | 指能全部通过八号筛，并含能通过九号筛不少于95%的粉末 |

## 七、筛分设备

大规模生产中广泛采用旋振筛进行物料的筛分，该设备是通过配置不平衡重锤或棱角形凸轮的旋转轴的转动，使筛产生振动的过筛装置。旋振筛的外观和结构原理见图13-7和图13-8所示。

图13-7　旋振筛外观

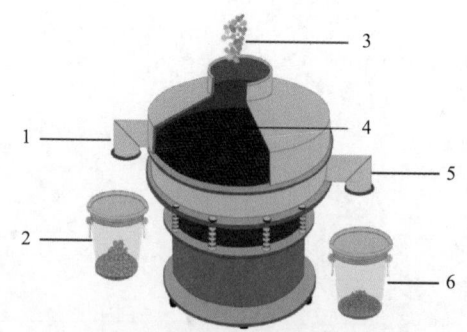

图13-8　旋振筛结构原理

1—出料口1（粗颗粒）；2—料桶1（粗颗粒）；3—待筛分物料；4—筛网；
5—出料口2（细颗粒）；6—料桶2（细颗粒）

岗位任务

根据生产指令单（表13-5）的要求，按生产操作规范进行原辅料的配料操作，正确填写生产记录。

表13-5 六一散配料批生产指令单

| 品名 | 六一散 | | 规格 | | 9g/袋 | |
| --- | --- | --- | --- | --- | --- | --- |
| 批号 | 180125 | | 批量 | | 1万袋 | |
| 原辅料的名称和理论用量 | | | | | | |
| 序号 | 物料名称 | 规格 | 单位 | 批号 | | 理论用量 |
| 1 | 甘草 | 药用 | kg | Z0120180101 | | 13 |
| 2 | 滑石粉 | 药用 | kg | F0420180102 | | 77 |
| 生产开始日期 | | ××××年××月××日 | | | | |
| 制表人 | | | 制表日期 | | | |
| 审核人 | | | 审核日期 | | | |
| 批准人 | | | 批准日期 | | | |

生产过程

## 一、生产前检查

1.进入操作间，检查是否有"清场合格证"，且"清场合格证"在有效期内。

2.检查计量器具与称量的范围是否相符，有校验合格证并在使用有效期内。

3.检查操作间的温度、相对湿度、压差是否与要求相符，并记录。

4.接到批生产指令单、配料岗位操作规程、批生产记录等文件，明确产品名称、规格、批号、批量、工艺要求等指令。

5.按批生产指令单核对原辅料的品名、规格、批号、数量，检查外观、检验合格证等，确认无误后，交接双方在物料交接单上签字。

6.悬挂生产运行状态标识，进入生产操作。

## 二、生产操作

1.按台秤标准操作规程，启动台秤逐一进行称量配料。

2.完成称量任务后，按台秤标准操作规程，关停台秤。

3.将所称量物料装入洁净的盛装容器内，填写物料标签，标明品名、批号、数量、操作人、日期等。

4.及时填写配料生产记录。

## 三、质量监控

1.原辅料的外观和性状符合要求。

2.原辅料的品名、规格、批号与生产指令单相符。

## 四、清洁清场

1.将操作间的状态标志改写为"清洁中"。

2.将整批的物料数量重新复核一遍，检查物料标签，确实无误后，交下工序生产或送到中间站。

3.清退剩余物料、废料，并按车间生产过程剩余产品的处理标准操作规程进行处理。

4.按清洁标准操作规程，清洁和消毒所用过的设备、生产场地、用具及容器。

5.清场后，及时填写清场记录，自检合格后，请质检员或检查员检查。

6.经检查合格，发放清场合格证。

### 注意事项

1.称量完毕应注意天平的还原，并注意保持天平的清洁和干燥。

2.称量时必须双人复核。

### 生产小能手

**称量操作的准确性**，对于保证药品质量和疗效具有重大意义，因此称量操作是制剂工作的基本操作技术之一。**称重**操作主要是指用于固体或半固体药物的称量，常用的衡器是各种秤。**量取**一般用于液体药物的量取。在实际生产中，通常情况下，液体药物的量取在相对密度稳定的情况下，可按相对密度进行质量和容量的折算。

　　**常见的衡器**有杆秤、台秤、案秤、弹簧秤等。衡器可以分为机械式和电子式两类，电子衡器是国家强制检定的计量器具。

　　选用台秤等称量器具时，要考虑配料原辅料的重量、称重允许误差与称量器具的工作能力相匹配。表示称量器具工作能力的主要参数有：最大称量值（Max）、最小称量值（Min）和最小读数（$d$）。最大称量值（Max）是称量器具一次可以负荷并测出的最大重量，如单次称量负荷超过该值，会损坏称量器具，其读数也不可信。最小称量值（Min）是指称量物料时，其重量大于等于该值时，称量准确度方能得到满足。低于最小称量值，虽有读数，但不可信。最小读数（$d$）是指称量器具的最小刻度，是该器具的最小量值，也可视为精度。

　　如：某药物处方中，物料中最大配料重量50kg，最小配料重量1kg，称重允许误差为1%。则选择台秤的标准为：其最大称量值（Max）应大于50kg，最小称量值（Min）应小于等于1kg，最小读数（$d$）则应小于等于0.01kg（1kg×1%=0.01kg）。

　　**1.托盘天平**：是实验室常用的称量用具，如图13-9所示，由托盘、横梁、平衡螺母、刻度尺、分度盘、指针、刀口、底座、标尺、游码、砝码等组成。精确度一般为0.1g或0.2g，最大称量有100g、200g、500g、1000g等。

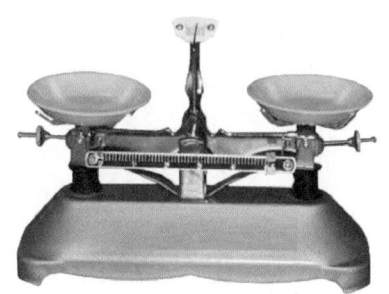

图13-9　托盘天平

　　**2.电子天平**：如图13-10所示，按精度可分为以下几类：超微量电子天平，最大称量是2～5g；微量天平，最大称量一般在3～50g；半微量天平，最大称量一般在20～100g；常量电子天平，最大称量一般在100～200g。

图13-10　电子天平

3.台秤：承重装置为矩形台面，通常是在地面上或桌面使用的小型衡器，按结构原理可分为机械台秤和电子台秤两类。

（1）机械台秤：利用不等臂杠杆原理工作。由承重装置、读数装置、基层杠杆和秤体等部分组成。读数装置包括增砣、砣挂、计量杠杆等。基层杠杆由长杠杆和短杠杆并列连接。机械台秤结构简单，计量较准确，只要有一个平整坚实的秤架或地面就能放置使用，如图13-11所示。

图13-11　机械台秤

（2）电子台秤：是一种小型电子衡器，由承重台面、秤体、称重传感器、称重显示器和稳压电源等部分组成。电子台秤可放置在坚硬地面上或安装在基坑内使用。除称重、去皮重、累计重等功能之外，还可与执行机构联机、设定上下限以控制快慢加料，可作小包装配料秤或定量秤使用，如图13-12所示。

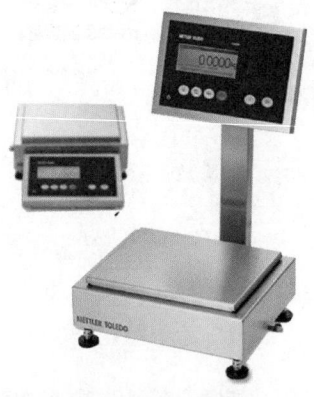

图13-12　电子台秤

课堂互动

试写出电子台秤的主要部件并指出其具体位置。

**岗位任务**

根据生产指令单（表13-6）的要求，按生产操作规范进行原辅料的混合操作，正确填写生产记录。

表13-6 六一散混合批生产指令单

| 品名 | 六一散 | | 规格 | | 9g/袋 | |
|---|---|---|---|---|---|---|
| 批号 | 180125 | | 批量 | | 1万袋 | |
| 混合时间 | | | 30min | | | |
| 混合机转速 | | | 15r/min | | | |
| 原辅料的名称和理论用量 | | | | | | |
| 序号 | 物料名称 | 规格 | 单位 | | 批号 | 理论用量 |
| 1 | 甘草 | 药用 | kg | | Z0120180101 | 13 |
| 2 | 滑石粉 | 药用 | kg | | F0420180102 | 77 |
| 生产开始日期 | | ××××年××月××日 | | | | |
| 制表人 | | | | 制表日期 | | |
| 审核人 | | | | 审核日期 | | |
| 批准人 | | | | 批准日期 | | |

**生产过程**

## 一、生产前检查

1.进入操作间，检查是否有"清场合格证"，且"清场合格证"在有效期内。

2.检查计量器具与称量的范围是否相符，有校验合格证并在使用有效期内。

3.检查操作间的温度、相对湿度、压差是否与要求相符，并记录。

4.接到批生产指令单、混合岗位操作规程、批生产记录等文件，明确产品名称、规格、批号、批量、工艺要求等指令。

5.按批生产指令单核对已配料物料的品名、规格、批号、数量，检查外观、检验合格证等，确认无误后，交接双方在物料交接单上签字。

6.悬挂生产运行状态标识，进入生产操作。

## 二、生产操作

1.松开混合机的加料口卡箍，取下平盖，将待混合的药粉置于混合设备中，盖上平盖，上紧卡箍，注意密封。

2.设定混合时间及转速。

3.启动混合机，进入工作状态。设备运行时严禁人员进入混合筒运动区。

4.混合结束后，将药粉置洁净容器中，密封，填写物料标签，标明品名、批号、数量、操作人、日期等。

5.及时填写混合生产记录。

## 三、质量监控

混合物料的装量、混合机的转速、混合时间应符合工艺要求。

## 四、清洁清场

1.将操作间的状态标志改写为"清洁中"。

2.将整批的产品数量重新核对一遍，检查物料标签，确实无误后，交下工序生产或送到中间站。

3.清退剩余物料、废料，并按车间生产过程剩余产品的处理标准操作规程进行处理。

4.按清洁标准操作规程，清洁和消毒所用过的设备、生产场地、用具及容器。

5.清场后，及时填写清场记录，自检合格后，请质检员或检查员检查。

6.经检查合格，发放清场合格证。

生产小能手

## 一、混合的目的

**混合**是散剂制备的重要工艺步骤之一，指两种以上组分的物质均匀混合的操作。

**目的**是使处方中各组分均匀一致，以保证剂量准确，用药安全有效。混合操作对制剂的外观质量和内在质量都有重要的意义。

## 二、混合方法

**1.搅拌混合：** 适用于剂量、色泽或质地相近的不同组分药物粉末的混合。

**2.研磨混合：** 适用于结晶性药物粉末的混合，不适用于吸湿性、氧化还原性药物。

**3.过筛混合：** 指通过过筛的方式进行混合，一般过筛混合后仍需加以适当的搅拌混合。

药物粉末混合的总原则为均匀一致。对于不同剂量、不同质地、不同色泽的药物成分的混合，还应注意采用如下方法。

**等量递增：** 对于剂量相差悬殊的配方，可将组分中剂量小的粉末与等量的量大的药物粉末一同置于适当的混合器械内，混合均匀后再加入与混合物等量的量大的组分同法混匀，如此反复，直至药物粉末混合均匀。等量递增法通常需用量大的组分先覆盖在容器的内表面，以减小容器的吸附作用，避免量小组分的损失。

**倍散：** 是在小剂量的毒剧药中添加一定量的填充剂制成的稀释散。稀释倍数由剂量而定：剂量在0.01～0.1g可配成10倍散（即9份稀释剂与1份药物均匀混合的散剂），0.001～0.01g的配成100倍散，0.001g以下的应配成1000倍散。常用的稀释剂有乳糖、糖粉、淀粉、糊精、沉降碳酸钙、磷酸钙、白陶土等惰性物质，一般采用研磨法制备。

**课堂互动**

1.配制含毒剧药物散剂时，为使其均匀混合应采用（　　　　）法混合。

2.目前常用的混合方法有（　　　　）、（　　　　）和（　　　　）。

**拓展阅读**

### 影响混合效果的因素和解决方法

影响物料混合均匀性的因素有很多，如各成分的比例量、堆密度、粉末细度、混合时间等。为了达到均匀的混合效果应注意以下几点。

**1.各组分的比例量：** 当各组分比例量相差过大时，难以混合均匀，此时应采用**等量递加法**混合。

**2.各组分的密度或色泽：** 处方中各组分密度或色泽差异较大时，可将色深或质轻的粉末置于混合容器中作为底料，再将色浅或质重的药物粉末加入，这样可避免密度小者浮于上面或飞扬，而密度大者沉于底部不易混匀。

3.**组分的易吸附性**：为避免混合器械吸附物料，一般应将量大或不易吸附的物料垫底，量少或易吸附者后加入。

4.**组分的带电性**：物料混合时易摩擦起电的粉末不易混匀，通常加入少量表面活性剂或润滑剂克服静电。

5.**含液体组分时**：可用处方中的固体组分或吸收剂来吸收该液体，至不湿润为止。

6.**含共熔组分时**：利用低共熔现象，即先使低共熔组分发生共熔，再与其他固体组分充分混匀。

### 三、混合设备

生产中常用的混合设备有下列几种。

1.**三维运动混合机**：圆筒多方向转动时，筒内物料进行交叉流动混合，无离心力作用，无比重偏析及分层、积聚现象，各组分可有悬殊的重量比，是较理想的混合机，混合时间短、效率高、混合均匀度高，混合率可达99.9%，如图13-13所示。

2.**槽形混合机**：由断面为U形的固定混合槽和内装螺旋状搅拌桨组成，混合槽可以绕水平轴转动，以便于卸料。物料在搅拌桨的作用下不停地多方向运动，从而达到均匀混合的目的。槽形混合机混合效率较低，但操作简单，目前仍广泛应用。这种混合机亦可用于造粒前的制软材操作，如图13-14所示。

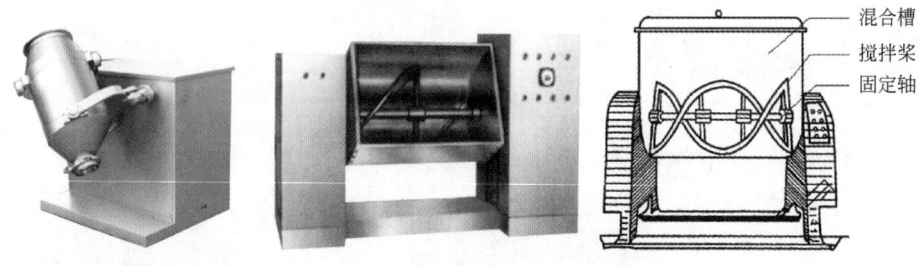

图13-13　三维运动混合机　　　　　　图13-14　槽形混合机

3.**混合筒**：可分为圆筒形混合筒和V形混合筒（图13-15）。混合筒装在水平轴上，由传动装置带动，绕轴旋转，装在筒内的物料随混合筒的转动而上下往复运动进行混合。适用于密度相近粉末的混合，适宜的充填量为30%。

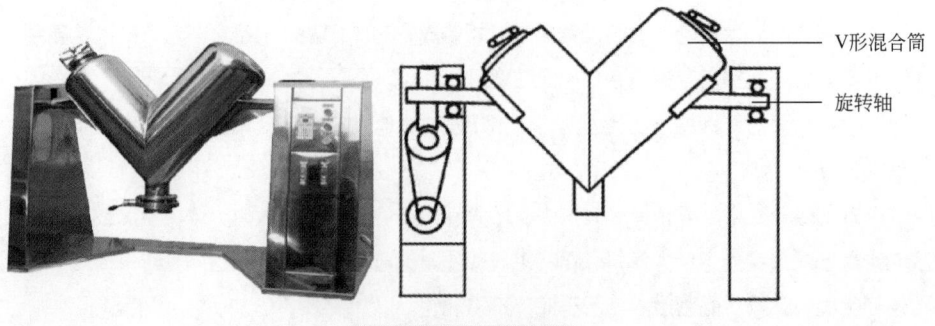

图13-15　V形混合筒

**4.方锥形混合机**：现在广泛用于固体粉粒状物料的混合。方锥形混合机可以夹持不同容积的料斗，自动完成提升、夹持、混合、下降、松夹等全部动作。将物料装入方锥形密闭混合筒内，料斗对称的轴线与回转轴线成一夹角，不同组分物料在密闭的料斗中进行三维空间运动，产生强烈翻转和扩散收缩作用，达到最佳的混合效果，设备的外观和运行原理如图13-16和图13-17所示。

图13-16　方锥形混合机外观

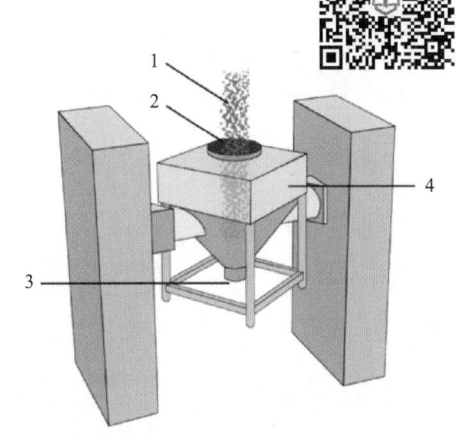

图13-17　方锥形混合机结构原理

1—物料；2—进料口；3—出料口；4—筒体

案例分析

### 冰硼散

【处方】冰片50g　　硼砂500g　　朱砂60g　　玄明粉500g

【制备】朱砂采用水飞法粉碎成极细粉，其他各药研细，分别过100目筛。先将朱砂与玄明粉套研均匀，再与硼砂研合，过筛，然后加入冰片研匀，过筛即得。

【用途】本品具有清热解毒、消肿止痛的功能。用于咽喉肿痛，口舌生疮。吹散，每次少量，一天数次。

【分析】本品需严格控制各味药的粒度，以保证在吹粉时，混合物均匀涂布在患处。一般而言，吹散的粒度应比一般散剂的粒度小。朱砂属矿物药，可用水飞法粉碎成极细粉。

任务 4　小包装，真可爱——
分剂量包装

## 岗位任务

根据生产指令单（表13-7）的要求，按生产操作规范进行散剂的分剂量包装操作，正确填写生产记录。

表13-7　六一散分装批生产指令单

| 品名 | 六一散 | 规格 | 9g/袋 |
|---|---|---|---|
| 批号 | 180125 | 批量 | 1万袋 |
| 六一散混合中间体 | 90kg | 装量 | 9g/袋 |
| 装量差异内控标准 | | 8.73～9.27g（9g±3%） | |
| 包装材料名称和理论用量 | | | |

| 序号 | 物料名称 | 规格 | 单位 | 批号 | 理论用量 |
|---|---|---|---|---|---|
| 1 | 复合膜 | 100mm | kg | B1020180101 | 10 |
| 生产开始日期 | | | ××××年××月××日 | | |
| 制表人 | | | 制表日期 | | |
| 审核人 | | | 审核日期 | | |
| 批准人 | | | 批准日期 | | |

## 一、生产前准备

1.进入操作间，检查是否有"清场合格证"，且"清场合格证"在有效期内。

2.检查计量器具与称量的范围是否相符，有校验合格证并在使用有效期内。

3.检查操作间的温度、相对湿度、压差是否与要求相符，并记录。

4.接到批生产指令单、散剂分装岗位操作规程、批生产记录等文件，明确产品名称、规格、批号、批量、工艺要求等指令。

5.按批生产指令单核对待分装中间体的品名、规格、批号、数量，检查外观、检验合格证等，核对包装用复合膜的规格、数量和质量状况，确认无误后，交接双方在物料交接单上签字。

6.悬挂生产运行状态标识，进入生产操作。

## 二、生产操作

1.调整电子台秤四个调整座的高度，观察电子台秤的水平仪，使水平仪气泡居中，调整时要确保秤盘上无杂物。

2.打开电源开关，反馈电子台秤的质量窗口显示"0000"，否则按"置零"键，左下角出现零位标志"▼"。

3.电气柜窗口自检扫描从"0000"至"9999"，之后左边脉冲窗口显示自动给料的间隔袋数，接着切换显示初始脉冲值2000，右边计数窗口显示累积计数值。

4.进行重量、脉冲和预置袋数设定。

5.下料控制器面板操作：设定自动下料时的时间间隔，设定下料的速度；检查各功能键是否完好。

6.先空放几次料，使螺杆充满物料，接着用包装袋装料。下料完成后，将已充填包装袋放在电子秤上进行校验，如果超差，蜂鸣器会报警，电子秤会自动修正下一袋的重量，经过几次调整，计量稳定。

7.料斗中的料位应控制在料斗高度的1/2～4/5范围内。

8.每隔15min抽检10袋称重，监控每袋装量，避免超限。

9.分装完成后，将合格药品装入规定的洁净容器内，称取重量，填写物料标签，标明品名、批号、生产日期、操作人姓名等，挂于容器上。

10.及时填写分装生产记录。

## 三、质量监控

1.包装产品的外观：表面完整光洁、色泽均匀、字迹清晰。

2.装量差异检查：超过装量差异限度的散剂不得多于2袋，并不得有1袋超出限度1倍。

检查法：取供试品10袋，分别称定每袋内容物的重量，将每袋装量与标示装量相比较，超出装量差异限度的不得多于2袋，并不得有1袋超出限度1倍。根据标示装量不同，应符合相应的装量差异限度，见表13-8所示。

表13-8　装量差异限度

| 标示装量 | 装量差异限度 |
| --- | --- |
| 0.1g以下至0.1g | ±15% |
| 0.1g以上至0.5g | ±10% |
| 0.5g以上至1.5g | ±8% |
| 1.5g以上至6g | ±7% |
| 6g以上 | ±5% |

## 四、清洁清场

1.将操作间的状态标志改写为"清洁中"。

2.将整批的数量重新核对一遍，检查物料标签，确实无误后，交下工序生产或送到中间站。

3.清退剩余物料、废料，并按车间生产过程剩余产品的处理标准操作规程进行处理。

4.按清洁标准操作规程，清洁和消毒所用过的设备、生产场地、用具及容器。

5.清场后，及时填写清场记录，自检合格后，请质检员或检查员检查。

6.经检查合格，发放清场合格证。

**生产小能手**

图13-18　散剂分装机

## 一、散剂的分装设备

**自动散剂包装机**的核心部件是自动给料装置，自动给料装置由给料机、料位控制器及控制线路组成，见图13-18。上料位由料位控制器控制，下料位根据下料多少由单片机控制。下料的多少=包装质量×预置袋数，对于配有自动供料装置的设备，开机后，首先应对预置袋数进行设定。

## 二、散剂的质量检查

除另有规定外，散剂应进行以下质量检查。

1.**混合均匀度**：取散剂适量置于光滑纸上，平铺约5cm²，将其表面压平，在明亮处观察，应呈现均匀的色泽，无花纹、色斑。

2.**粒度**：除另有规定外，局部用散剂照下述方法检查，粒度应符合规定。取供试品10g，精密称定，置七号筛，筛上加盖，并在筛下配有密合的接收容器，过筛至少3min，精密称定通过筛网的粉末重量，应不低于供试量的95%。

3.**干燥失重**：除另有规定外，取供试品，在105℃干燥至恒重，化学药物散剂减失重量不得超过2.0%，中药散剂减失重量不得超过9.0%。

4.**装量差异限度**：单剂量包装散剂照《中国药典》装量差异检查法检查，应符合规定。

5.**装量**：多剂量包装的散剂，按最低装量检查法检查，应符合规定。

**6.微生物：**烧伤或严重创伤用散剂要求无菌，其他散剂按微生物限度检查法检查，应符合规定。

 目标检测

一、单选题

1.关于散剂的特点错误的是（　　）。

（A）比表面积大，奏效快
（B）制法简单

（C）质量稳定，刺激性小
（D）易于分剂量

2.《中国药典》中关于筛号的叙述，哪一个是正确的（　　）。

（A）筛号是以每一英寸筛目表示
（B）一号筛孔最大，九号筛孔最小

（C）最大筛孔为十号筛
（D）二号筛相当于工业200目筛

3.我国工业筛常用目表示孔径的大小，目是指（　　）。

（A）每厘米长度内所含筛孔的数目

（B）每平方厘米面积内所含筛孔的数目

（C）每英寸长度内所含筛孔的数目

（D）每平方英寸面积内所含筛孔的数目

4.下列哪一条不符合散剂制法的一般规律（　　）。

（A）各组分比例量差异大者，采用等量递加法

（B）各组分比例差异大，通常先用量大组分饱和混合器械，以减小量少药物的损失

（C）剂量小的毒剧药，应先制成倍散

（D）含低共熔成分，应避免发生共熔

5.固体药物粉末的混合方法一般采用搅拌混合、研磨混合和（　　）。

（A）人工混合
（B）过筛混合
（C）气流混合
（D）快速混合

二、判断题

1.药筛号数越大，筛孔越大。（　　）

2.细粉指能全部通过四号筛，但混有能通过五号筛不超过60%的粉末。（　　）

三、简答题

1.粉碎的目的有哪些？

2.气流粉碎机的特点有哪些？

3.称量配料时应该注意些什么？

4.请写出散剂分剂量包装的质量控制关键点。

5.混合的基本原则是什么？

模块 14

制备颗粒剂

 学习目标

1. 能知道颗粒剂的概念、分类、特点和质量要求。
2. 能看懂颗粒剂的生产工艺流程。
3. 能认识制粒和干燥生产设备的基本结构。
4. 能按操作规程进行颗粒剂的生产操作。
5. 能进行颗粒剂生产质量控制,能正确填写生产记录。

 学习导入

颗粒剂(见图14-1)是固体制剂的常见剂型之一,可以直接作为药品使用,也可用颗粒进行胶囊填充或压片,制成为胶囊剂或片剂。

**颗粒剂**是指药物与适宜的辅料制成的具有一定粒度的干燥颗粒状制剂。

根据在水中溶解情况,颗粒剂分为可溶性颗粒(通称为颗粒)、混悬颗粒、泡腾颗粒、肠溶颗粒、缓释颗粒和控释颗粒等。

颗粒剂生产中的粉碎、筛分、配料和混合、分剂量包装工序与"模块13制备散剂"中的相关工序一样,请参见相关内容。

图14-1 颗粒剂示意图

根据生产指令单（表14-1）的要求，按生产操作规范进行维生素C颗粒的生产操作，正确填写生产记录。

**表14-1 维生素C颗粒制粒批生产指令单**

| 品名 | 维生素C颗粒 | | 规格 | | 2g/袋 | |
|---|---|---|---|---|---|---|
| 批号 | 180212 | | 批量 | | 2kg | |
| 原辅料的名称和理论用量 | | | | | | |
| 序号 | 物料名称 | 规格 | 单位 | 批号 | | 理论用量 |
| 1 | 维生素C | 药用 | kg | Y0320180102 | | 0.04 |
| 2 | 淀粉 | 药用 | kg | F0520180101 | | 1 |
| 3 | 淀粉（冲浆） | 药用 | kg | F0520180101 | | 0.04 |
| 4 | 糊精 | 药用 | kg | F0620180103 | | 0.4 |
| 5 | 糖粉 | 药用 | kg | F0720180101 | | 0.5 |
| 6 | 硬脂酸镁 | 药用 | kg | F0820180102 | | 0.02 |
| 生产开始日期 | ××××年××月××日 | | | | | |
| 制表人 | | | 制表日期 | | | |
| 审核人 | | | 审核日期 | | | |
| 批准人 | | | 批准日期 | | | |

## 一、生产前检查

1.进入操作间，检查是否有"清场合格证"，且"清场合格证"在有效期内。

2.检查计量器具与称量的范围是否相符，有校验合格证并在使用有效期内。

3.检查操作间的温度、相对湿度、压差是否与要求相符，并记录。

4.接到批生产指令单、制粒岗位操作规程、批生产记录等文件，明确产品名称、

211

规格、批号、批量、工艺要求等指令。

5.按批生产指令单核对已配料原辅料的品名、规格、批号、数量，检查外观、检验合格证等，确认无误后，交接双方在物料交接单上签字。

6.悬挂生产运行状态标识，进入生产操作。

## 二、生产操作

### 1.配制淀粉浆

将已称量好的做淀粉浆用的淀粉0.04kg，核对品名、批号、数量无误后，放入不锈钢桶内，加入少量纯化水搅拌成均匀的混悬液，再迅速冲入沸腾纯化水至总量为0.79kg，快速搅拌制成5%淀粉浆。

### 2.制湿颗粒

（1）手动检查搅拌浆、制粒刀是否安装到位。

（2）打开电源总开关，打开气阀、水阀，在操作面板上把开关旋到"开"，选手动，打开面板上的电源开关。检查出料阀门是否转动灵活自如，关闭出料阀门。

（3）设置搅拌浆和制粒刀的转速为30Hz，盖上锅盖，并锁紧。开启搅拌浆和制粒刀，检查机器空转是否正常。

（4）检查设备空机运行正常后，打开锅盖，倒入已核对无误后的原辅料于料斗内，盖上锅盖，锁紧。

（5）干混：开启搅拌浆，混合60s，将物料混合均匀，停机，开盖，清理盖子上的粉末。

（6）制软材：开启搅拌浆，在搅拌情况下按工艺要求加入淀粉浆，搅拌使物料进一步揉匀。搅拌至150s左右时停机，将锅壁、锅盖上黏附的物料铲下，关盖。

（7）开启搅拌浆和制粒刀50～60s，将软材切碎，使其在锅内滚动，制成所需的颗粒。关搅拌浆、制粒刀。

（8）出料：颗粒制成后，开启出料阀门，将颗粒放出置于出料口下的料桶内。

（9）用16目筛网过筛。

### 3.沸腾干燥机空载检查

（1）打开沸腾干燥机的电源总开关，打开操作柜上的"控制电源"开关。打开"气闸"，使经过净化处理的压缩空气进入控制柜，检查压力是否为0.5～0.6MPa。

（2）把料斗推入干燥机内，对齐上、中、下三个桶体，按"顶缸"键启动按钮，顶缸托盘缓缓上升，使三桶体密闭。

（3）把"制粒/干燥"开关置于"干燥"位置，设定"振摇间隔时间""振摇次数"，设定"进风温度"、"出风温度"，把"时间/压差"开关置于"时间"位置。按"风机"键启动按钮，调节"风门开启度"到20%～50%，进行沸腾干燥。

（4）关机：检查设备运行正常后，依次关闭"干燥""时间""风机""风门开启度"，然后将"喷雾/振摇"开关置于振摇位置，振摇数次后。按动"顶缸"按钮，放下顶缸。

4.湿颗粒干燥

（1）检查设备空机运行正常后，将湿颗粒倒入料斗，料斗推入机器内，对齐上、中、下三个桶体，按"顶缸"启动按钮，此时顶缸指示灯亮，顶缸托盘缓缓上升，使三桶体密闭。

（2）按工艺要求设定相关参数：设定"振摇间隔时间"为20s、"振摇次数"为6，设定"进风温度"80℃、"出风温度"43℃，把"时间/压差"开关置于"时间"位置。

（3）按"风机"启动按钮，开大"风门开启度"旋钮，调节"风门开启度"到50% ～ 70%进行干燥。

（4）出料：当物料出风温度上升到42℃左右时，则可出料。

（5）关机出料：依次关闭"干燥""时间""风机"和"风门开启度"，将"喷雾/振摇"开关置于振摇位置，振摇数次。用锤子敲几下中桶体，按动"顶缸"按钮，放下顶缸即可出料。

（6）关"控制电源"、关"气阀"。

（7）干燥完毕，将颗粒存放于洁净的物料桶内。

5.整粒

（1）检查整粒机的筛网目数为14目筛。

（2）安装好整粒机，接通电源，启动设备，调整合适的转速，确认正常。

（3）将干颗粒放入料斗，按启动键，进行整粒操作。

（4）整粒完毕，关闭设备，将颗粒存放于洁净的物料袋中，置于不锈钢桶内，称量、记录，贴上物料标签，注明品名、批号、生产日期、操作人姓名等。

6.及时填写制粒生产记录。

## 三、质量监控

1.淀粉浆应均匀、无结块、无生粉。

2.干燥温度和时间应严格控制。

3.制得的颗粒不能通过一号筛和能通过五号筛的不得超过供试量的15%。

4.颗粒水分≤3%。

## 四、清洁清场

1.将操作间的状态标志改写为"清洁中"。

2.将整批的产品数量重新核对一遍，检查物料标签，确实无误后，交下工序生产或送到中间站。

3.清退剩余物料、废料，并按车间生产过程剩余产品的处理标准操作规程进行处理。

4.按清洁标准操作规程，清洁和消毒所用过的设备、生产场地、用具及容器。

5.清场后，及时填写清场记录，自检合格后，请质检员或检查员检查。

6.经检查合格，发放清场合格证。

**注意事项**

　　沸腾干燥机的过滤袋应每班拆下清洗，否则会因袋内集聚粉尘过多造成阻塞，影响流化的建立和制粒的效果，更换品种时，主机和过滤袋应彻底清洗。

## 一、颗粒剂的定义和分类

　　颗粒剂是指药物与适宜的辅料制成的具有一定粒度的干燥颗粒状制剂。

　　**混悬颗粒**是指难溶性固体药物与适宜辅料制成的一定粒度的干燥颗粒剂，临用前加水或其他适宜的溶剂振摇，即可分散成混悬液供口服。除另有规定外，混悬颗粒应进行溶出度检查，如头孢克肟颗粒。

　　**泡腾颗粒**是指含有碳酸氢钠和有机酸，遇水可放出大量气体而呈泡腾状的颗粒剂。药物应是易溶性的，加水产生气泡后应能溶解，有机酸一般用枸橼酸、酒石酸等，如复方碳酸钙泡腾颗粒。

　　**肠溶颗粒**是指用肠溶材料包裹颗粒或其他适宜方法制成的颗粒剂，如奥美拉唑肠溶颗粒。

　　**缓释颗粒**是指在水或规定的释放介质中缓慢地非恒速释放药物的颗粒剂，如复方盐酸伪麻黄碱颗粒。

　　**控释颗粒**是指在水或规定的释放介质中缓慢地恒速或接近于恒速释放药物的颗粒剂。

## 二、颗粒剂的特点

　　颗粒剂与散剂相比，附着性、飞散性、聚集性和吸湿性等均较小；便于服用；运输、携带方便；必要时包衣，可制成缓控释或肠溶颗粒，具有防潮、掩味作用；可溶、混悬和泡腾颗粒保留了液体制剂起效快的特点。但多种颗粒的混合物由于颗粒大小不均或密度差异大，易导致剂量不准确。

### 三、制粒的目的

制粒是将粉末、熔融液、水溶液等状态的物料经加工，制成具有一定形状与大小的粒状物的操作。

几乎所有固体制剂的制备都离不开制粒过程。颗粒可能是最终产品，也可能是中间产品，如颗粒剂中颗粒是最终产品，而对于片剂、胶囊剂而言，颗粒则是中间体。制粒的目的主要有以下几个方面。

**1.改善流动性**：一般颗粒状物料比粉末状物料粒径大，每个颗粒粒子周围可接触的粒子数目少，因而黏附性、凝集性大为减弱，从而大大改善颗粒的流动性，物料虽然是固体，但使其具备与液体一样定量处理的可能。

**2.防止各成分的离析**：混合物各组分的粒度、密度存在差异时，容易出现离析现象。混合后制粒，或制粒后混合可有效地防止离析现象的发生。

**3.防止粉尘**：制粒后可有效避免粉尘飞扬及器壁上的黏附，防止环境污染与原料的损失。

**4.调整堆密度，改善物料的溶解性能。**

**5.改善片剂生产中压力的均匀传递。**

生产小能手

## 一、常用的制粒方法

生产中常用的制粒方法有湿法制粒和干法制粒两种。

### 1.湿法制粒

湿法制粒是在混合均匀的原辅料中加入液体黏合剂或湿润剂进行制粒的方法，主要包括制软材、制湿颗粒、干燥及整粒等过程，应用最为广泛。而对于热敏性、湿敏性、极易溶性等特殊物料需采用其他方法制粒。目前湿法制粒主要有三种生产工艺：挤压制粒、高速搅拌制粒和一步制粒。

**采用湿法制粒的颗粒剂生产工艺流程**包括原辅料的粉碎和过筛、配料、制软材和制粒、干燥、整粒、混合、内外包装等工序，如图14-2所示。本模块主

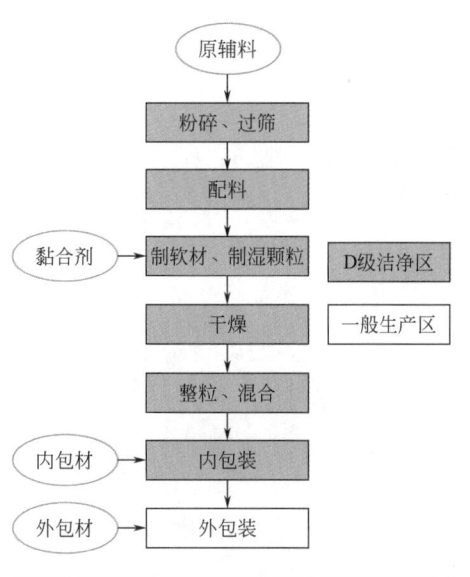

图14-2　颗粒剂（湿法制粒）生产工艺流程

要介绍制软材和制粒过程，其他参见"项目四　模块13　制备散剂"中的相关内容。

（1）**挤压制粒**：将原辅料混合均匀后加入黏合剂或湿润剂制成软材，适宜的软材应"握之成团、轻压即散"，再以挤压方式通过一定孔径的筛网，制成大小均匀的湿颗粒，再进行干燥和整粒获得干颗粒的方法。挤压制粒使用的设备是摇摆式颗粒机，常与槽形混合机配合使用，摇摆式颗粒机也可对干颗粒进行整粒。

（2）**高速搅拌制粒**：将原辅料在湿法制粒机（图14-3、图14-4）中混合均匀，再加入黏合剂或湿润剂，经过搅拌桨的搅拌和制粒刀的切割作用，使物料混合、制软材、切割成湿颗粒一次完成，制得的湿颗粒，再进行干燥、整粒制成所需干颗粒的方法。

湿颗粒干燥用的设备主要有热风循环干燥箱或沸腾干燥机，其设备结构和原理参见图14-5～图14-8。

图14-3　湿法制粒机外观

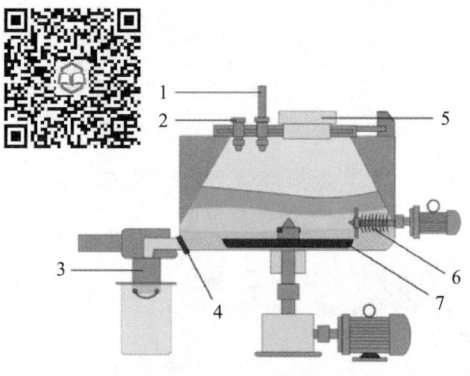

图14-4　湿法制粒机结构原理

1—黏合剂入口；2—呼吸器；3—出料口；4—出料挡板；5—顶盖；6—制粒刀；7—搅拌桨

图14-5　热风循环干燥箱外观

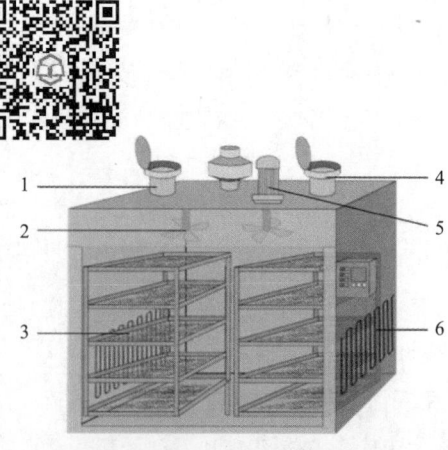

图14-6　热风循环干燥箱结构原理

1—出风空气过滤器；2—风扇；3—烘盘；4—出风空气过滤器；5—风机；6—加热管

图14-7 沸腾干燥机外观

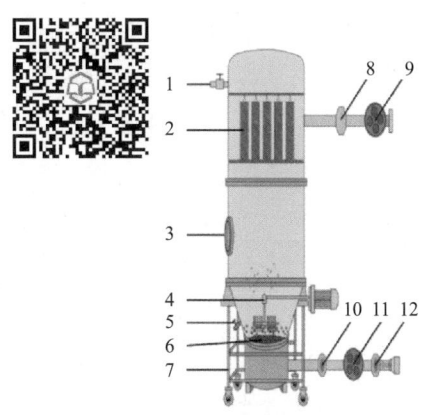

图14-8 沸腾干燥机结构原理

1—压缩空气阀门；2—捕集袋；3—视窗；4—搅拌桨；
5—取样孔；6—孔网板；7—料车；8—出风空气过滤器；
9—引风机；10—加热器；11—鼓风机；
12—进风空气过滤器

高速搅拌制粒的**特点**：能在一个容器内进行混合、捏合、制粒过程，和传统的挤压制粒相比，具有省工序、操作简单、快速等优点。改变搅拌桨的结构，调节黏合剂的用量及操作时间，可制备致密、强度高的适用于胶囊剂的颗粒，也可制备松软的适合压片的颗粒，因此在制药工业中的应用非常广泛。

但湿法制粒机的缺点是不能进行干燥。为了克服这个弱点，研制了带有干燥功能的搅拌制粒机，即在搅拌制粒机的底部开孔，物料在完成制粒后，通热风进行干燥，可节省人力、物力，减少人与物料的接触机会，适应GMP管理规范的要求。

课堂互动

请写出高速搅拌制粒机的主要部件名称并进行识别。

（3）**一步制粒**：是指将制软材、制湿颗粒和干燥在一步制粒机内一次性完成的制粒方法，有流化床制粒和喷雾制粒两种方法，常用的设备是**沸腾干燥制粒机**。

①**流化床制粒**：把药物粉末与辅料置于流化床内，从床层下部通过筛板吹入适宜温度的气流，使物料在流化状态下混合均匀，然后开始均匀喷入黏合剂或湿润剂液体，粉末逐渐聚结成粒，经过反复的喷雾和干燥，当颗粒的大小符合要求时停止喷雾，形成的颗粒继续在床层内经热风干燥成符合要求的颗粒。由于可在一台设备内完成混合、制粒和干燥过程，又称**一步制粒**。

②**喷雾制粒**：是指将药物溶液或混悬液用雾化器喷雾于干燥室内的热气流中，使水分迅速蒸发，直接制成球状干燥细颗粒的方法。该法在数秒内即可完成药液的

浓缩、干燥和制粒过程。以干燥为目的时称为喷雾干燥；以制粒为目的时称为喷雾制粒。图14-9为喷雾制粒的示意图。

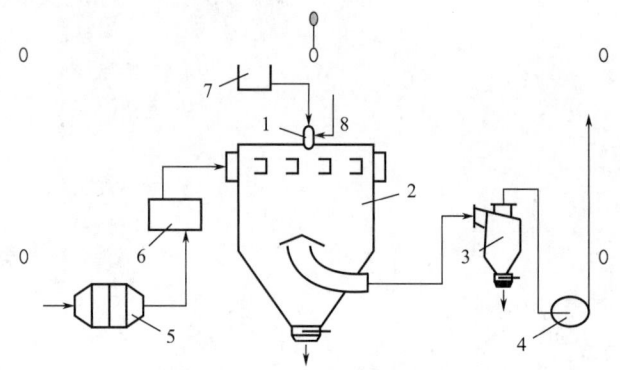

图14-9　喷雾制粒示意图

1—雾化器；2—干燥室；3—旋风分离器；4—风机；5—加热器；

6—电加热器；7—料液贮槽；8—压缩空气

　　喷雾制粒的**特点**：由液体直接得到粉状固体颗粒；热风温度高，雾滴比表面积大，干燥速度非常快（通常需要数秒至数十秒），物料的受热时间极短，干燥物料的温度相对低，适合于热敏性物料的干燥处理；颗粒的粒度范围约在30μm至数百微米，堆密度为200～600kg/m³，具有良好的溶解性、分散性和流动性。缺点是设备费用高、能量消耗大。

　　喷雾制粒法已经得到了广泛的应用与发展，如抗生素粉针的生产、微型胶囊的制备、固体分散体的研究以及中药提取液的干燥等，都利用了喷雾干燥制粒技术。

　　近年来开发出喷雾干燥与流化制粒结合在一体的新型制粒机。由顶部喷入的药液在干燥室经干燥后落到流化制粒机上，由上升气流流化，操作与流化制粒相同，整个操作过程非常紧凑。

**拓展阅读**

### 常用的干燥方法

　　1.**常压干燥**：是指在常压状态下进行干燥的方法。此法简单易行，适用于对热稳定的药物。常用设备是烘箱。

　　2.**减压干燥**：是指在密闭的容器中抽真空并进行干燥的方法，也称真空干燥。其特点是干燥温度低，速度快；适于热敏性物料和高温下易氧化物料的干燥。常用设备是真空干燥箱。

　　3.**喷雾干燥**：以热空气作为干燥介质，采用雾化器将液体物料分散成细小液滴，与热气流相遇时，水分迅速蒸发而获得干燥产品的干燥方法。使用的设备是喷雾干燥机。

4.**沸腾干燥**：又叫流化干燥，利用热空气使颗粒悬浮，呈沸腾状态，热空气在悬浮的湿颗粒间通过，进行热交换，带走水汽，达到干燥目的的方法。使用的设备是沸腾干燥机。

5.**冷冻干燥**：在低温和高真空度的条件下，利用水的升华而进行干燥的方法。特别适用于易受热分解的药物，一般生物制品、酶、抗生素等，多用此法干燥。常用设备为冷冻干燥机。（详见"模块11制备注射用无菌粉末"中"任务2"中的相关内容）。

### 2.干法制粒

干法制粒是将药物加入适宜的干燥黏合剂等辅料，直接压缩成较大片剂或片状物后，重新粉碎成所需大小的颗粒的方法。该法不加入任何液体，靠压缩力的作用使粒子间产生结合力。常用的干法制粒有压片法和滚压法两种。

（1）压片法：将固体粉末首先在重型压片机上压实，制成直径为20～25mm的胚片，然后再破碎成所需大小的颗粒。

（2）滚压法：利用转速相同的两个滚动圆筒之间的缝隙，将药物粉末滚压成片状物，然后通过颗粒机破碎，制成一定大小颗粒的方法。片状物的形状根据压轮表面的凹槽花纹决定，如光滑表面或瓦楞状沟槽等，干法制粒机结构和外观如图14-10和图14-11所示。

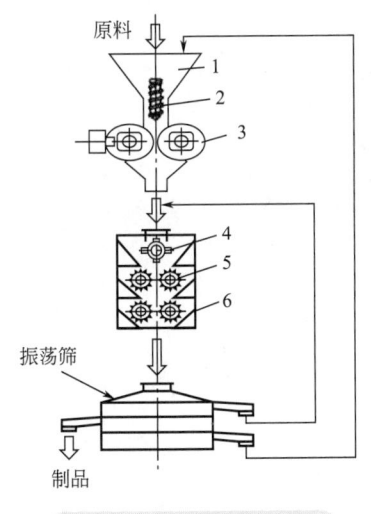

图14-10　干法制粒机结构

1—料斗；2—加料器；3—压轮；4—粉碎轮；
5—中碎轮；6—细碎轮

图14-11　干法制粒机外形

干法制粒常用于热敏性、遇水易分解以及容易压缩成型的药物的制粒，方法简单、省工省时。但采用干法制粒时，应注意由于压缩引起的药物晶型转变及活性降低的问题。

## 二、整粒和总混

湿颗粒在干燥过程中会结块和黏结，需进行过筛整粒，选出合适大小的颗粒，一般过12～14目筛去除过大颗粒，过60目筛去除细粉。常用的设备是摇摆式颗粒机。

颗粒分装前为保证药物含量均匀，需进行混合；如需要增加颗粒的流动性，可在总混时加入润滑剂。

## 三、颗粒剂的质量要求

**1.主药含量**：主药含量测定要符合规定。

**2.外观**：颗粒应干燥、均匀、色泽一致，无吸潮、软化、结块、潮解等现象。

**3.粒度**：除另有规定外，照《中国药典》粒度和粒度分布测定法（双筛法）检查，取单剂量包装颗粒剂5包或多剂量包装颗粒剂1包，称重，置药筛内轻轻筛动3min，不能通过一号筛和能通过五号筛的粉末总和不得超过15%。

**4.干燥失重**：除另有规定外，照《中国药典》的方法测定，105℃干燥恒重，减失重量不得超过2.0%。

**5.溶化性**：取供试颗粒10g，加热水200mL，搅拌5min，可溶性颗粒应全部溶化或可允许有轻微浑浊，但不得有异物。混悬型颗粒剂应能混悬均匀。泡腾性颗粒剂取单剂量包装3袋，分别置盛有200mL水中，水温15～25℃，应立即产生气体呈泡腾状，5min内颗粒完全分散或溶解，不得有异物。

**6.装量差异**：单剂量包装的颗粒剂，其装量差异限度应符合表14-2中的规定，凡规定检查含量均匀度的颗粒剂，不再检查装量差异。

表14-2　单剂量颗粒剂装量差异限度表

| 平均装量/g | 装量差异限度/% |
|---|---|
| 1.0或1.0以下 | ±10 |
| 1.0以上至1.5 | ±8 |
| 1.5以上至6.0 | ±7 |
| 6.0以上 | ±5 |

**7.装量**：多剂量包装的颗粒剂，照《中国药典》最低装量检查法检查，应符合规定，标准见表14-3所示。

表14-3　多剂量颗粒剂最低装量标准

| 标示装量 | 平均装量 | 每个容器装量 |
|---|---|---|
| 20g以下 | 不少于标示量 | 不少于标示量的93% |
| 20g至50g | 不少于标示量 | 不少于标示量的95% |
| 50g以上 | 不少于标示量 | 不少于标示量的97% |

 目标检测

**一、填空题**

颗粒剂根据其在水中的溶解性和释放速率的不同，可分为（　　　）、（　　　）、（　　　）、（　　　）、（　　　）等。

**二、单选题**

1.颗粒剂生产的工艺流程为（　　）。

（A）原辅料→粉碎、过筛、混合→制软材→制粒→干燥→整粒→分剂量→包装

（B）原辅料→粉碎、过筛、混合→制软材→干燥→制粒→整粒→分剂量→包装

（C）原辅料→粉碎、过筛、混合→制软材→制粒→整粒→干燥→分剂量→包装

（D）原辅料→粉碎、过筛、混合→干燥→制软材→制粒→整粒→分剂量→包装

2.颗粒剂对粒度的要求正确的是（　　）。

（A）不能通过1号筛和能通过4号筛的颗粒和粉末总和不得超过8.0%

（B）不能通过1号筛和能通过5号筛的颗粒和粉末总和不得超过15.0%

（C）不能通过1号筛和能通过4号筛的颗粒和粉末总和不得超过9.0%

（D）不能通过1号筛和能通过4号筛的颗粒和粉末总和不得超过6.0%

3.下列不属于颗粒剂质量检查项目的是（　　）。

（A）装量　　　　　（B）粒度检查　　　　　（C）装量差异　　　　　（D）崩解时限

4.颗粒剂与散剂相比，具有飞散性、团聚性、吸湿性和（　　）等均较小的特点。

（A）附着性　　　　　（B）溶解性　　　　　（C）储存性　　　　　（D）分散性

5.《中国药典》规定：单剂量包装颗粒剂，平均装量或标示装量在1.5g以上至6.0g，装量差异限度为（　　）。

（A）±8%　　　　　（B）±7%　　　　　（C）±5%　　　　　（D）±10%

**三、简答题**

1.颗粒剂的质量要求有哪些？

2.制粒生产工艺有哪些？各个工艺所需设备有哪些？

模块14　制备颗粒剂

221

学习目标

1. 能知道片剂的概念、分类、特点和质量要求。
2. 能看懂片剂的生产工艺流程。
3. 能认识压片、片剂的包衣生产设备的基本结构。
4. 能按操作规程进行压片、片剂包衣的生产操作。
5. 能进行压片、片剂包衣生产过程中的质量控制，能正确填写生产记录。

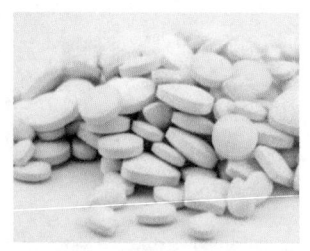

学习导入

**片剂**是固体制剂的主要剂型之一，也是生活中应用比较普遍的剂型。片剂大多为圆形，也有一些如椭圆形、三角形、菱形等的异形片。常见片剂形状如图15-1所示。

近几十年来，国内外药学工作者对片剂成型理论、崩解溶出机理以及各种新型辅料的不断研究，使片剂的生产技术和加工设备得到了很大的发展。

片剂生产中的粉碎、筛分和配料工序与"模块13 制备散剂"中的相关工序一样，制粒工序与"模块14 制备颗粒剂"中的相关工序一样，请参见相关内容。

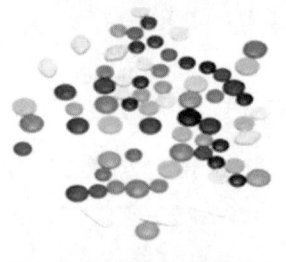

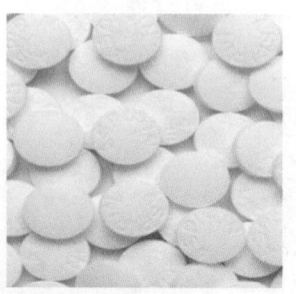

图15-1 片剂

# 虚胖变敦实——压卡托普利片

## 岗位任务

根据生产指令单（表15-1）的要求，按生产操作规范对卡托普利片进行压片操作，正确填写生产记录。

表15-1　卡托普利压片批生产指令单

| 品名 | 卡托普利片 | 规格 | 25mg/片 |
|---|---|---|---|
| 批号 | 180218 | 批量 | 1万片 |
| 卡托普利颗粒 | 2kg | 冲型及规格 | 6.0mm圆形浅凹模具 |
| 外观 | 表面完整光洁、色泽均匀、无杂色斑点和异物，无花斑、裂片、松片、缺角 | | |
| 硬度 | 15～30N | 脆碎度 | 不得超过0.6% |
| 应压片重 | 0.15g/95%=0.158g | | |
| 平均片重限度（±3%） | 0.153～0.163g | 单片重限度（±6%） | 0.149～0.167g |
| 生产开始日期 | ××××年××月××日 | | |
| 制表人 | | 制表日期 | |
| 审核人 | | 审核日期 | |
| 批准人 | | 批准日期 | |

## 生产过程

### 一、生产前检查

1.进入操作间，检查是否有"清场合格证"，且"清场合格证"在有效期内。

2.检查计量器具与称量的范围是否相符，有校验合格证并在使用有效期内。

3.检查操作间的温度、相对湿度、压差是否与要求相符，并记录。

4.接到批生产指令单、压片岗位操作规程、批生产记录等文件，明确产品名称、规格、批号、批量、工艺要求等指令。

5.按批生产指令单核对卡托普利颗粒中间体的品名、规格、批号、数量，检查外观、检验合格证等，确认无误后，交接双方在物料交接单上签字。

6.悬挂生产运行状态标识，进入生产操作。

## 二、生产操作

1.检查压片机上下压轮压力是否完全释放，确保所有冲头完好无损。

2.冲模安装顺序依次为模圈、上冲、下冲，安装好模圈后检查每个柱头螺丝是否锁紧，安装位置参见图15-2～图15-4。

3.在压片机转台上依次安装刮粉器、出片嘴、吸尘器、防护板及物料斗，检查上下冲在冲孔中是否活动自如。

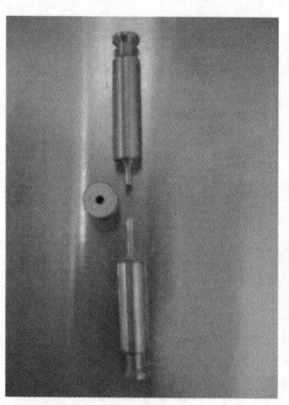  

图15-2　上冲、模圈、下冲　　　图15-3　模具的安装　　　图15-4　安装上下冲、模具的压片机

4.检查压片机各紧固件无松动后，进行空转，检查是否运行正常，无异常声响，确认空转正常。

5.将待压片颗粒加入料斗，启动压片机电源，同时启动吸尘器。

6.微调片重，使之在合格范围内，试压出小部分片剂后停机，从试压的片剂中抽检部分片剂做硬度检查和片重检查。

7.硬度检查合格后，重新开机，正式压片，每15min抽检一次，监控外观、片重和片重差异、硬度等，避免超限。

8.将合格药片装入洁净容器内，称重，填写物料标签，标明品名、批号、生产日期、操作人姓名等，挂于物料容器上。

9.及时填写压片生产记录。

## 三、质量监控

1.外观：表面完整光洁、色泽均匀、印字片字迹清晰、无杂色斑点和异物，无花斑、裂片、松片、缺角。

2.硬度：用全自动硬度仪测定时，产品不同，硬度的要求也不一样，本品硬度范围为 30 ～ 70N。

3.重量差异：取 20 片进行检查，超过重量差异限度的药片不得多于 2 片，并不得有 1 片超出限度 1 倍，见表 15-2 所示。

表 15-2　片剂重量差异限度表

| 平均片重或标示片重 | 重量差异限度 |
| --- | --- |
| 0.30g 以下 | ± 7.5% |
| 0.30g 或 0.30g 以上 | ± 5% |

## 四、清洁清场

1.将操作间的状态标志改写为"清洁中"。

2.将整批的产品数量重新核对一遍，检查物料标签，确实无误后，交下工序生产或送到中间站。

3.清退剩余物料、废料，并按车间生产过程剩余产品的处理标准操作规程进行处理。

4.按清洁标准操作规程，清洁和消毒所用过的设备、生产场地、用具及容器。

5.清场后，及时填写清场记录，自检合格后，请质检员或检查员检查。

6.经检查合格，发放清场合格证。

## 五、常见问题

压片过程中的常见问题及解决方法见表 15-3 所示。

表 15-3　压片常见问题及解决方法

| 常出现的问题 | 产生原因及其解决方法 | | |
| --- | --- | --- | --- |
| | 药物方面 | 颗粒方面 | 机械方面 |
| 1.裂片 | 颗粒中含纤维性药物、油类成分药物、易脆碎药物时，因药物塑性差、结合力弱，易产生裂片，可选用弹性小、黏性大的辅料（如糖粉） | ①颗粒过粗、过细、细粉过多，应再整粒或重新制粒；②黏合剂选择不当或用量不够，可加入干燥黏合剂混匀后压片；③颗粒过分干燥或含结晶水的药物失去结晶水，可与含水分较多的颗粒掺和压片，或喷入适量的乙醇密闭备用 | ①压力过大或车速过快，可适当减小压力或减慢车速；②冲模不合要求或冲模已磨损，应及时调换冲模 |

| 常出现的问题 | 产生原因及其解决方法 | | |
|---|---|---|---|
| | 药物方面 | 颗粒方面 | 机械方面 |
| 2.松片 | 含纤维性药物弹性回复大,可压性差;油类成分含量高的药物可压性差。可加入易塑形变的辅料和有一定渗透性、黏性强的黏合剂 | ①颗粒质松,细粉多,黏合剂或润湿剂选择不当或用量不够,可另选黏性较强的黏合剂或润湿剂重新制粒;②颗粒含水量少,应调整、控制颗粒含水量 | 压力过小或冲头长短不齐,受压小者产生松片;下冲下降不灵活,使模孔中颗粒填充不足时亦会产生松片,可通过调整压力和调换冲头、冲模 |
| 3.粘冲 | 药物易吸湿,室内应保持干燥,避免药物吸湿受潮 | ①颗粒干燥不完全或在潮湿中暴露过久,应重新干燥至规定要求;②润滑剂用量不够或混合不匀,处理时,前者加量,后者充分混匀 | 冲模表面粗糙、锈蚀、冲头刻字太深或有棱角,可擦亮,使之光滑或调换冲头 |
| 4.片重差异超限 | | ①颗粒粗细相差悬殊,细粉量太多,应重新整粒或筛去过多细粉,必要时重新制粒;②颗粒流动性不好,可加入适宜的助流剂,改善颗粒的流动性 | ①加料斗内的颗粒时多、时少或双轨压片机的两个加料器不平衡,应保证加料斗中有1/3体积以上的颗粒;②冲头和冲模吻合性不好,下冲升降不灵活,可更换或调整冲头、冲模 |
| 5.崩解迟缓 | | ①颗粒过硬、过粗,黏合剂黏性太强或用量太多,可将粗粒过20～40目筛整粒或采用高浓度乙醇喷入,使颗粒硬度降低;②崩解剂用量不足、干燥不够或选择不当,可增加用量、用前干燥、选用适当崩解剂;③疏水性润滑剂用量太多,应减少用量或改用亲水性润滑剂 | 如压力过大,压出片子过于坚硬,可减小压力来解决 |
| 6.变色与花斑 | ①药物引湿、氧化、变色,应控制空气中湿度和避免与金属器皿接触;②主辅料颜色差别大,制粒前未磨细或混匀,需进行返工处理 | 有色颗粒松紧不均,应重新制颗粒,选用适宜的润湿剂制出粗细均匀、松紧适宜的颗粒 | 压片机上有油斑或上冲有油垢,应经常擦拭压片机冲头并在上冲头装一橡皮圈,以防油垢落入颗粒 |

| 常出现的问题 | 产生原因及其解决方法 | | |
|---|---|---|---|
| | 药物方面 | 颗粒方面 | 机械方面 |
| 7.叠片 | | | ①压片机出片调节器调节不当，还没出片，饲粉器又将颗粒加于模孔，重复加压成厚片；②由于粘冲致使片剂粘在上冲，再继续压入已装满颗粒的模孔中而成双片 |

知识加油站

## 一、片剂的定义和分类

片剂是指原料药物或与适宜的辅料制成的圆形或异形片状固体制剂。

片剂以口服普通片为主，另有含片、舌下片、口腔贴片、咀嚼片、分散片、可溶片、泡腾片、阴道片、阴道泡腾片、缓释片、控释片、肠溶片与口崩片等。

**含片**是含于口腔中缓慢溶化，产生局部或全身作用的片剂，主要起局部消炎、杀菌、收敛、止痛或局麻作用。如草珊瑚含片。

**舌下片**是置于舌下能迅速溶化，药物经舌下黏膜吸收，发挥全身作用的片剂。主要用于急症的治疗，如硝酸甘油舌下片。

**口腔贴片**是粘贴于口腔，经黏膜吸收后起局部或全身作用的片剂。如口腔溃疡贴片。

**咀嚼片**是指于口腔中咀嚼后吞服的片剂。如维生素C咀嚼片。

**分散片**是指在水中能迅速崩解并均匀分散的片剂。如阿奇霉素分散片。

**可溶片**是指临用前能溶解于水的非包衣片或薄膜包衣片剂，可供内服、外用、含漱等。

**泡腾片**是指含有碳酸氢钠和有机酸，遇水可产生气体而呈泡腾状的片剂。如维生素C泡腾片。

**阴道片与阴道泡腾片**是指置于阴道内使用的片剂，在阴道内易溶化、溶散或融化、崩解并释放药物，主要起局部消炎、杀菌作用。如甲硝唑阴道泡腾片、克霉唑阴道片。

**缓释片**是在规定的介质中缓慢地非恒速释放药物的片剂。如盐酸二甲双胍缓释片。

**控释片**是在规定的介质中缓慢地恒速释放药物的片剂。如硝苯地平控释片。

**肠溶片**是指用肠溶性包衣材料进行包衣的片剂。可防止药物在胃内分解失效、对胃刺激或控制药物在肠道内定位释放，如阿司匹林肠溶片。

**口崩片**是指在口腔内不需要水，即能迅速崩解或溶解的片剂。一般适用于小剂量药物，如利培酮口崩片。

## 二、片剂的特点

片剂与其他剂型相比有如下**优点**：①通常片剂的溶出度及生物利用度较丸剂好；②剂量准确，片剂的药物含量差异较小；③质量稳定，片剂为干燥固体，且某些易氧化变质及易潮解的药物可借包衣加以保护，光线、空气、水分等对其影响较小；④服用、携带、运输等较方便；⑤机械化生产，产量大，成本低，卫生标准容易达到。

片剂也存在如下**缺点**：①片剂中需加入若干赋形剂，并经过压缩成型，溶出速度较散剂和胶囊剂慢，有时影响其生物利用度；②儿童及昏迷患者不易吞服；③含挥发性成分的片剂贮存较久时含量会下降。

## 三、片剂的辅料

### 1.辅料的作用

片剂的辅料是指片剂中除药物以外一切辅助物质的总称，亦称**赋形剂**，它们可赋予片剂一定的形态和结构，起到填充、黏合、吸附、崩解和润滑等作用，根据需要片剂中还可加入着色剂、矫味剂等，以提高患者的顺应性。

要制备出符合质量要求的片剂，物料必须具备以下条件：①一定的流动性，便于药物定量填充到模孔内；②一定的润滑性，使压制的片剂外观光洁、不粘冲头和冲模；③一定的黏着性，便于物料压缩成型和硬度适中；④在体液中能迅速崩解、溶出和吸收。实际上很少有药物能完全具备以上所有条件，因此必须加入适宜的辅料并经适当处理，以达到上述基本要求，满足片剂制备工艺和产品质量的需要。

### 2.辅料的分类

片剂的辅料必须具备较高的化学稳定性，不与主药发生任何物理化学反应，对人体无毒、无害、无不良反应，不影响主药的疗效和含量测定，加入的辅料都应符合药用标准或药品注册标准。辅料对片剂的性质和药效有时可产生很大的影响，因此必须熟悉各种辅料的特点，根据主药的理化性质和生物学性质，结合具体生产工艺，选用适当的辅料。

（1）**稀释剂与吸收剂**：常统称为填充剂，主要作用是增加制剂的质量与体积，有利于成型和分剂量。常用的填充剂及其特性见表15-4所示。

表15-4　片剂常用的填充剂

| 物料名称 | 特性 |
|---|---|
| 淀粉 | 可压性差，一般与糊精、蔗糖等合用 |
| 可压性淀粉 | 具可压性、流动性和润滑性，可作粉末直接压片 |

| 物料名称 | 特性 |
|---|---|
| 糊精 | 较强的黏性，使用过量会使颗粒过硬 |
| 糖粉 | 黏性强、易吸潮结块 |
| 甘露醇 | 具凉爽、甜味感，常用于咀嚼片、口含片 |
| 乳糖 | 适用于引湿性药物，可压性好，可作粉末直接压片 |
| 无机钙盐 | 可作稀释剂和挥发油吸收剂 |

（2）润湿剂与黏合剂：润湿剂与黏合剂具有使固体粉末黏结成型的作用。本身无黏性，但可润湿药粉，诱发药物自身黏性的液体称为**润湿剂**。本身具有黏性，能使药物黏结成颗粒，便于制粒和压片的称为**黏合剂**。常见的润湿剂、黏合剂及其特性见表15-5所示。

表15-5　片剂常用的润湿剂与黏合剂

| 物料名称 | 特性 |
|---|---|
| 水 | 适用于耐热、遇水不易水解的药物 |
| 乙醇 | 常用浓度为30%～70%，适用于黏性较强、遇水分解、受热易变质、片面产生麻点或花斑、崩解时间超限的药物 |
| 淀粉浆 | 一般浓度为5%～15%，常用浓度为10%，适用于对湿热较为稳定且本身又不太松散的药物 |
| 糊精 | 用作干燥黏合剂，黏性较强，当用量超过50%时，宜用40%～50%的乙醇为湿润剂 |
| 糖粉与糖浆 | 糖浆常用浓度为50%～70%，适用于中药纤维性很强的及质地疏松、弹性较大的药物 |
| 胶浆类 | 具有强黏合性，适用于可压性差的松散性药物或作为硬度要求大的口含片的黏合剂 |
| 纤维素衍生物类 | 有羧甲基纤维素钠（CMC-Na）、羟丙基纤维素（HPC）、微晶纤维素（MCC）等，可用于粉末直接压片 |
| 高分子聚合物 | 聚维酮（PVP），常用浓度3%～15%；聚乙二醇4000具有良好的水溶性，可做粉末直接压片的干燥黏合剂 |

拓展阅读

### 淀粉浆的制备方法

淀粉浆的制法有**煮浆法和冲浆法**两种。煮浆法是将淀粉加全量冷水搅匀，置夹层容器内加热搅拌使糊化而成；冲浆法是取淀粉加少量冷水（1：1.5）混悬后，冲入一定量沸水（或蒸汽加热），并不断搅拌使糊化而成。前者淀粉粒糊化完全，黏性较后者强。

模块 15　制备片剂

（3）**崩解剂**：崩解剂是能使药片在胃肠道中迅速溶解或崩解，从而发挥药效的一类物质。由于片剂制备时受压的因素，导致其在水中溶解或崩解需要一定的时间，因此，为使片剂迅速发挥药效，除缓释片、口含片、舌下片、咀嚼片等有特殊要求的片剂外，一般均需加入崩解剂。片剂中常见的崩解剂及其特性如表15-6所示。

表15-6　片剂常用的崩解剂

| 物料名称 | 特　性 |
|---|---|
| 干燥淀粉 | 于100～105℃先行活化，使含水量在8%以下的淀粉。适用于不溶性或微溶性药物的片剂，用量为5%～20% |
| 羧甲基淀粉钠（CMS-Na） | 吸水后体积可膨胀200～300倍，适用于可溶性和不溶性药物，用量一般为片重的2%～5%，即可用于湿法制粒压片，也可用于粉末直接压片 |
| 低取代羟丙基纤维素（L-HPC） | 吸水后体积可膨胀500%～700%，用量一般为片重2%～5%。具有黏结和崩解双重作用 |
| 泡腾崩解剂 | 遇水产生二氧化碳气体而使片剂崩解，常用碳酸氢钠与酒石酸或枸橼酸组成，用于溶液片、阴道片等。生产和贮存时要防止吸潮 |
| 其他 | 交联聚维酮（PVPP），用量一般为1%～4%；表面活性剂，如聚山梨酯80、月桂醇硫酸钠等；微晶纤维素和可压性淀粉也是良好的崩解剂 |

片剂崩解剂的加入方法有如下几种。

内加法：将崩解剂与处方中的原辅料混合在一起制成颗粒。此法崩解作用起自颗粒内部，一经崩解便成药物粉粒，有利于药物溶出，但因崩解剂包于颗粒内部，与水接触迟缓，故崩解缓慢。

外加法：将崩解剂与已制成的干燥颗粒混合后压片。此法崩解作用起自颗粒之间，崩解迅速，直接崩解成颗粒，但不易崩解成粉粒，溶出稍差。

内外加法：内加法和外加法合并，即将崩解剂用量的50%～75%与原辅料混合制颗粒（内加），其余加在干颗粒中（外加）。当片剂遇水时首先崩解成颗粒，颗粒继续崩解成细粉，药物溶出较快，是较为理想的方法，崩解效果好。

（4）**润滑剂**：压片前，物料中应加入一定量的润滑剂，起润滑、抗黏附、助流的作用。片剂中常用的润滑剂及其特性见表15-7所示。

表15-7　片剂常用的润滑剂

| 物料名称 | 特　性 |
|---|---|
| 硬脂酸镁 | 水不溶性、润滑性强、抗黏附性好，助流性差；用量一般为0.25%～1% |
| 滑石粉 | 水不溶性、助流性、抗黏着性良好，润滑性差；用量一般为0.1%～3% |
| 微粉硅胶 | 水不溶性、流动性和可压性好，是粉末直接压片的优良辅料；用量一般为0.15%～3% |

（5）**着色剂与矫味剂**

着色剂：可使片剂美观且易于识别。着色剂一般为药用或食用色素，如苋菜红、柠檬黄、胭脂红等，用量一般不超过0.05%。

矫味剂：加入矫味剂可掩盖咸、涩、苦味，口含片和咀嚼片中常用芳香剂和甜味剂作矫味剂，使患者乐于服用。常用的甜味剂有蔗糖或单糖浆、蜂蜜等，人工甜味剂有糖精钠、甜味素等。

## 四、片重的计算

**1.按主药含量计算片重**：药物制成干颗粒时，经过一系列的操作过程，原料药有所损耗，所以应对颗料中主药的实际含量进行测定，然后按下列公式计算出应压片重：

$$片重 = \frac{每片含主药量（标示量）}{颗粒中主药的百分含量（实测值）}$$

例如：某片剂中主药每片含量为0.2g，测得颗粒中主药的百分含量为50%，则每片所需的颗粒量应为：0.2g/（50%）=0.4g。

**2.按干颗粒总重计算片重**：在实际生产中，考虑到原料的损耗，增加了原料药的投料量，则片重按下列公式计算，而成分复杂、没有含量测定方法的中草药片剂只能按下列公式计算：

$$片重 = \frac{干颗粒+压片前加入的辅料量}{预定的应压片数}$$

 生产小能手

## 一、片剂的生产方法

**片剂的生产方法**按制备工艺不同分为**制粒压片法**和**直接压片法**。制粒压片法又可分湿法制粒压片法和干法制粒压片法两种；直接压片法有结晶直接压片法和粉末直接压片法两种。现阶段常用的是湿法制粒压片法。

### 1.制粒压片法

可分为湿法制粒压片法和干法制粒压片法，其中湿法制粒压片法应用较为广泛。

（1）**湿法制粒压片法**：是指原辅料混合均匀后，加入润湿剂或黏合剂，制成颗粒，加入崩解剂和润滑剂后压制成片剂的方法。适用于不能直接压片，对湿、热稳定的药物。

**湿法制粒压片法的片剂生产工艺流程**如图15-5所示，包括配料、制粒、干燥、整粒和混合、压片、包衣、内外包装等工序。

（2）**干法制粒压片法**：对湿、热敏感，不够稳定的药物，可采用干法制粒，如采用压片法或滚压法制得的颗粒进行压片。

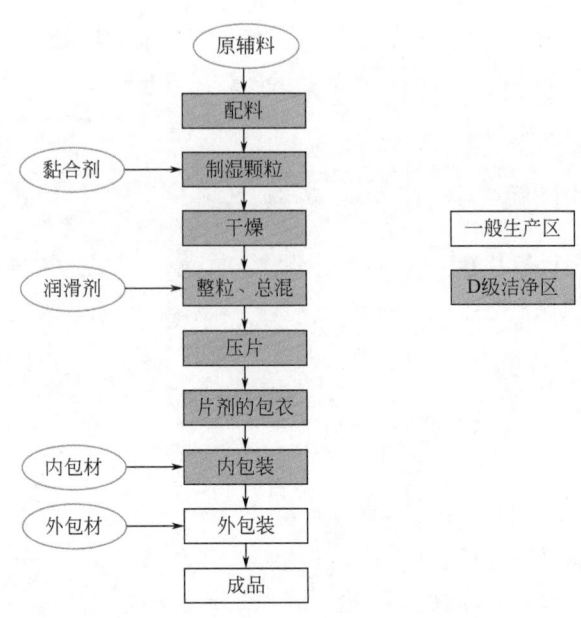

图15-5 片剂（湿法制粒压片）生产工艺流程

### 2.直接压片法

不经过制粒过程，直接把原辅料混合后进行压片的方法，可分为结晶直接压片法和粉末直接压片法。国外直接压片法应用较多，国内受辅料和设备技术的制约，应用尚不广泛。

**（1）结晶直接压片法**：流动性和可压性均好的结晶性药物，如氯化钠、溴化钾、硫酸亚铁等无机盐及维生素C等有机物，只需适当粉碎、过筛和干燥，再加入适量的崩解剂、润滑剂即可压片成型。

**（2）粉末直接压片法**：是药物粉末与适宜的辅料混合后，不经制粒而直接压片的方法。省去了制粒和干燥过程，工艺简单，适用于对湿热不稳定的药物。当药物本身具有良好的流动性和可压性，且剂量较大时，可采用粉末直接压片；但大多数药物本身不具有良好的流动性和可压性，粉末直接压片存在一定困难时，可选择适宜的辅料、改变药物性状等方法解决。优良药用辅料的使用，如微晶纤维素、可压性淀粉、喷雾干燥乳糖、微粉硅胶等，促进了粉末直接压片的发展。

## 二、压片机

**压片机**的种类有单冲压片机和多冲旋转式压片机，其压片过程基本相同。在此基础上根据不同的特殊要求，还有二次或三次压制压片机、多层片压片机等。

### 1.多冲旋转式压片机

由均匀分布于转台的多副冲模按一定轨道做圆周升降运动，通过上下压轮使上下冲头做挤压动作，将颗粒状物料压制成片剂，是大规模生产中广泛使用的压片机。多冲旋转式压片机的外观和构造如图15-6、图15-7所示。

图15-6　旋转式压片机外观

压片机的机台分三层，上层装上冲，中层装模圈，下层装下冲；另有上下压轮、片重调节器、压力调节器、加料斗、刮料器、出片调节器以及吸尘器和防护装置等。旋转式压片机按流程有单流程（上、下压轮各一个）和双流程（两套上、下压轮）之分。按冲模数目分为8冲、10冲、16冲、19冲、27冲、33冲、55冲、75冲等多种型号。

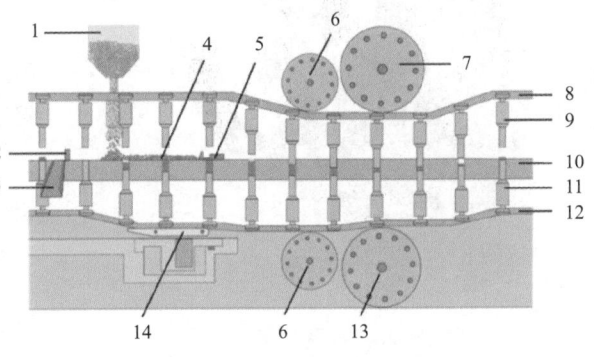

图15-7　旋转式压片机结构原理

1—料斗；2—出片挡板；3—出片槽；4—颗粒/粉末；
5—刮粉器；6—预压轮；7—上压轮；8—上导轨；
9—上冲；10—中模；11—下冲；12—下导轨；
13—下压轮（压片/片厚调节）；14—片重调节器

旋转式压片机的压片过程可分为填料、压片和出片三个步骤，压片是靠上、下压轮对上下冲头的挤压成型。

**压片机的冲和模**是压片机的重要工作部件，需用轴承钢优质钢材制成，有足够的机械强度和耐磨性能；一般均为圆形，端部具有不同的弧度，深弧度的一般用于压制包糖衣片的芯片。此外，还有压制异形片的冲模，如三角形、椭圆形等，如图15-8所示。

图15-8　压片机的冲和模

## 2. 单冲压片机

一般仅用于新产品试制。其构造主要由转动轮、饲料器、调节装置、压缩部件四部分组成，如图15-9和图15-10所示。**转动轮**是压片机的动力部分；**饲料器**负责将颗粒填充到模孔中，并把被下冲从模孔中顶出的片剂推至收集器中；**压缩部件**由上冲、下冲和模圈构成，是直接实施压片的部分，并决定了片剂的大小、形状。**调节装置**由三个调节器构成，压力调节器负责调节上冲下降的深度，下降越深，压力越大，片子越硬，其决定片剂的硬度。出片调节器负责调节下冲出片时的抬起高度，使之恰好与模圈的上缘相平，从而把压制成型的片剂顺利顶出模孔，被饲料器推开。片重调节器负责调节下冲下降时的深度，从而调节模孔填充的容积来控制片重，下降越深，片重越大。

图15-9　单冲压片机

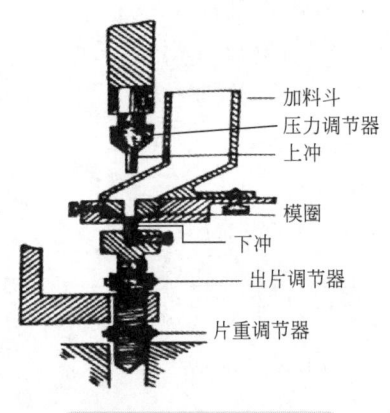

加料斗
压力调节器
上冲
模圈
下冲
出片调节器
片重调节器

图15-10　单冲压片机结构

拓展阅读

### 高速压片机

高速压片机的特点是转速快，产量高，片剂质量好，压片时采用双压，能将颗粒状物料连续进行压片，除可压制普通圆片外，还能压各种形状的异形片，具有全封闭，压力大，噪声低，生产效率高，润滑系统完善，操作自动化等特点。

高速压片机的主电机通过交流变频无级调速器（图15-11），经蜗轮减速后带动转台旋转，转台的转动使上下冲头在导轨的作用下，产生上下相对运动，颗粒以填充、预压、主压、出片等工序后压成片剂，整个压片过程中，控制系统通过对信号的检测、传输、计算、处理等实现对片重的自动化控制，废片自动剔除。

图15-11 GZPK100系列压片机

### 三、片剂的质量要求

**1.外观**：片剂表面完整光洁、色泽均匀、字迹清晰、无杂色斑点和异物，并在规定的有效期内保持不变。

**2.脆碎度**：按《中国药典》片剂脆碎度检查法进行检查，减失的重量不得超过1%，且不得检出断裂、龟裂及粉碎的药片。如减失的重量超过1%，复检两次，三次的平均减失重量不得超过1%。

**3.重量差异**：精密称取20片总重，求得平均片重，再精密称定每片的重量，与平均片重比较，按表15-2中的规定，超过重量差异限度的药片不得多于2片，并不得有1片超出限度1倍。

**4.崩解时限**：崩解是指口服固体制剂在规定条件下全部崩解或溶散成碎粒，除不溶性包衣材料外，应全部通过筛网。如有少量不能通过筛网，但已软化或轻质上漂且无硬芯者，可作符合规定论。采用吊篮法测定崩解时限，按表15-8所示，6片均应在规定的时间内溶散或崩解成碎粒，并全部通过筛网，如有1片崩解不完全，应另取6片复试均应符合规定。

薄膜衣片可在盐酸溶液（9→1000）中进行检查。

表15-8 片剂崩解时限

| 片剂种类 | 崩解时限/min | 片剂种类 | 崩解时限/min |
|---|---|---|---|
| 普通压制片 | 15 | 薄膜衣 | 30 |
| 中药浸膏（半浸膏）片、药材全粉片 | 30 | 糖衣片 | 60 |

**5.溶出度与释放度**：溶出度是指活性药物从片剂、胶囊剂或颗粒剂等制剂在规定条件下溶出的速度和程度。一般难溶性药物和小剂量、药效强、副作用大的药物应进行检查。

**释放度**是指药物从缓释制剂、控释制剂、肠溶制剂及透皮贴剂等在规定条件下释放的速度和程度。

凡进行溶出度和释放度检查的制剂，不再进行崩解时限的检查。

按《中国药典》规定的方法，按标示含量计算，均应不低于规定限度。

**6.含量均匀度**：指小剂量或单剂量的固体制剂、半固体制剂和非均相液体制剂的每片（个）含量符合标示量的程度。除另有规定外，每片（个）标示量小于25mg或主药含量小于每片重量25%者，均应检查含量均匀度，凡检查含量均匀度的制剂，不需检查重量差异。

**7.鉴别和含量测定**：根据片剂中所含药物的特殊反应，用光谱法、色谱法等进行定性鉴别；主药含量应在标准规定的限度内。

**8.微生物限度**：化学药物的片剂不得检出大肠杆菌，细菌总数不得超过1000个/g，霉菌、酵母菌数不得超过100个/g。

### 仿制药一致性评价

仿制药一致性评价是对已经批准上市的仿制药，按与原研药品质量和疗效一致的原则，进行质量一致性评价，即仿制药需在质量与药效上达到与原研药一致的水平。

开展仿制药一致性评价，可以使仿制药在质量和疗效上与原研药一致，在临床上可替代原研药，不仅可以节约医疗费用，同时也提升我国的仿制药质量和制药行业的整体发展水平，保证公众用药安全有效。

开展一致性评价，药品生产企业须以参比制剂为对照，开展比对研究，包括处方、质量标准、晶型、粒度和杂质等主要药学指标的比较研究，以及固体制剂溶出曲线的比较研究，以提高体内生物等效性试验的成功率，并为将药品特征溶出曲线列入相应的质量标准提供依据；有的品种还需要开展生物等效性试验。

### 复方磺胺甲噁唑片

【处方】磺胺甲噁唑4000g     甲氧苄啶800g     淀粉400g

        10%淀粉浆240g     干淀粉230g     硬脂酸镁30g

        制成10000片（每片含磺胺甲噁唑0.4g，甲氧苄啶0.08g）

【制法】将磺胺甲噁唑、甲氧苄啶过80目筛，与淀粉混匀，加淀粉浆制成软材，以14目筛制粒后，置70～80℃干燥，用12目筛整粒，加入干淀粉及硬脂酸镁混匀后，压片，即得。

【分析】这是典型的湿法制粒压片的实例，处方中磺胺甲噁唑和甲氧苄啶为主药，甲氧苄啶为抗菌增效剂，常与磺胺类药物联合应用，以使药物对革兰阴性菌（如痢疾杆菌、大肠杆菌等）有更强的抑菌作用。淀粉主要作为填充剂，同时也兼有内加崩解剂的作用；干淀粉4%左右，为外加崩解剂；淀粉浆为黏合剂；硬脂酸镁0.5%左右，为润滑剂。

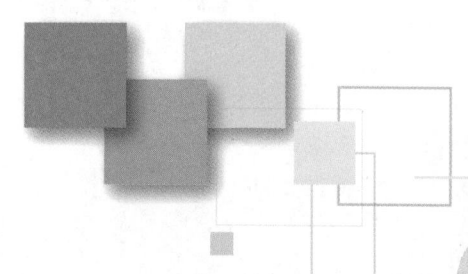

任务2 穿件防护服——
给卡托普利片包薄膜衣

## 岗位任务

根据生产指令单（表15-9）的要求，按生产操作规范进行卡托普利片的包衣操作，正确填写生产记录。

表15-9　卡托普利片包衣批生产指令单

| 品名 | 卡托普利片 | 规格 | 25mg/片 |
|---|---|---|---|
| 批号 | 180218 | 理论投料量 | 700g |
| 卡托普利素片 | 0.7kg | 包衣增重 | 3% |
| 胃溶性包衣预混剂 | 21g | 纯化水 | 84g |
| 规格 | 胃溶型 | 批号 | F0920180110 |
| 包衣片外观 | 片面完整，光洁平整，色泽均匀，无异物 | | |
| 生产开始日期 | ××××年××月××日 | | |
| 制表人 | | 制表日期 | |
| 审核人 | | 审核日期 | |
| 批准人 | | 批准日期 | |

## 一、生产前检查

1.进入操作间，检查是否有"清场合格证"，且"清场合格证"在有效期内。

2.检查计量器具与称量的范围是否相符，有校验合格证并在使用有效期内。

3.检查操作间的温度、相对湿度、压差是否与要求相符，并记录。

4.接到批生产指令单、包衣岗位操作规程、批生产记录等文件，明确产品名称、规格、批号、批量、工艺要求等指令。

5.按批生产指令单核对卡托普利素片和包衣材料的品名、规格、批号、数量，检查外观、检验合格证等，确认无误后，交接双方在物料交接单上签字。

6.悬挂生产运行状态标识，进入生产操作。

## 二、生产操作

1.接通电源，启动按钮，检查包衣机运转是否正常、有无杂音、漏电现象，确认无误后，关闭启动按钮。

2.包衣液的配制：用台秤称取生产指令量的胃溶性包衣预混剂。在烧杯中加入纯化水，启动磁力搅拌机，使液面刚好形成旋涡为宜。将包衣粉平稳撒在旋涡液面上，整个过程在5min内完成，加料完毕，再持续搅拌45min至包衣粉完全混匀。配制完成，包衣液过80目筛备用。

3.充分搅拌衣浆，打开蠕动泵气路上的球阀，将压力调至0.2MPa，打开喷枪压缩空气路上球阀，雾化压力调至0.2～0.3MPa。

4.喷枪调整：把喷枪推回锅内中间位置，使片芯与喷枪之间的距离保持在20～30mm为宜，枪口对准片芯旋转面中间偏上部位，衣浆雾化均匀，雾化夹角在30°～60°之间，雾化压力调整为0.2MPa，喷枪的结构如图15-12和图15-13所示。

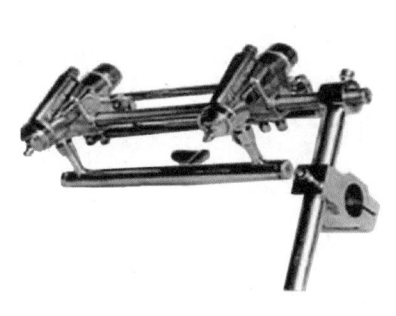

图15-12 喷枪

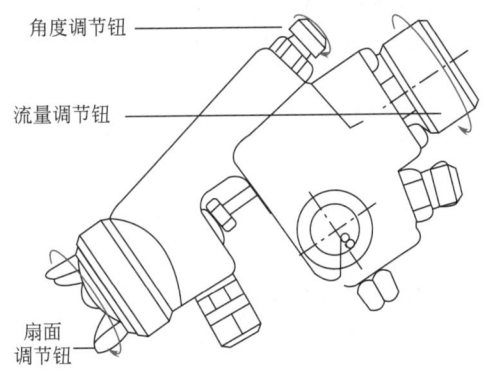

图15-13 喷枪结构

5.设定程序，先预热素片，设定时间为10min，进风温度50～75℃，正向通风。

6.调节蠕动泵刻度为0.2mm，打开蒸汽阀及压缩空气开关，蒸汽压力、压缩空气压力均大于0.4MPa。

7.按手动键，进入手动操作程序。启动匀浆后，进入预热阶段，预热阶段的锅速保持6r/min，当出风温度达到45℃时，先点击喷枪再点击喷浆，进入包衣阶段。

8.包衣程序进行10～20min后，将转速调至8r/min，程序进行30min后，再将转速调至10r/min，并将蠕动泵刻度调至0.3mm，程序进行60min后，将转速调至12r/min，雾化压力调整为0.3MPa，在包衣过程中，保持出风温度在45～55℃，根据温度变化随时调节进风温度。

9.等处方量的衣浆喷完后点击喷枪电磁阀，喷枪电磁阀还将延时1min再关闭。

10.喷完衣浆后，关闭热风机、蒸汽阀门，继续转10min进行滚光和冷却。待片子手感干燥、表面出现亮光后，停排风机，停转包衣锅。将蠕动泵的吸浆过滤器从锅内取出，关闭压缩空气和蠕动泵的球阀，挂上出片斗，将锅速调节至6 r/min，将片子出锅。

11.将包制完毕的薄膜衣片装入洁净的容器内，称重，填写物料标签，标明品名、批号、生产日期、操作人姓名等，挂于物料容器上。

12.及时填写包衣生产记录。

### 三、质量监控

1.进风温度、出风温度、转速、雾化压力等参数符合工艺要求。

2.包衣片外观、增重符合规定。

3.包衣片的崩解时限符合规定。

### 四、清洁清场

1.将操作间的状态标志改写为"清洁中"。

2.将整批的产品数量重新核对一遍，检查物料标签，确实无误后，交下工序生产或送到中间站。

3.清退剩余物料、废料，并按车间生产过程剩余产品的处理标准操作规程进行处理。

4.按清洁标准操作规程，清洁和消毒所用过的设备、生产场地、用具及容器。

5.清场后，及时填写清场记录，自检合格后，请质检员或检查员检查。

6.经检查合格，发放清场合格证。

### 五、常见问题

片剂薄膜包衣过程常见问题及解决办法见表15-10。

**表15-10　片剂薄膜包衣过程常见问题及解决办法**

| 类别 | 出现的问题 | 原因 | 解决办法 |
|---|---|---|---|
| 薄膜衣片 | 起泡 | 固化条件不当，干燥速度过快 | 掌握成膜条件，控制干燥温度和速度等 |
| | 皱皮 | 选择衣料不当，干燥条件不当 | 更换衣料，改善成膜温度等 |
| | 剥落 | 选择衣料不当，加料间隔时间不当 | 更换衣料，调节间隔时间，调节干燥温度和适当降低包衣液的浓度等 |
| | 花斑 | 增塑剂、色素等选择不当，干燥时，溶剂将可溶性成分带到衣膜表面 | 改变包衣预混粉的处方，调节干燥温度和包衣液的流量，减慢干燥速度 |
| 肠溶衣片 | 不能安全通过胃部 | 包衣材料选择不当，衣层太薄，衣层机械强度不够 | 选择适当的包衣材料，重新调整包衣处方 |
| | 肠溶衣片肠内不溶 | 包衣材料选择不当，衣层太厚，储存变质 | 选择适当的包衣材料，重新调整包衣处方 |

## 一、片剂包衣的定义和分类

片剂的包衣是指在片剂外表面均匀地包裹上一层厚度的衣膜的操作。被包的压制片称"片芯"，包成的片剂称"包衣片"。根据包衣材料的不同，包衣片分为糖衣片和薄膜衣片。薄膜衣片又可分为胃溶型、肠溶型和缓控释包衣片三种。

## 二、片剂包衣的目的

1.控制药物的释放部位：对胃有刺激、易受胃酸破坏或用于肠道驱虫的药物制成肠溶性包衣片，使药物到达小肠再溶解释放，如阿司匹林肠溶片等。

2.控制药物的释放速度：采用不同的包衣材料，或调整衣膜的通透性，使药物达到缓控释目的。

3.增加患者的顺应性：包衣后可遮盖药物的苦味或不良气味，如盐酸小檗碱糖衣片。

4.增加药物稳定性：衣膜具有防潮、避光、隔绝空气的作用。

5.隔离配伍禁忌成分：对有配伍禁忌的药物分别制粒包衣后再压片，避免药物之间的接触。

6.采用不同颜色包衣，改善片剂的外观，增加药物的识别能力，提高用药的安全性。

## 一、包衣的方法

**包衣的方法**有两种：包薄膜衣和包糖衣，包薄膜衣是目前常用的一种包衣方式。

### （一）包薄膜衣

包薄膜衣是在片芯外面包一层比较稳定的高分子聚合物衣膜的技术。

**1.薄膜包衣的工艺过程：片芯→喷包衣液→缓慢干燥→固化→薄膜包衣片。**采用的方法有滚转包衣法和流化包衣法。

**（1）滚转包衣法：**是用喷雾的方法将包衣液均匀喷洒在滚动的片芯表面，受热后，溶剂挥发，包衣材料便在片芯表面形成薄膜层，如此反复连续操作，直至形成不透湿、不透气的薄膜衣。常用的包衣设备是高效包衣机，如图15-14所示。

图15-14 高效包衣机外观

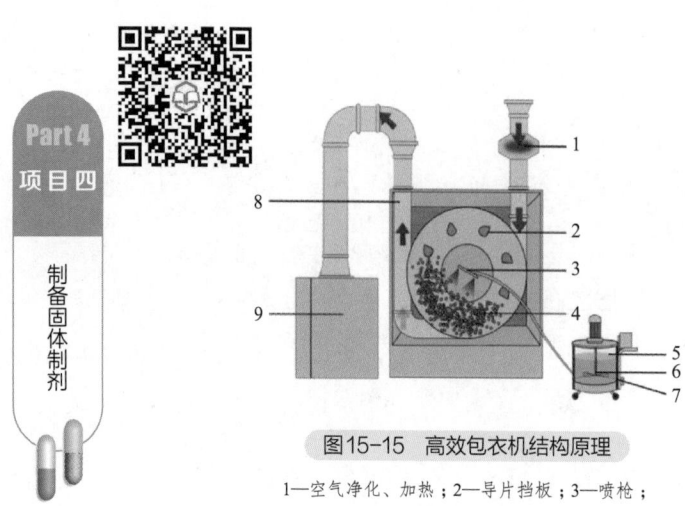

**图15-15　高效包衣机结构原理**

1—空气净化、加热；2—导片挡板；3—喷枪；
4—片床；5—包衣液；6—搅拌桨；7—保温夹套；
8—排风管道；9—除尘机

**高效包衣机的基本工作原理**如图15-15所示，片芯在包衣机洁净密闭的旋转滚筒内不停地做复杂轨迹运动，恒温搅拌桶内搅拌均匀的包衣介质，经过蠕动泵，经喷枪喷洒到片芯上，同时在排风和负压作用下，由热风柜供给的洁净热风穿过片芯，从底部筛孔向上、再从风门排出，使包衣材料在片芯表面快速干燥，形成坚固、致密、光滑的表面薄膜。

**（2）流化包衣法**：又称悬浮包衣，是将片芯置于包衣室中，通入气流，急速上升的热空气把片芯向上吹起，呈悬浮状态，然后用雾化系统将包衣液喷洒在片芯上，片芯在一段时间内保持悬浮状态，当药品到达气流的顶峰时，就已经接近干燥了，此时包衣室底部的药片不断进入主气流又被悬浮包衣，已包过衣的药片则从顶部沿着包衣室壁降落下来，再次进行包衣，如法药品包衣若干层，直至到达规定要求。

**2.薄膜包衣材料**：通常由高分子成膜材料、溶剂和附加剂（增塑剂、速度调节剂、增光剂、色素等）组成。特点是用量少，包衣片表面光滑、均匀。成膜材料可以分为以下三类。

**（1）胃溶型包衣材料**：是指在水中或胃液中可以溶解的成膜材料。常用的有羟丙基甲基纤维素（HPMC）、羟丙基纤维素（HPC）等。

**（2）肠溶型包衣材料**：是指在胃液中不溶，而在肠液中可溶解的成膜材料，常用的有醋酸纤维素酞酸酯（CAP）、羟丙基纤维素酞酸酯（HPMCP）和丙烯酸树脂等。

**（3）缓释型包衣材料**：主要用于调节药物的释放速度，常用的有中性的甲基丙烯酸酯共聚物和乙基纤维素（EC）。甲基丙烯酸酯共聚物遇水溶胀，对水及水溶性物质有通透性。乙基纤维素通常与HPMC或PEG等配合使用，产生致孔作用，使药物溶液容易扩散，从而达到调节释药速度的作用。

除了上述各类包衣成膜材料外，在包衣过程中，尚需加入一些辅助性的物料，如增塑剂、速度调节剂、遮光剂和着色剂等。常用的增塑剂有甘油、丙二醇、PEG、蓖麻油、玉米油、液状石蜡、甘油单醋酸酯、甘油三醋酸酯等；速度调节剂有蔗糖、氯化钠、表面活性剂、PEG等水溶性物质；遮光剂有二氧化钛；色素有胭脂红、柠檬黄等。

**（二）包糖衣**

**包糖衣**是以糖浆为主要包衣材料的包衣方法。包糖衣的生产工艺流程如下：

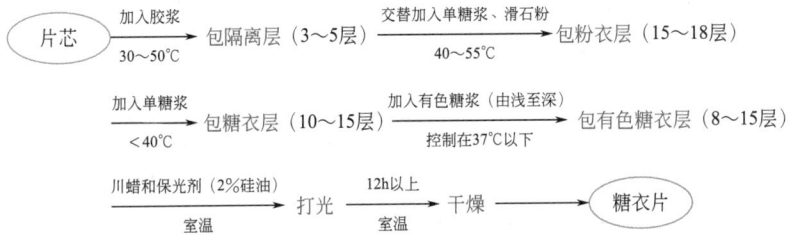

片芯 ──加入胶浆 30~50℃──→ 包隔离层（3~5层）──交替加入单糖浆、滑石粉 40~55℃──→ 包粉衣层（15~18层）

──加入单糖浆 <40℃──→ 包糖衣层（10~15层）──加入有色糖浆（由浅至深）控制在37℃以下──→ 包有色糖衣层（8~15层）

──川蜡和保光剂（2%硅油）室温──→ 打光 ──12h以上 室温──→ 干燥 ──→ 糖衣片

**1.包隔离层**：目的是形成一层不透水的屏障，防止糖浆中水分渗入片芯、药物吸潮变质或糖衣被酸性药物破坏，同时还可增加片剂硬度。

**2.包粉衣层**：可消除片剂的棱角，使片面平整。

**3.包糖衣层**：可增加衣层牢固性和甜味，使片剂光洁圆整，细腻坚实。

**4.包有色糖衣层**：使片剂美观和便于识别。

**5.打光**：增加片剂的光泽和表面的疏水防潮性能。

**6.干燥**：在硅胶干燥器或石灰干燥橱中干燥，相对湿度50%，室温干燥12h以上。

包糖衣的包衣材料主要是糖浆和滑石粉等，常用的生产设备是普通包衣锅，如图15-16所示。

## 二、包衣片的质量要求

1.片芯应具有适宜的弧度并有较大的硬度，以免多次滚转碰撞、摩擦造成破碎；

2.包衣层厚薄均匀、牢固；包衣材料不与片芯起反应；

3.崩解时限符合规定。

图15-16 普通包衣锅

目标检测

一、判断题

1.制粒最主要的目的是改善原辅料的流动性。（　　）

2.制备片剂时，挥发油常用崩解剂来吸收。（　　）

二、单选题

1.羧甲基淀粉钠一般可作为片剂的（　　）。

（A）稀释剂　　　（B）崩解剂　　　（C）黏合剂　　　（D）润滑剂

2.为增加片剂的体积和质量，应加入哪种附加剂（　　）。

（A）填充剂　　　（B）崩解剂　　　（C）黏合剂　　　（D）润滑剂

3.有关湿法制粒的叙述中，错误的是（　　）。

（A）软材要求"握之成团，轻压即散"　　（B）制软材是挤压制粒的关键

（C）湿颗粒无沉重感、细粉少　　　　　　（D）湿颗粒应无长条、细粉少

4.压片时出现松片的现象，下列哪个做法不恰当（　　）。

（A）选择黏性较强的黏合剂　　　　　　　（B）颗粒含水量控制适中

（C）减少压片机压力　　　　　　　　　　（D）减慢压片车速

5.哪种药物的片剂必须做溶出度检查（　　）。

（A）难溶性　　　　（B）吸湿性　　　　（C）风化性　　　　（D）刺激性

6.某片剂平均片重为0.5g，其重量差异限度为（　　）。

（A）±1%　　　　（B）±2.5%　　　　（C）±5%　　　　（D）±7.5%

7.以下可作肠溶衣材料的是（　　）。

（A）乳糖　　　　（B）羧甲基纤维素　　　（C）CAP　　　　（D）PVA

8.片剂包糖衣的工序中，不需要加糖浆的是（　　）。

（A）有色糖衣层　　（B）打光　　　　　（C）粉衣层　　　　（D）糖衣层

9.羧甲基纤维素钠可作片剂的（　　）。

（A）稀释剂　　　　（B）崩解剂　　　　（C）黏合剂　　　　（D）润滑剂

10.片剂包糖衣片时，包上（　　）的目的是为了形成一道不透水的保护层。

（A）隔离层　　　　（B）糖衣层　　　　（C）有色糖衣层　　（D）粉衣层

11.压片机冲模表面粗糙，会造成片剂的（　　）现象。

（A）粘冲　　　　（B）花斑　　　　　（C）裂片　　　　　（D）崩解迟缓

12.凡检查了（　　）的片剂不再检查片剂重量差异。

（A）含量　　　　（B）含量均匀度　　　（C）溶出度　　　　（D）脆碎度

13.造成片剂崩解迟缓的可能原因是（　　）。

（A）疏水性润滑剂用量过大　　　　　　　（B）原辅料的弹性强

（C）颗粒大小不匀　　　　　　　　　　　（D）片剂压制时速度过快

14.（　　）压片法常用于热敏性物料、遇水易分解的药物。

（A）湿法制粒沸腾干燥　　　　　　　　　（B）沸腾制粒

（C）干法制粒　　　　　　　　　　　　　（D）湿法制粒烘箱干燥

三、简答题

1.片剂常用的辅料有哪几类？各有何作用？每类各举2例，说明其特点及用途。

2.片剂制备工艺有哪几种？简述湿法制粒压片的工艺流程。

3.常用的包衣方法有哪几种？简述糖衣片和薄膜衣片的包衣过程。

4.某片剂中主药含量为0.3g，测得颗粒中主药的百分含量为50%，问每片所需的颗粒量为多少？应压片重上下限是多少？

# 模块 16

## 制备胶囊剂

## 学习目标

1. 能知道胶囊剂的概念、特点、分类和质量要求。

2. 能看懂硬胶囊剂和软胶囊剂的生产工艺流程。

3. 能认识硬胶囊填充机、软胶囊生产设备的基本结构。

4. 能按操作规程进行硬胶囊、软胶囊的生产操作。

5. 能进行硬胶囊、软胶囊生产过程中的质量监控，能正确填写生产记录。

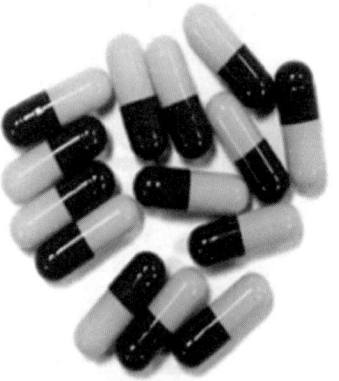

## 学习导入

生活中我们常常会遇到各种各样的胶囊剂，图16-1中的两种胶囊有何不同，它们又分别是如何生产出来的呢？

图16-1　胶囊剂

**胶囊剂**是指将药物（或加有适量辅料）充填于空心硬质胶囊或密封于弹性软质囊材中制成的固体制剂。

胶囊剂有**硬胶囊和软胶囊**两种，根据释放度和溶解性不同，还可分为缓释胶囊、控释胶囊和肠溶胶囊等。

硬胶囊剂生产中的粉碎、筛分和配料工序与"模块13　制备散剂"中的相关工序一样，制粒工序与"模块14　制备颗粒剂"中的相关工序一样，请参见相关内容。

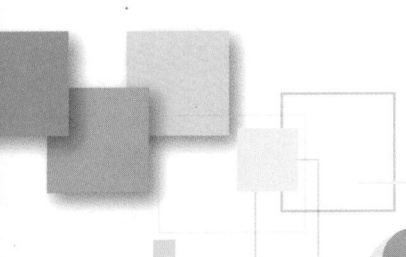

胶壳转一圈，体重增——
充填氧氟沙星胶囊

岗位任务

根据生产指令单（表16-1）的要求，按生产操作规范进行氧氟沙星胶囊的生产操作，正确填写生产记录。

表16-1　氧氟沙星胶囊填充批生产指令单

| 品名 | 氧氟沙星胶囊 | 规格 | 100mg |
|---|---|---|---|
| 批号 | 180618 | 批量 | 1.19万粒 |
| 氧氟沙星颗粒 | 2kg | | |
| 模具规格 | 2号胶囊模具，10～12mm胶囊计量盘 | | |
| 外观 | 应光洁完整、无黏结、变形和破裂现象 | | |
| 平均装量限度（±3%） | 97～103mg | 单粒装量限度（±6%） | 94～106mg |
| 原辅料的名称和理论用量 | | | |

| 序号 | 物料名称 | 规格 | 单位 | 批号 | 理论用量 |
|---|---|---|---|---|---|
| 1 | 空心胶囊 | 2号药用 | 万粒 | F1020180515 | 1.19 |
| 生产开始日期 | ××××年××月××日 | | | | |
| 制表人 | | 制表日期 | | | |
| 审核人 | | 审核日期 | | | |
| 批准人 | | 批准日期 | | | |

生产过程

## 一、生产前检查

1.进入操作间，检查是否有"清场合格证"，且"清场合格证"在有效期内。

2.检查计量器具与称量的范围是否相符，有校验合格证并在使用有效期内。

3.检查操作间的温度、相对湿度、压差是否与要求相符，并记录。

4.接到批生产指令单、硬胶囊填充岗位操作规程、批生产记录等文件，明确产品名称、规格、批号、批量、工艺要求等指令。

5.按批生产指令单核对氧氟沙星颗粒和空心胶囊的品名、规格、批号、数量，检查外观、检验合格证等，确认无误后，交接双方在物料交接单上签字。

6.悬挂生产运行状态标识，进入生产操作。

## 二、生产操作

1.将胶囊填充机各零附件逐个装好，运转部位适量加油，检查设备上不得遗留工具和零件，检查无误方可开机。

2.开机前先手盘空车1～2个循环，检查是否有卡滞现象。

3.按点动开关，运行几个循环，检查机器运转是否正常。加空胶囊于胶囊料斗，进行试车，检查空胶囊锁口位置是否正确，如位置不对，及时调节锁口位置。

4.将颗粒装入料斗内，按"手动上料"键进行加料，直至传感器灯亮为止，再将其状态切换至"自动上料"键。

5.按"点动"键，将其切换至"运行"状态，机器处于自动运行状态。在正常运转下，每20min抽取一组胶囊称量，如出现装量不稳或超出规定范围，应及时调节充填杆至装量在规定范围内。

6.生产过程中，真空度一般应保持在-0.02～-0.06MPa，以保证空心胶囊能拔开，又不损坏。

7.将已填充好的胶囊放入抛光机中进行抛光。

8.将抛光好的胶囊装入洁净容器内，准确称取重量，填写物料标签，标明品名、批号、生产日期、操作人姓名等，挂于物料容器上。

9.及时填写硬胶囊填充生产记录。

## 三、质量监控

1.外观：胶囊应光洁完整、不得有黏结、变形和破裂现象。
2.每20min检查装量和装量差异是否符合工艺要求。

## 四、清洁清场

1.将操作间的状态标志改写为"清洁中"。

2.将整批的产品数量重新核对一遍，检查物料标签，确实无误后，交下工序生产或送到中间站。

3.清退剩余物料、废料，并按车间生产过程剩余产品的处理标准操作规程进行处理。

4.按清洁标准操作规程，清洁和消毒所用过的设备、生产场地、用具及容器。

5.清场后，及时填写清场记录，自检合格后，请质检员或检查员检查。

6.经检查合格，发放清场合格证。

制备固体制剂

248

1.**空心胶囊落囊不好**：表现为缺囊或多囊。应检查落囊机构，落囊通道是否有堵塞，或调整拔簧距离。

2.**囊帽与囊体分离不好**：少量不分离或几乎都不分离。此时应检查真空度。若真空表显示正常，则应检查真空管是否有堵塞（包括过滤器）。

3.**错位**：引起帽的脱落多，空胶囊的利用率低。应停机，重新用调试棒校验上、下模块。

4.**瘪头**：产品外观不符合要求。应停机，检查锁合机构的压板位置是否过低。

知识加油站

## 一、胶囊剂的定义和分类

胶囊剂是指将药物（或加有适宜辅料）充填于空心硬质胶囊中或密封于弹性软质囊材中制成的固体制剂。主要供内服，少数用于直肠等腔道给药。

构成空心硬质胶囊壳或弹性软质胶囊壳的主要材料（以下简称囊材）都是明胶、甘油、植物纤维素及其衍生物，不能填充水溶液或稀乙醇溶液，以防囊壁溶化；易风化而失去结晶水的药物、易潮解的药物不宜制成胶囊剂；胶囊壳溶化后，局部浓度过高，因此易溶性的刺激性强的药物也不宜制成胶囊剂。

胶囊剂根据**囊材的不同**分为硬胶囊和软胶囊；依据**溶解与释放性**不同，可分为缓释胶囊、控释胶囊和肠溶胶囊。

**硬胶囊**是采用适宜的制剂技术，将药物或加适宜辅料制成的粉末、颗粒、小片、小丸、半固体或液体等，充填于空心硬质胶囊中制成胶囊剂，如感冒灵胶囊。

**软胶囊**是将一定量的液体原料药物直接包封或将药物溶解或分散在适宜的辅料中制备成溶液、混悬液、乳状液或半固体，密封于软质囊材中制成的胶囊剂，如维生素E软胶囊。

拓展阅读

### 肠溶胶囊

有些有辛臭味、刺激性，或遇酸不稳定的，或需在肠内溶解吸收发挥疗效，而又选用胶囊剂型的药物，可制成在胃内不溶而到肠内才能崩解、溶化的肠溶胶囊。肠溶胶囊可以是硬胶囊或软胶囊，用适宜的肠溶材料制备成肠溶空心胶囊再填装药物，也可以是经肠溶材料包衣的颗粒或小丸充填胶囊而制成的胶囊剂。

肠溶空心胶囊有透明、半透明和不透明三个品种，一般用明胶（或海藻酸钠）先制成空胶囊，再涂上肠溶材料如邻苯二甲酸醋酸纤维素（CAP）、虫胶等，也可把溶解好的肠溶性高分子材料直接加入明胶液中，然后加工制成肠溶性空心胶囊。如用PVP作底衣，再用CAP、蜂蜡等进行外层包衣，可以改善CAP包衣后"脱壳"的缺点。国内已有胶囊厂生产出可在小肠不同部位溶解的肠溶空心胶囊，质量稳定，应用较多。

## 二、胶囊剂的特点

**1.提高药物的稳定性：** 因药物装在胶囊壳中与外界隔离，避开了水分、空气、光线的影响，对有不良臭味、不稳定的药物有一定程度的遮蔽、保护与稳定作用。

**2.药物在体内起效快：** 药物是以粉末或颗粒状态直接填装于囊壳中，不受压力等因素的影响，所以在胃肠道中迅速分散、溶出和吸收，起效一般高于丸剂、片剂等。

**3.液态药物固体剂型化：** 含油量高的药物或液态药物难以制成丸剂、片剂等，但可制成软胶囊剂，将液态药物以个数计量，服药方便。

**4.可延缓或控制药物的释放和定位释药：** 可将药物按需要制成缓释颗粒装入胶囊中，以达到缓释延效作用；制成肠溶胶囊剂即可将药物定位释放于小肠；亦可制成直肠给药或阴道给药的胶囊剂，使定位在这些腔道释药；对在结肠段吸收较好的蛋白类、多肽类药物，可制成结肠靶向胶囊剂。

 生产小能手

**硬胶囊剂的生产工艺流程** 包括粉碎和过筛、称量与配料、制粒、干燥、整粒和总混、胶囊充填、内外包装等工序，见图16-2。

## 一、空心胶囊

空心胶囊的主要成囊**材料** 明胶，是由动物的骨骼或皮水解而制得。空心胶囊呈圆筒状，是由帽和体两节套合的质硬且具有弹性的空囊。空胶囊的**规格** 有000号、00号、0号、1号、2号、3号、4号、5号共8种，常用的0～5号。各种规格胶囊的容量及填充粉末密度见表16-2所示。

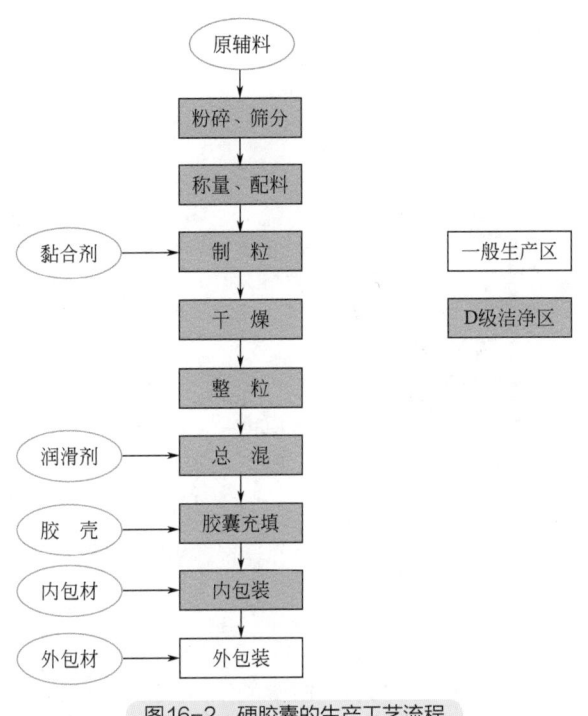

图16-2 硬胶囊的生产工艺流程

表16-2 空心胶囊容量与对应的填充粉末密度

| 规格 | 填充粉末密度 | | | | 公差 |
| --- | --- | --- | --- | --- | --- |
| | 0.6g/mL | 0.8g/mL | 1.0g/mL | 1.2g/mL | |
| 000号 | 822 | 1096 | 1370 | 1644 | |
| 00号 | 570 | 760 | 950 | 1140 | |
| 0号 | 400 | 533 | 667 | 800 | |
| 1号 | 300 | 400 | 500 | 600 | ±7.5% |
| 2号 | 220 | 293 | 367 | 440 | |
| 3号 | 170 | 227 | 283 | 340 | |
| 4号 | 120 | 160 | 200 | 240 | |
| 5号 | 78 | 104 | 130 | 156 | |

由于产品和填充机的型号会在很大程度上影响容量，因此以上数据仅供参考。

## 二、填充物料的制备

囊心药物的形式有粉末、颗粒、微丸等。若药物粉碎至适宜粒度就能满足硬胶囊剂的填充要求，即可直接填充；但多数药物由于流动性差等方面的原因，均需加入一定的稀释剂、润滑剂等辅料才能满足填充（或临床用药）的要求，一般加入的辅料有蔗糖、乳糖、微晶纤维素、改性淀粉、二氧化硅、硬脂酸镁、滑石粉、HPC等，可改善物料的流动性或避免分层。也可将药物粉末加入辅料，制成颗粒后进行填充。

## 三、胶囊的充填方法

胶囊的充填方法有手工充填和机械充填两种。

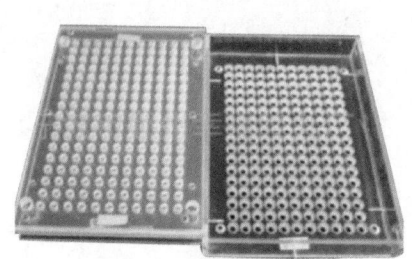

图16-3　胶囊填充板

**1.手工充填法**：小量制备硬胶囊时可采用胶囊填充板手工充填药物。将胶囊填充板（图16-3）的导向排列盘放置于帽板或体板上，将定位销定位于定位孔中，分别放上适量空心囊帽和囊体，来回倾斜轻轻筛动，待囊帽和囊体分别落满后，将适量需填充的药粉倒在装满囊体的体板上，用刮粉板来回刮动，然后刮净多余药粉，将中间板扣在装满胶帽的帽板上（注意：中间板分A面和B面，A面扣在帽板上，两端有缺口为符号），然后再将扣在一起的帽板和中间板反过来扣在体板上，对准位置轻轻地边摆动边下压，使胶囊成预锁合状态，再将整套板翻面，用力下压，使体板与帽板压实，使胶囊锁合成合格长度的产品，拿掉帽板，端出中间板，把胶囊倒入容器中即可。

**2.机械充填法**：大生产时，采用全自动胶囊充填机（图16-4和图16-5），其特点是全密闭操作，装量准确，有自动剔废功能。生产时，将药物与辅料混合均匀，装入料斗中进行自动填充。自动充填设备要求混合物料具有适宜的流动性，在输送和填充过程中不分层。

胶囊自动充填过程主要由空心胶囊的供给和整理、囊帽与囊体的分离、未分离胶囊剔除、胶囊体中充填物料、帽体重新锁合、出胶囊等单元操作组成，如图16-6所示。

图16-4　全自动胶囊充填机外观

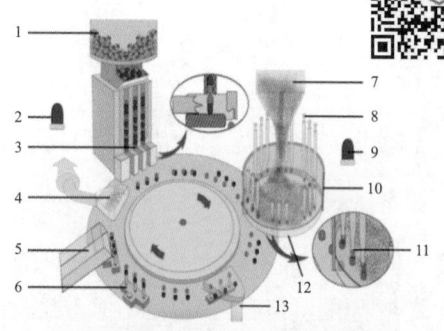

图16-5　全自动胶囊充填机结构原理

1—空心胶囊料斗；2—缺囊报警；3—空心胶囊调头/分囊工位；
4—清洁工位；5—出囊工位；6—锁合工位；7—物料料斗；
8—充填杆；9—缺粒报警；10—盛粉环；11—充填工位；
12—计量盘；13—剔废工位

供给　　　　排列　　　　标准方向　　分离　　填充　　　　锁合　　　　排出

图16-6　药物的填充过程示意图

案例分析

## 感冒胶囊

【处方】对乙酰氨基酚2500g　　马来酸氯苯那敏30g　　咖啡因30g

维生素C 500g　　10%淀粉浆适量　　Eurdgit L100 适量

食用色素适量　　共制成10000粒

【制备】1.将上述药物分别粉碎，过80目筛备用。2.淀粉浆的配制：取适量淀粉浆分成A、B、C三份，A用食用胭脂红制成红糊，B用食用柠檬黄制成黄糊，C不加色素为白糊。3.将对乙酰氨基酚分成三份，一份与咖啡因混合后加入红糊制粒；一份与维生素C混匀后加入黄糊制粒；一份与马来酸氯苯那敏混匀后加入白糊制粒。分别于65～70℃干燥，16目筛整粒。4.将白色颗粒用Eurdgit L100的乙醇溶液包衣，低温干燥。5.将上述三种颗粒混合均匀后，充填于空胶囊内。

【注解】本品为复方制剂，为防止充填不均匀，常采用分别制粒的方法；颗粒着色的目的是便于观察混合的均匀性，兼具美观作用，其中白色颗粒为缓释颗粒。

## 四、胶囊剂的质量要求

1.**外观**：胶囊剂应光洁完整、不得有黏结、变形、渗漏或囊壳破裂现象，并无异臭。

2.**水分**：取供试品的内容物，照《中国药典》水分测定法测定。除另有规定外不超过9.0%。内容物为液体或半固体的不检查水分。

3.**装量差异**：取供试品20粒（中药取10粒），分别精密称定重量，倾出内容物（不得损失囊壳），硬胶囊囊壳用小刷或其他适宜的用具拭净；软胶囊或内容物为半固体或液体的胶囊囊壳用乙醚等易挥发性溶剂洗净，置于通风处使溶剂挥尽，再分别精密称定囊壳重量。求出每粒内容物的装量与平均装量。按表16-3所示，每粒装

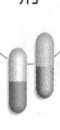

量与平均装量相比较（有标示装量的胶囊剂，应与标示装量相比较），超出装量差异限度的不得多于2粒。并不得有1粒超出限度一倍。凡规定检查含量均匀度的，不再进行装量差异检查。

表16-3　胶囊剂装量差异限度

| 平均装量或标示装量 | 装量差异限度 |
| --- | --- |
| 0.30g以下 | ±10% |
| 0.30g或0.30g以上 | ±7.5%（中药±10%） |

**4.崩解时限**：除另有规定外，取供试品6粒，按片剂崩解检查的装置和方法（如有漂浮，可加挡板）进行检查，硬胶囊应在30min内全部崩解，软胶囊应在1h内全部崩解，如有1粒不崩解，应另取6粒复试，均应符合规定。凡规定检查溶出度或释放度的胶囊剂，一般不再进行崩解时限检查。

**5.含量均匀度**：除另有规定外，硬胶囊剂每粒标示量不大于25mg或主要含量不大于每粒质量的25%，内容物非均一溶液的软胶囊，均应检查含量均匀度。

**6.微生物限度**：照《中国药典》微生物限度检查法检查，应符合规定。

任务2　胶皮二合一，肚皮鼓——
压制维生素AD软胶囊

**岗位任务**

根据生产指令单（表16-4）的要求、按生产操作规范进行维生素AD软胶囊的生产操作，正确填写生产记录。

表16-4　维生素AD软胶囊批生产令单

| 品名 | 维生素AD软胶囊 | | 规格 | 500mg |
|---|---|---|---|---|
| 批号 | 180728 | | 批量 | 1万粒 |
| 原辅料的名称和理论用量 | | | | |
| 序号 | 物料名称 | 规格 | 单位 | 批号 | 理论用量 |
| 1 | 维生素A | 药用 | IU | Y0420180601 | 300000 |
| 2 | 维生素D | 药用 | IU | Y0520180701 | 30000 |
| 3 | 明胶 | 药用 | kg | F1120180702 | 10.0 |
| 4 | 甘油 | 药用 | kg | F1220180601 | 3.5 |
| 5 | 纯化水 | — | kg | — | 10.0 |
| 6 | 鱼肝油 | 药用 | kg | Y0620180506 | 适量 |
| 生产开始日期 | | ××××年××月××日 | | | |
| 制表人 | | | 制表日期 | | |
| 审核人 | | | 审核日期 | | |
| 批准人 | | | 批准日期 | | |

**生产过程**

## 一、生产前检查

1.进入操作间，检查是否有"清场合格证"，且"清场合格证"在有效期内。

2.检查计量器具与称量的范围是否相符，有校验合格证并在使用有效期内。

3.检查操作间的温度、相对湿度、压差是否与要求相符，并记录。

4.接到批生产指令单、化胶和压丸生产岗位操作规程、批生产记录等文件，明确产品名称、规格、批号、批量、工艺要求等指令。

5.按批生产指令单核对已配料原辅料的品名、规格、批号、数量，检查外观、检验合格证等，确认无误后，交接双方在物料交接单上签字。

6.悬挂生产运行状态标识，进入生产操作。

## 二、化胶操作

1.检查化胶罐和附属设施，真空泵、循环泵、搅拌桨是否处于正常状态，化胶罐盖密封正常，紧固件无松动，零部件齐全完好。

2.打开循环水泵和蒸汽阀门，加热化胶罐夹套中的水。

3.加入处方量的纯化水到化胶罐，边加入边搅拌，使温度达到化胶要求的温度50℃左右。

4.将称量好的明胶、甘油加入化胶罐内，搅拌均匀，保温1h，待泡沫上浮，抽真空脱气泡，滤过。转入明胶液贮槽。

## 三、压丸操作

1.模具安装

将模具安装到机头上就可自动对线，即左右滚模上的凹槽已一一对准。

2.胶皮的制备和调整

（1）调整主机两侧展步箱的前板，使其与胶皮轮完全接触，即间隙为零。

（2）将水浴式明胶贮罐安置到位，连接输胶管，给展步箱的加热管和输胶管加热套通电并调整展布箱温控仪，设定温度（一般为60～70℃），使温度稳定，即可启动主机和制冷机，供应胶液，制备胶皮。

（3）旋转展布箱两侧的调节螺钉提起前板，使其与胶皮轮的缝隙加大，使胶液流出，展布在胶皮轮上。

（4）用测厚仪测两边胶皮的厚度，根据结果调整展布箱前板和胶皮轮的间隙，使胶皮满足要求。

3.压制软胶囊

（1）将两条胶皮分别经导向筒送入两滚模之间，使胶皮进入剩胶桶内。

（2）拧紧机头左侧的加压手轮，使左右滚模受力贴合，所施拧紧力能使胶囊从滚模间顺利切断为宜。

（3）由人工向料桶内加满药液，然后打开供料阀门给主机料斗供料，松开滚模加压手轮，放下供料泵（工作位置），调节温控仪，使喷体上的加热管通电加热，达到设定温度，然后再次拧紧加压手轮，给滚模加压，调整供料量，推回供料板组合上的开关杆，使喷体喷液，定量的药液喷在两胶皮之间，通过模具压成胶丸，输送至转笼干燥箱进行定型干燥。

4.软胶囊定型和干燥

（1）温控仪操作：将加热电源开关置于开位置，对应指示灯亮，温控仪进入自检状态，自检结束后，控制仪最后上行显示实测值，下行显示温度设定值。

（2）打开输送机上的控制开关，置于正位置时，输送机正向运转，且输送机上指示灯亮。

（3）将风机控制开关置于启动位置，风机运转，对应的指示灯亮。

（4）将定形转笼控制开关置于正，转笼正转，对压制好的软胶囊进行干燥和定型。

（5）将干燥好的软胶囊放出，置于胶盘中。

5.软胶囊洗丸和干燥

（1）将待清洗的软胶囊投入装有95%乙醇的清洗桶内，进行搅拌清洗，结束后用筛网过滤，装入洁净的晾丸盘中，置于晾丸车上，至清洗液挥发干净。

（2）将干燥好的软胶囊装入洁净容器内，准确称取重量，填写物料标签，标明品名、批号、生产日期、操作人姓名等，挂于物料容器上。

6.及时填写软胶囊生产记录。

## 四、质量监控

1.检查化胶的温度、时间是否符合工艺要求。

2.按要求检查明胶液的黏度和水分。

3.左右胶皮厚度应一致。

4.检查软胶囊的外观（软胶囊是否对称）及夹缝质量（是否粗大、有无漏液）。

5.每30min检查内容物质量及装量差异是否符合规定。

## 五、清洁清场

1.将操作间的状态标志改写为"清洁中"。

2.将整批的产品数量重新核对一遍，检查物料标签，确实无误后，交下工序生产或送到中间站。

3.清退剩余物料、废料，并按车间生产过程剩余产品的处理标准操作规程进行处理。

4.按清洁标准操作规程，清洁和消毒所用过的设备、生产场地、用具及容器。

5.清场后，及时填写清场记录，自检合格后，请质检员或检查员检查。

6.经检查合格，发放清场合格证。

知识加油站

## 一、软胶囊

软胶囊又称胶丸，其囊材是用明胶、甘油、增塑剂、防腐剂、遮光剂、色素和其他适宜的药用材料制成，其大小与形态有多种，有球形（0.15～0.3mL）、椭圆形（0.10～0.5mL）、长方形（0.3～0.8mL）及筒形（0.4～4.5mL）等，可根据临床需要，制成内服或外用的不同品种。

## 二、软胶囊的特点

低熔点药物、生物利用度差的疏水性药物、不良苦味及臭味的药物、微量活性药物及遇光、湿、热不稳定及易氧化的药物适合制成软胶囊。其主要特点如下：

1.整洁美观、容易吞服，可掩盖药物的恶臭气味。

2.装量均匀准确，溶液装量精度可达±1%，尤适合装药效强、过量后副作用大的药物，如甾体激素口服避孕药等。

3.软胶囊密封完全，其厚度可防止氧气进入，故可以提高挥发性药物或遇空气容易变质药物的稳定性，使药物具有更长的存储期。

4.可做成肠溶性软胶囊及缓释制剂。

5.若是油状药物，还可省去吸收、固化等技术处理，可有效避免油状药物从辅料中渗出，因此，软胶囊是油性药物最适宜的剂型。

生产小能手

软胶囊剂的制备方法可分为**滴制法和压制法**两种。前者制成的是无缝胶丸，后者制成的是有缝胶丸。软胶囊制备时，成型与填充药物是同时进行的。

## 一、滴制法

**滴制法**制备软胶囊是由具有双层喷头的滴丸机完成。以明胶为主的胶液与被包药液，分别在双层喷头的外层和内层按不同速度喷出，用定量的胶液将定量的药液包裹后，滴入与胶液互不相溶的冷却液中，由于表面张力作用使之成为球形，并逐步冷却，凝固成软胶囊。收集后擦去冷却液（如液体石蜡），用95%乙醇洗净，38℃以下干燥。滴制法生产的胶囊成品率高、装量差异小、产量大、成本较低，如浓缩鱼肝油胶丸的生产。

滴制法生产软胶囊的工艺流程如图16-7所示。

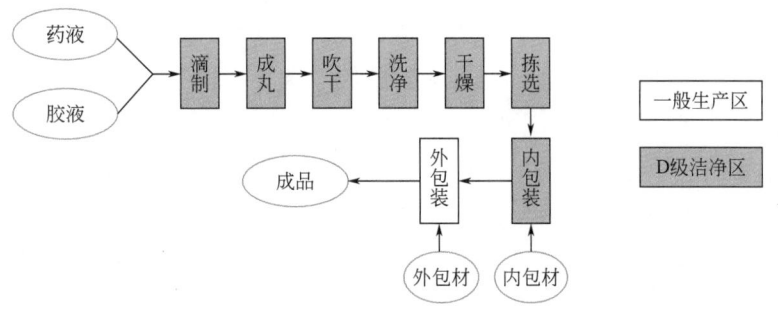

图16-7　软胶囊（滴制法）生产工艺流程

**1.胶液的准备**：将一定比例的水和甘油，加热至70～80℃，混匀，再加入明胶搅拌，熔融，保温1～2h，静置待泡沫上浮后，保温过滤、待用（滴丸所用基质除水溶性明胶外，还有非水溶性基质，如硬脂酸等）。

**2.药液的提取或炼制**：如鱼肝油是由鲨鱼肝经提取炼制而得；牡荆油是由新鲜牡荆叶用水蒸气蒸馏法提取的挥发油。

**3.胶丸的制备**：采用滴丸机（图16-8）进行胶丸的滴制，制得的胶丸先用纱布拭去附着的液体石蜡，在20～30℃室温条件下鼓风干燥，再经95%乙醇洗涤后，于30～35℃烘干，直至水分达到12%～15%为止。

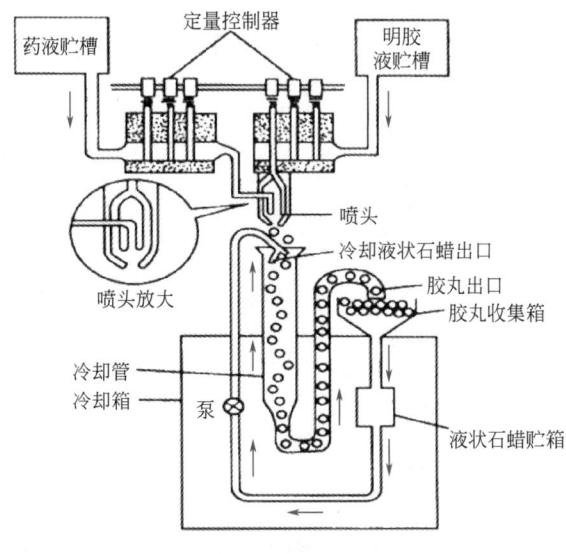

图16-8　滴丸机工作原理

**4.滴制法制备胶丸的注意事项**：

（1）**胶皮处方组分比例**：以明胶∶甘油∶水＝1∶（0.4～0.6）∶1为宜，否

259

则胶丸壁过软或过硬。

（2）**胶液的黏度**：一般要求黏度为 25 ～ 45mPa·s。

（3）**药液、胶液及冷却液三者的密度**：要保证胶丸在液状石蜡中有一定的沉降速度，又有足够时间冷却成型。以鱼肝油胶丸为例，三者密度以液状石蜡 0.86g/mL、药液 0.9g/mL、胶液 1.12g/mL 为宜。

（4）**温度**：胶液和药液应保持在 60℃，喷头处应为 75 ～ 80℃，冷却液应为 13 ～ 17℃，软胶囊干燥温度是 20 ～ 30℃。

## 二、压制法

**压制法**是将胶液制成厚薄均匀的胶片，再将药液置于两个胶片之间，用钢板模或旋转模压制成软胶囊的一种方法，其工艺流程如图16-9所示。压制法常采用自动旋转轧囊机生产软胶囊，其工作原理如图16-10和图16-11所示。

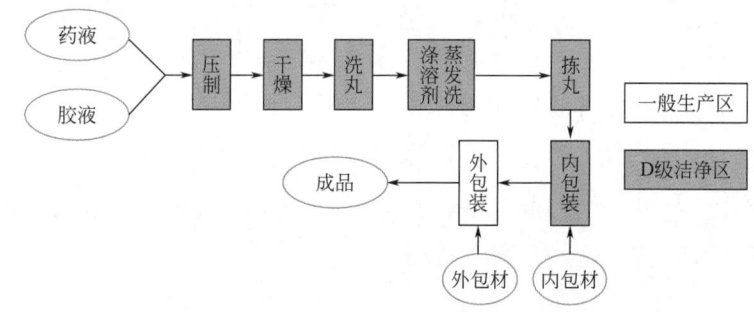

图16-9 软胶囊压制法的生产工艺流程

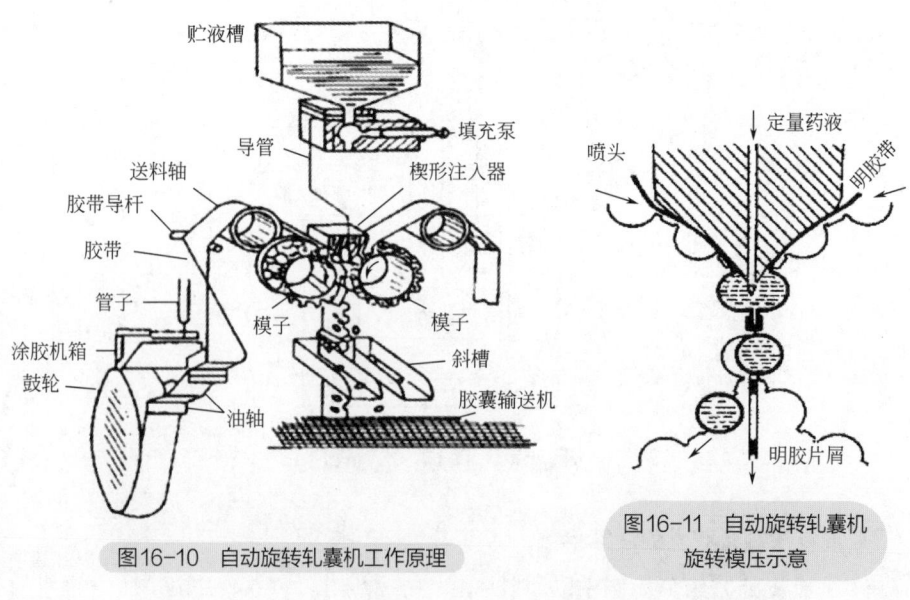

图16-10 自动旋转轧囊机工作原理

图16-11 自动旋转轧囊机旋转模压示意

采用压制法生产软胶囊时，是将由明胶、水和甘油等溶解制成的胶液制成胶带，再将药物置于两条胶带之间，调节好胶皮的厚度和均匀度，用模具压制而成。

采用旋转压囊机生产时，通过涂胶机箱、鼓轮制出的两条胶带向相反方向移动，在接近旋转模前逐渐接近，一部分经加压结合，此时药液从填充泵经导管由楔形注入器定量注入两胶带之间，胶带旋转进入模槽，全部轧压结合，将药液包裹成胶丸，剩余的胶带即自动切割分离。成型胶丸冷却固定后用乙醇洗涤，于21～24℃，相对湿度40%条件下干燥。

旋转压囊机通过更换模具可制成大小、形状各异的密封软胶囊。

## 目标检测

**一、填空题**

1.胶囊剂的类型主要有_____、_____、_____、_____、_____等。

2.硬胶囊剂的崩解时限为_____，软胶囊剂的崩解时限为_____。

3.空胶囊壳的主要原料是_____。

4.软胶囊又称为_____，制备的方法有_____和_____。

5.硬胶囊壳共有_____种规格，其中容积最大的是_____号，最小的是_____号。

**二、判断题**

1.易风化的药物制成胶囊剂易使胶囊壳变脆。（　　）

2.胶囊剂都不需要检查溶出度。（　　）

3.硬胶囊的囊心物只能是颗粒或粉末。（　　）

**三、单选题**

1.下列有关胶囊剂的叙述，错误的是（　　）。

（A）胶囊剂的生物利用度较片剂高

（B）无吸湿性药物可制成胶囊剂

（C）软胶囊剂可通过滴制法和压制法制备

（D）胶囊剂的最佳贮藏条件是温度不超过35℃，相对湿度不超过75℃

2.下列哪种情况宜制成胶囊剂（　　）。

（A）风化性药物　　　　　　　　（B）吸湿性药物

（C）药物水溶液或稀乙醇溶液　　（D）具苦味或臭味的药物

3.当胶囊剂囊心物的平均装量为0.38g时，其装量差异限度为（　　）。

（A）±5%　　　　　　　　　　（B）±7.5%

（C）±8%　　　　　　　　　　（D）±10%

4.用滴制法制备软胶囊，（ 　 ）可以作为冷却液。

（A）水 　　　　　（B）乙醇 　　　　　（C）液体石蜡 　　　（D）聚乙二醇

5.下列有关软胶囊的叙述，错误的是（ 　 ）。

（A）掩盖药物不良臭味 　　　　　　　（B）完全密封提高稳定性

（C）装量差异较小 　　　　　　　　　（D）表面积大，分散快

6.制备空心胶囊的主要原料是（ 　 ）。

（A）树胶 　　　　　（B）明胶 　　　　　（C）虫胶 　　　　　（D）淀粉

四、简答题

1.胶囊剂有何特点？

2.不宜制成胶囊剂的情况有哪些？

# 制备微丸

## 学习目标

1. 能知道微丸的定义、常用辅料和质量要求。
2. 能看懂微丸生产的工艺流程。
3. 能认识微丸生产设备的基本结构。
4. 能按操作规程进行微丸的生产操作。
5. 能进行微丸生产过程中的质量控制，能正确填写生产记录。

## 学习导入

服用硬胶囊时（图17-1和图17-2），你有没有心血来潮，偷偷地拆开过它们，"研究一下"其中的内容物？如果你真是个"拆囊狂人"，每次拆开不同的硬胶囊药品，其内容物的形态都一样吗？

**微丸**又称小丸，是指药物粉末和辅料制成的直径小于2.5mm的球状固体制剂，通常由丸芯和外包裹的薄膜衣组成。

图17-1　充填细粉的硬胶囊

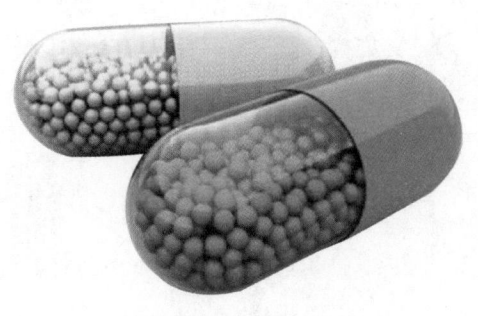

图17-2　充填微丸的硬胶囊

大多数的微丸不是药品的最终形态，而是硬胶囊等制剂的中间产品。微丸的生产工艺，与颗粒的生产工艺有着千丝万缕的联系。如你已认真学习了项目四中"模块14　制备颗粒剂"，本模块的学习中定会有"温故而知新"的感觉。

挤滚烘一条龙——
制微晶纤维素微丸

岗位任务

根据生产指令单（表17-1）的要求，按生产操作规范进行微晶纤维素微丸的生产操作，正确填写生产记录。

表17-1 微晶纤维素微丸批生产指令单

| 品名 | 微晶纤维素微丸 | | 规格 | | — | |
|---|---|---|---|---|---|---|
| 批号 | 181108 | | 批量 | | 约400g | |
| 原辅料的名称和理论用量 | | | | | | |
| 序号 | 物料名称 | 规格 | 单位 | 批号 | 理论用量 | |
| 1 | 微晶纤维素 | 药用 | g | F1320181001 | 280 | |
| 2 | 淀粉 | 药用 | g | F0520180902 | 80 | |
| 3 | 糊精 | 药用 | g | F0620181005 | 40 | |
| 4 | 羧甲基纤维素钠 | 药用 | g | F1420181101 | 4 | |
| 5 | 纯化水 | 药用 | g | — | 396 | |
| 生产开始日期 | | ××××年××月××日 | | | | |
| 制表人 | | | 制表日期 | | | |
| 审核人 | | | 审核日期 | | | |
| 批准人 | | | 批准日期 | | | |

生产过程

## 一、生产前检查

1.进入操作间，检查是否有"清场合格证"，且"清场合格证"在有效期内。

2.检查计量器具与称量的范围是否相符，有校验合格证并在使用有效期内。

3.检查操作间的温度、相对湿度、压差是否与要求相符，并记录。

4.接到批生产指令单、微丸生产岗位操作规程、批生产记录等文件，明确产品名称、规格、批号、批量、工艺要求等指令。

5.按批生产指令单核对微晶纤维素、淀粉、糊精、羧甲基纤维素钠的品名、规格、批号、数量，检查外观、检验合格证等，确认无误后，交接双方在物料交接单上签字。

6.悬挂生产运行状态标识，进入生产操作。

## 二、生产操作

1.称量配料

（1）按批生产指令的要求称取微晶纤维素微丸各原辅料。

（2）在396g纯化水中，分次缓慢加入称取的4g羧甲基纤维素钠，搅拌成浆，制成1%羧甲基纤维素钠，备用。

2.制软材

（1）检查槽形混合机连接件紧固情况、润滑情况和电机状态，确认连接紧固，润滑到位，电机状态正常。将料槽调节至最高位置，固定。开电源，空转，确定无异常。

（2）在混合槽内加入微晶纤维素、淀粉和糊精，盖上盖板，干混150s后停机。

（3）打开盖板，加入约200g的1%羧甲基纤维素钠后盖上盖板混合100s，铲下盖板上黏附的物料，再加入1%羧甲基纤维素钠至总量350g左右，关盖板混合180s，确认微丸软材符合工艺要求后，调节料槽位置，出料。

3.挤出滚圆

（1）安装挤出机：安装进料斗、进料挡板、三通管和挤出头，按工艺要求安装孔板，确定上述零部件安装正确。检查连接件紧固情况、润滑情况和电机状态，确认连接紧固，润滑到位，电机状态正常。设备开电源，确定无异常。

（2）设置转速为低速，空转，确认无异常。设置转速为工艺要求转速，空转，确认无异常。

（3）确认挤出机转速已按工艺要求设置后，启动挤出功能，并将软材匀速加入料斗，收集挤出的条柱状物料。挤出完毕，停止挤出，关闭电源。

（4）检查滚圆机压缩空气三联件状态、连接件紧固情况、润滑情况和电机状态，确认连接紧固，润滑到位，电机状态正常。设备通气，开电源，确定无异常。

（5）设置转盘转速为低速，关上盖体，空转，确认无异常。再设置转盘转速为工艺要求转速，空转，确认无异常。

（6）确认滚圆机转盘速度已按工艺要求设置后，关盖体，从顶盖投料口投入条柱状物料，启动转盘，物料加入完毕时开始滚圆计时。

（7）滚圆计时到达工艺要求的时间后，出料，收集球状湿微丸。

4.干燥

（1）检查沸腾干燥机捕集袋，确定无破损后安装；检查设备各连接件紧固情况、润滑情况和电机状态，确认连接紧固，润滑到位，风机状态正常。

（2）开压缩空气，检查并确认压力为0.5～0.6MPa；开控制电源，确定无异常。

（3）按工艺要求设置振摇时间、振摇次数、进风温度和出风温度，"制粒/干燥"旋钮置"干燥"，"时间/压差"旋钮置"时间"，风门开启度置于20%～40%，上顶缸，开风机空转，确认设备运行正常无异常后，关风机，下顶缸。

（4）将湿微丸倒入料斗内，推入筒体，上顶缸，确认顶缸密闭完全。

（5）启动风机，开始干燥，其间应确定振摇时间和次数符合工艺要求。

（6）当出风温度到达工艺规定时，依次关风"干燥""时间""风机"和"风门开启度"按钮。开手动振摇10下，用橡皮锤敲打筒体。按"顶缸"按钮，放下顶缸。

（7）关电源，拉出料车，出料，收料，得微丸。

5.及时填写微丸生产记录。

## 三、质量监控

1.称量原辅料时，应双人复核原辅料的品种、性状和数量。

2.制软材时应检查确认软材的干湿度符合工艺要求。

3.挤出时的条柱状物外观应表面光滑，另取少许置手掌中，双手合拢稍用力搓，得到的湿微丸应大小均匀、无长条，无大量粉粒。

4.滚圆后的湿微丸应表面光滑、大小均匀、圆整度好。

5.微丸干燥时应监控温度，出风温度达到工艺要求时及时出料。

## 四、清洁清场

1.将操作间的状态标志改写为"清洁中"。

2.将整批的产品数量重新核对一遍，检查物料标签，确实无误后，交下工序生产或送到中间站。

3.清退剩余物料、废料，并按车间生产过程剩余产品的处理标准操作规程进行处理。

4.按清洁标准操作规程，清洁和消毒所用过的设备、生产场地、用具、容器。

5.清场后，及时填写清场记录，自检合格后，请质检员或检查员检查。

6.经检查合格，发放清场合格证。

注意事项

1.制软材时应检查搅拌轴两端与混合腔连接处密封情况，如有漏油不得使用。混合前，应确认盖板已盖上再开机；混合过程中，不得开盖板加料。

2.挤出机和滚圆机运行时，不得将手或硬物伸入设备内，投入的物料中不得含有金属等硬物。

3.沸腾干燥时投料量不及料斗总量的2/3，防止过载开机。

知识加油站

## 一、微丸的定义和分类

微丸又称小丸，是指药物粉末和辅料制成的直径小于2.5mm的球状固体制剂，可装入胶囊、压成片剂或采用其他包装供临床使用。微丸在制剂工艺、药理作用上具有的优点是其他剂型无法实现的。近年来，微丸在长效、控释制剂方面的应用越来越多，日益受到人们的重视，成为制剂工艺发展的一大趋势。

微丸根据释药速度可分为**速释微丸**与**缓控释微丸**，速释微丸是一种药物与制剂辅料制成的具有较快释药速度的微丸。根据药物释放机理分为**膜控微丸**与**骨架微丸**。

## 二、微丸的特点

1.**外形美观，流动性好，粉尘少**：微丸充填而成的胶囊重量差异较小，适合于复方制剂产品的制备，且可避免复方成分在制备过程中的相互作用。

2.**含药量大**：某些药物在微丸中的含量可达80%，单个胶囊最大剂量达600mg。

3.**易制成缓控释制剂和定位定时给药系统**：采用不同释药速度的多种小丸混合，可方便地调节药物理想的释药速度。

4.**释药稳定**，服用后不受胃排空因素影响，药物体内吸收均匀，个体差异小。

5.**生物利用度高**：服用后可广泛、均匀地分布在胃肠道内，药物在胃肠道表面分布面积增大，具有较高的吸收百分比，生物利用度高。

6.**局部刺激小**：以单位小丸的形式广泛、均匀地分布在胃肠道内释放药物，有效避免局部浓度过大，降低药物的刺激性。

## 三、微丸的辅料

微丸的辅料与片剂的辅料大致相同，主要有填充剂、黏合剂、崩解剂、润滑剂、包衣材料等。

大多数微丸均需进行包衣操作，包衣材料在膜控微丸中起到重要作用，缓释包衣材料常用的有：醋酸纤维素、乙基纤维素、聚丙烯酸树脂等。包衣材料中增加致孔剂，可解决药物释放速度过慢的问题，常用的致孔剂有HPMC、HPC、PEG和MC

等。增塑剂是微丸薄膜包衣中不可缺少的组成部分，水溶性增塑剂常用的有甘油、丙二醇、聚乙二醇等；脂溶性增塑剂常用的有枸橼酸三乙酯、苯二甲酸二甲酯、蓖麻油等。

## 一、微丸的制备方法

**微丸的制备方法**有挤出滚圆法、离心-流化制丸法、层积制丸法和喷雾制丸法等。

**挤出滚圆法**是目前应用最广泛的生产微丸的方法，是将药物和辅料粉末加黏合剂混合均匀，制成软材；软材置挤出机内，通过挤出螺杆的挤压作用强制其通过具有一定直径的孔或筛，挤压成条柱状物（图17-3）；再将条柱状物置滚圆筒内，在滚圆机的旋转摩擦板上不停滚动切割，逐渐滚制成大小均匀、规则的球形微丸（图17-4），经干燥得微丸产品。

图17-3 微丸软材条状挤出　　　　图17-4 微丸条状物滚圆

挤出滚圆法的特点有：生产能力大，设备费用较低；生产效率高，劳动强度小；工艺过程参数化，且易于控制；微丸直径由孔板决定，易于控制，直径选择范围广，可生产直径为0.3～30mm的微丸；微丸的圆整度和流动性好；微丸内药物或其他活性成分含量均匀，载药量大；球形微丸易于包衣，所得产品衣膜均匀，释药理想。

### 其他微丸制备方法的工艺简介

**1.离心-流化制丸法**：在离心式制丸机内放入粉体物料，开机旋转后对粒子流表面喷射雾化的浆液，使粉体物料相互聚结、滚动，成为微型颗粒（母粒）；再按一定比例对母粒喷射雾化浆液，并撒入粉体物料，形成涡旋回转的粒子流，母粒逐渐滚大，成为符合要求的微丸。

**2.层积制丸法（泛丸式制丸法）：**将部分混合的药物细粉置于包衣锅内，转动包衣锅，喷入雾化水，使药粉形成坚实致密的小粒；继续加入药粉，喷入雾化水，使小粒增大成适宜大小，筛分得丸模；将丸模置于包衣锅内，反复加入药粉，喷入雾化水，丸模体积逐渐增大至规定大小；筛分得合格丸粒，至包衣锅内滚动至丸面光洁、色泽一致、形状圆整的微丸。

**3.喷雾制丸法：**喷雾制丸法是将溶液、混悬液或热熔物喷雾形成球形颗粒或微丸的方法，主要分为**喷雾干燥法**和**喷雾冻凝法**。喷雾干燥法是将药物溶液或混悬液喷雾干燥，由于液相的蒸发而形成微丸。喷雾冻凝法是将药物与熔化的脂肪类或蜡类混合，从顶部喷出至冷却塔中，由于熔融液滴受冷硬化而形成微丸。

## 二、微丸的生产工艺

**微丸的生产工艺（挤出滚圆法）过程**可分为制软材、挤出滚圆、干燥、包衣（可选项）、包装等几个步骤，如图17-5所示。

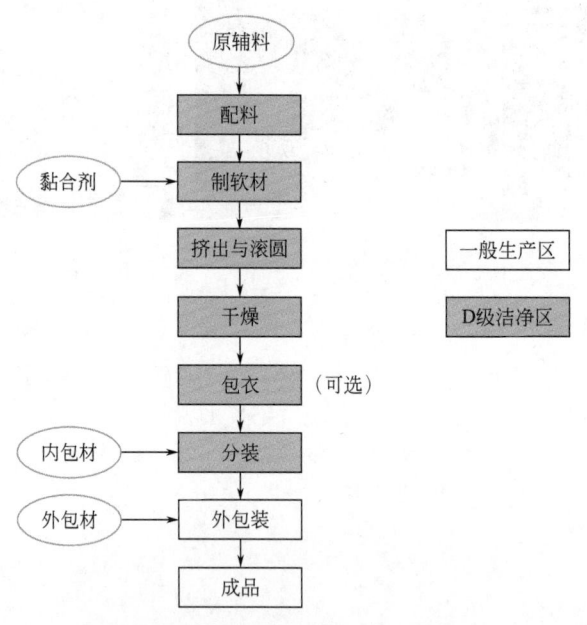

图17-5　微丸（挤出滚圆法）生产工艺流程

**1.制软材：**将药物和辅料粉末混合均匀后，加黏合剂搅拌制成软材。与颗粒剂生产设备一样，微丸制软材可选用槽形混合机。

**2.挤出滚圆：**将制得的软材置于挤出机内，挤成规定直径的条柱状物，再将条柱状物置于滚圆机摩擦板上，通过旋转切割滚圆，制成大小均匀的球形微丸。

挤出机采用螺杆结构，可强制将加入的软材挤压过规定直径的孔或筛，得到条柱状物。根据工艺需要，可更换不同规格的孔或筛，用来生产不同大小的微丸。滚圆机通过旋转摩擦板，将条柱状软材切断并滚圆，得到大小均匀的球状湿微丸。可调节摩擦板的规格、旋转速度和旋转时间等参数，制得符合工艺要求的湿微丸。

图17-6　挤出滚圆一体机

挤出、滚圆生产，可选用两台独立的设备，也可选用挤出滚圆一体机组（图17-6）。从挤出滚圆一体机组上方的料斗加入的软材，先被挤成条柱状物，再直接落入滚圆筒滚圆，制成球状湿微丸后出料。

3.干燥：将制得的球形湿微丸干燥，即得干燥的微丸中间体。与颗粒剂生产设备一样，微丸制软材可选用热风循环烘箱或沸腾干燥（制粒）机。

4.包衣：可将微丸中间体按工艺要求包各种薄膜衣。与片剂包衣的生产设备一样，微丸包衣可选用高效包衣机。

### 速释硝苯地平微丸

【处方】硝苯地平10mg，聚乙烯吡咯烷酮（PVP）适量，无水乙醇适量。

【制法】将硝苯地平与聚乙烯吡咯烷酮溶于无水乙醇中，制备固体分散体，干燥粉碎过80目筛；将糖粉与淀粉混匀后制成30～40目颗粒，作空白芯粒，置包衣机中，喷入PVP乙醇溶液润湿芯粒；加入硝苯地平与聚乙烯吡咯烷酮的固体分散体，使其均匀黏附在芯粒表面，制成含量为5%～6%的微丸，干燥，过筛后取20～40目微丸；将微丸装入硬胶囊中，得药品。

【注解】体外溶出试验表明：硝苯地平微丸在30min的溶出度达75%～80%，高于同等条件下硝苯地平普通片的溶出度，生物利用度显著提高。

### 三、微丸的质量要求

绝大部分微丸被用作其他制剂形式的中间产品，故其质量评价没有统一的标准。主要控制质量要求有外观、脆碎度、水分、硬度和释放试验等。

1.外观：微丸外观应圆整均匀、色泽一致，无粘连现象。

2.脆碎度：取一定量的微丸，加25粒直径7mm的玻璃珠，一起置脆碎仪中旋转

10min，在孔径250μm筛中振摇5min，收集细粉，计算失重百分率。

**3.水分：** 参照《中国药典》通则相关方法和标准进行测定。

**4.释放试验：** 根据微丸的特性，采用《中国药典》释放度测定法进行测定。

### 微丸的其他质量检测值指标

**1.粒径和粒径分布：** 微丸的粒径一般在2.5mm以下，其粒度的考查可用粒径分布、平均粒径、几何平均粒径等。粒径测定可采用筛分法。

**2.堆密度：** 取一定量（$m$）微丸，使其缓缓通过一玻璃漏斗，倾倒至一量筒内，测定微丸的松容积（$V$），计算微丸的堆密度（$d=m/V$）。

**3.表面形态和圆整度：** 微丸的表面形态可由扫描电镜观察判定。微丸的圆整度可通过休止角、平面临界角来综合判定。

微丸休止角的测定：取一定量的微丸，小心倒入一定高度固定的漏洞中，微丸流入下方的表面皿内。流出完毕，测量堆积高度（$H$）和堆积半径（$r$），计算$\tan\theta=H/r$，$\theta$即休止角。休止角越小，流动性越好。

微丸平面临界角的测定：取一定量的微丸，置一平板上，将平板一侧抬起，测量微丸开始滚动时倾斜平面与水平所夹的角$\varphi$，$\varphi$越小，圆整度越好。

#### 一、判断题

1.微丸又称小丸，系指药物粉末和辅料构成的直径大于2.5mm的圆微丸球状实体。
（    ）

2.微丸丸芯的辅料主要包含填充剂和黏合剂，与片剂辅料大致相同。（    ）

3.挤出滚圆法是目前应用最广泛的微丸制备方法。（    ）

4.微丸的含药量较小。（    ）

5.一般来说，与片剂相比较，微丸的生物利用度较低。（    ）

#### 二、单选题

1.微丸的制备方法不包括（    ）。

（A）挤出滚圆法              （B）离心-流化制丸法

（C）喷雾制丸法              （D）干法制丸法

2.微丸的特点不包括（　　）。

（A）外形美观、流动性好

（B）含药量大

（C）生物利用度低

（D）释药稳定

3.微丸的制备工艺流程一般是（　　）。

（A）主药、辅料＋黏合剂→制软材→挤出→滚圆→干燥→包装

（B）主药、辅料＋黏合剂→制软材→滚圆→挤出→干燥→包装

（C）主药、辅料＋黏合剂→制软材→干燥→挤出→滚圆→包装

（D）主药、辅料＋黏合剂→制软材→挤出→干燥→滚圆→包装

4.（　　）不是微丸常用的黏合剂。

（A）HPMC

（B）PVP

（C）CMC-Na

（D）尼泊金甲酯

三、多选题

1.下列哪些是微丸具有的特点（　　）。

（A）服用后可广泛、均匀分布在胃肠道内，药物在胃肠道表面分布面积增大，可减少刺激性，提高生物利用度

（B）不受胃排空因素影响，药物体内吸收均匀，个体差异小

（C）外形美观，流动性良好，粉尘小

（D）可根据释药目的不同，制成缓控释制剂、定时定位给药系统

（E）发展了耳、眼用药的新剂型

2.（　　）是滴丸剂常用制备方法。

（A）离心-流化制丸法

（B）层积制丸法

（C）喷雾制丸法

（D）挤出滚圆法

（E）干法制丸法

3.微丸常用的填充剂有（　　）。

（A）淀粉　　　　（B）糊精　　　　（C）HPMC

（D）PVP　　　　（E）乳糖

4.微丸常用的黏合剂有（　　）。

（A）淀粉　　　　（B）糊精　　　　（C）HPMC

（D）PVP　　　　（E）乳糖

5.微丸的质量要求有（　　）。

（A）锥入度　　　（B）水分　　　　　　（C）重量差异

（D）硬度　　　（E）脆碎度

四、简答题

1.简述微丸的特点。

2.请比较高速湿法制备颗粒与挤出滚圆法制备微丸的异同。

3.简述微丸生产中，易出现哪些问题？如何避免和/或处理。

模块 18

# 包装固体制剂

学习目标

1. 能知道常用固体制剂包装的定义、作用和包装材料的分类。

2. 能认识瓶包装、铝塑泡罩包装生产设备的结构。

3. 能按操作规程进行瓶包装和铝塑泡罩包装的生产操作。

4. 能进行瓶包装和铝塑泡罩包装生产过程中的质量监控，并正确填写生产操作记录。

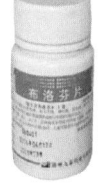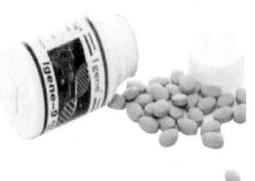

图18-1　瓶包装

学习导入

我们所使用的药品都是经过包装的，包装是药品不可缺少的组成部分，只有选择恰当的包装材料和包装方式，才能真正有效地保证药品质量和人们的用药安全。

常用固体制剂（如片剂、胶囊剂等）的包装有**瓶包装**（图18-1）和**铝塑泡罩包装**（图18-2）两种。散剂和颗粒剂的包装可参见模块13"制备散剂"中的任务4。

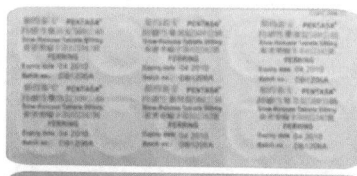
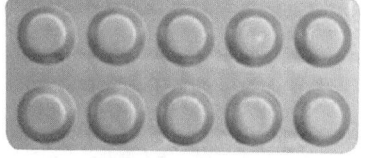

图18-2　铝塑包装

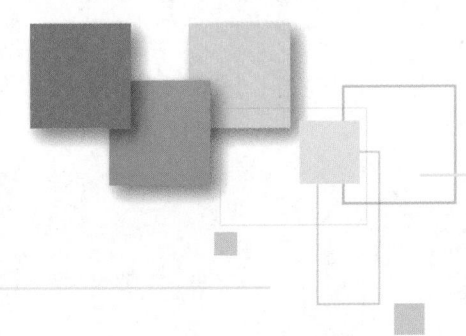

任务1 点名再出装——
瓶装卡托普利片

## 岗位任务

根据包装指令单的要求,按包装操作规范进行卡托普利片瓶包装操作,正确填写生产记录(表18-1)。

表18-1 卡托普利片瓶包装指令单

| 品名 | 卡托普利片 | 包装规格 | 25mg/片×100片/瓶 |
|---|---|---|---|
| 批号 | 180218 | 批量 | 10000片 |
| 待包装产品数量 | 10000片 | 包装形式 | 聚乙烯塑料瓶装 |
| 生产日期 | 2018年2月23日 | 有效期至 | 2020年1月 |
| 包装材料的名称和理论用量 | | | |

| 序号 | 物料名称 | 规格 | 单位 | 批号 | 理论用量 |
|---|---|---|---|---|---|
| 1 | 塑料瓶 | 药用80mL | 个 | B1020180201 | 100 |
| 2 | 塑料瓶盖 | 药用80mL | 个 | B1120180201 | 100 |
| 3 | 标签 | — | 张 | B1320180110 | 100 |

| 生产开始日期 | ××××年××月××日 | |
|---|---|---|
| 制表人 | | 制表日期 | |
| 审核人 | | 审核日期 | |
| 批准人 | | 批准日期 | |

## 生产过程

### 一、生产前检查

1.进入操作间,检查是否有"清场合格证",且"清场合格证"在有效期内。

2.检查计量器具与称量的范围是否相符,有校验合格证并在使用有效期内。

3.检查操作间的温度、相对湿度、压差是否与要求相符,并记录。

4.接到批包装指令单、瓶包装岗位操作规程、批包装记录等文件,明确产品名称、规格、批号、批量、工艺要求等指令。

5.按批包装指令单核对卡托普利片和塑料瓶、塑料瓶盖、标签的品名、规格、批号、数量，检查外观、检验合格证等，确认无误后，交接双方在物料交接单上签字。

6.悬挂生产运行状态标识，进入生产操作。

## 二、生产操作

1.打开总电源开关，设定参数，使送瓶速度10瓶/min，开启理瓶机构，将空的药瓶送到数片机出片嘴下。自动理瓶机的结构外观和运行原理见图18-3和图18-4所示。

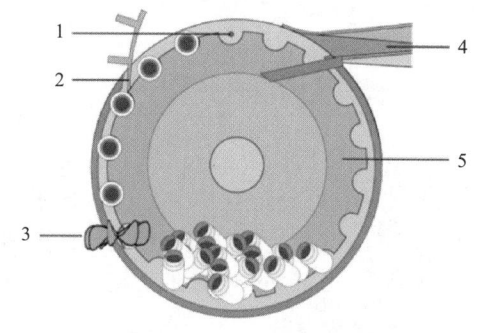

图18-4　自动理瓶机结构原理

1—吹瓶气孔；2—瓶口拨正；3—打落浆；
4—传送带；5—转盘

图18-3　自动理瓶机外观

2.选择符合包装规格的模具，开动筛板式数片机进行数片操作。刚开始几瓶可能不准，应倒入数片盘中重数。筛板式数片机的结构外观和运行原理见图18-5和图18-6所示。

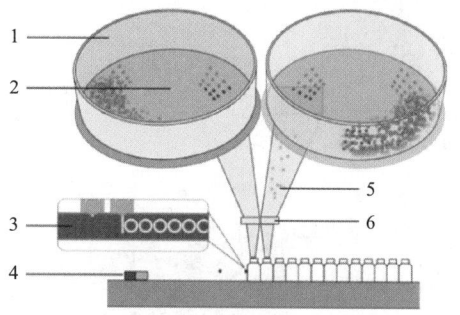

图18-6　筛板式数片灌装机结构原理

1—料斗；2—数片板；3—传送带；4—堵瓶检测；
5—落料斗；6—下料挡板

图18-5　筛板式数片灌装机外观

3.开启旋盖机和铝箔封口机，按50瓶/min的要求设定操作参数后运行，塑料瓶经旋盖后再经铝箔封口机自动封口。旋盖机的结构外观和运行原理见图18-7和图18-8所示，电磁感应封口机的结构外观和运行原理见图18-9和图18-10所示。

图18-7 旋盖机外观

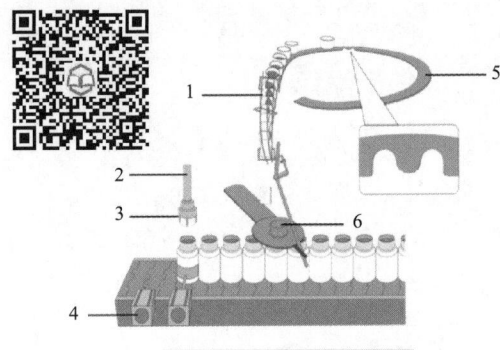

图18-8 旋盖机结构原理

1—下盖导轨；2—旋盖机构；3—加盖机构；
4—堵瓶检测；5—理盖机构；6—送盖机构

图18-9 电磁感应封口机外观

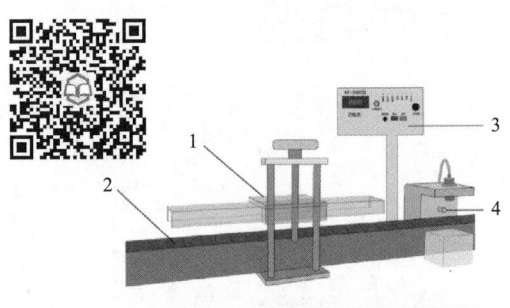

图18-10 电磁感应封口机结构原理

1—电磁感应加热器；2—传送带；
3—电控箱；4—无铝箔剔除器

4.在贴标机上装好标签贴纸，根据批包装指令单调整批号、生产日期和有效期至，开启贴标机，塑料瓶封口后进行贴标，使打印内容准确清晰，标签粘贴端正平整。贴标机的结构外观和运行原理见图18-11和图18-12所示。

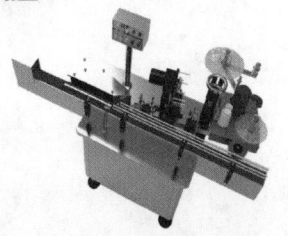

图18-11 贴标机外观

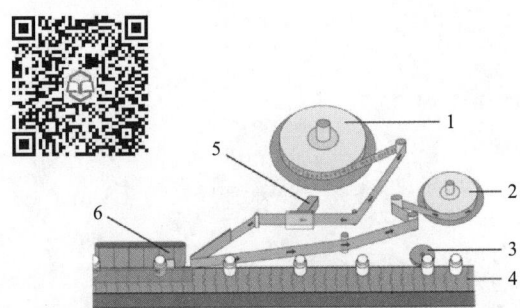

图18-12 贴标机结构原理

1—贴标卷筒纸盘；2—回收卷筒纸盘；3—调瓶距机构；
4—传送带；5—打码机构；6—贴标机构

5.及时填写瓶包装记录。

## 三、质量监控

1.每30min检查每瓶的装量是否符合规定。

2.检查批号、生产日期、有效期至是否准确。

3.检查外观符合规定，铝箔封口严密标签贴纸位置准确。

## 四、清洁清场

1.将操作间的状态标志改写为"清洁中"。

2.将整批的产品数量重新核对一遍，检查物料标签，确实无误后，交下工序生产或送到中间站。

3.清退剩余物料、废料，并按车间生产过程剩余产品的处理标准操作规程进行处理。

4.按清洁标准操作规程，清洁和消毒所用过的设备、生产场地、用具及容器。

5.清场后，及时填写清场记录，自检合格后，请质检员或检查员检查。

6.经检查合格，发放清场合格证。

知识加油站

## 一、药品包装的定义和分类

药品包装是指选取适宜的材料或容器，采用一定的技术手段，将药品包裹封闭，为药品提供品质保护以及商标与说明的总称。随着我国药品市场的日趋完善，处方药、非处方药的分类管理，都对药品的包装提出了更高的要求，特别是《国家药品监督管理局令》第十三号《直接接触药品的包装材料和容器管理办法》的实施，加强了药品内包材的管理，药品的包装不仅应具有保护药品的作用，还应有便于使用、贮存、运输、环保、耐用、美观、易于识别等功能。

药品包装分为内包装和外包装，**内包装**指药品生产企业的药品和医疗机构配制的制剂所使用的直接接触药品的包装材料和容器，必须符合药品包材国家标准或药品注册标准。内包装应能保证药品在生产、运输、贮存及使用过程中的质量，且便于临床使用，常用的内包装材料有铝箔、PVC、固体制剂药用塑料瓶、安瓿、口服液瓶、橡胶塞、铝管等。

**外包装**是指药品的外部包装，是将已经内包装的药品装入盒、箱、袋、罐等容器中，是为了运输而采取的一种措施，外包装材料有小盒、中盒、大箱、标签等。

## 二、药品包装的作用

**1. 保护药品质量**：药品进行适当的包装可以使药品避光、防潮、防霉、防虫蛀、防氧化等，以提高药品的稳定性，保证药品在运输、贮存期内质量的可靠；还可以使药品在运输、装卸的过程中，免受外力的震动、冲击和挤压，避免破损、挥发、污染等损失。

**2. 便于流通和计数**：将药品包装成一定的尺寸、规格和形态，方便药品的运输，方便药品在仓储、货架中的陈列和室内保管，也方便流通和销售过程中药品的计数和计量。

**3. 促进销售**：药品包装是最好的广告媒介，可以对消费者产生直接的吸引力。独特的药品包装设计与造型，能诱导和激发消费者的购买欲望，起到促进销售的作用。在我国，同一个药品，尤其是非处方药，往往有众多厂家生产，面对同类药品，广大消费者在不具备专业知识的情况下，药品的外包装是影响消费者选购药品的重要因素之一。

**4. 指导消费**：药品包装上通常有药品名称、规格、适应证、用法用量、注意事项等内容，对患者正确使用药品，能起到指导作用。

**5. 方便使用**：随着药品包装材料与包装技术的发展，药品包装呈现多样化，合适的药品包装可以方便患者取用和分剂量。

## 三、药品包装材料

药品包装材料按材质可分为：纸质、玻璃、塑料、金属、橡胶及复合材料等。

**1. 纸质类药包材**：优点是成本低、质量轻、易于印刷、无毒无味、可降解，能与塑料、铝箔等复合；缺点是耐水性差、强度低。纸质包装材料目前主要用于药品的外包装，如包装纸袋、纸盒、瓦楞纸箱、纸板桶等，如图18-13所示。在内包装中，纸质材料则越来越多地与塑料薄膜或铝箔等进行复合，成为性能更优良的包装材料。

**2. 玻璃类药包材**：优点是阻隔性能优良，可加入有色金属盐改善其遮光性，光洁透明，可回收利用，成本低；缺点是重、易碎、不耐碱。如图18-14所示。

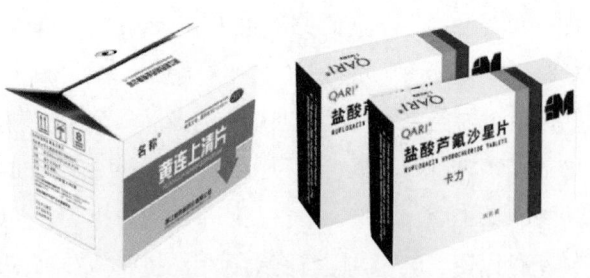

图18-13 纸质类药包材（大箱、小盒）

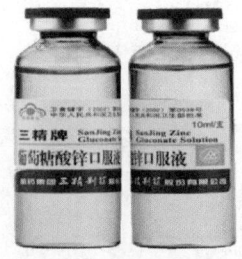

图18-14 药用玻璃瓶

**3. 塑料类药包材**：优点是重量轻、不易破碎、使用方便，不同塑料之间或塑料与其他材料易于复合、成型工艺成熟；缺点是耐热性差、废弃物不易分解处理，如

图18-15所示。

**4.金属类药包材**：优点是力学性能强、强度大、刚性好、阻隔性能优良，适合危险品的包装；缺点是耐腐蚀性能低，需镀层或涂层，材料价格高。金属包装主要以薄钢板、马口铁、镀锌铁皮、铝及铝合金等金属材料制成。薄钢板、马口铁、镀锌铁皮主要用于药品的外包装；铝制品主要用作铝管和铝瓶，可直接接触药品，如图18-16所示。

图18-15　药用塑料瓶　　　　　图18-16　金属类药包材（铝箔和铝管）

**5.橡胶类药包材**：优点是弹性好，能耐高温灭菌；缺点是针头穿刺胶塞时会产生橡胶屑或异物，橡胶的浸出物或其他不溶性成分有可能进入药液中，易老化。橡胶包装材料在药品包装中主要用作橡胶塞和密封圈。目前我国使用的胶塞主要是药用丁基胶塞。

**6.复合材料类药包材**：主要是各种塑料与纸、金属或其他材料进行胶粘复合而成的多层结构的膜，具有阻隔气体、防尘、防紫外线、强度大、耐磨损、易印刷、易热封等特点。

## 四、瓶包装联动生产线

主要用于片剂、软、硬胶囊、丸剂、颗粒剂等固体制剂药品的塑料瓶包装。瓶包装联动生产线可以进行自动理瓶、计量灌装、塞纸（可选配塞干燥剂或药棉）、旋盖、铝箔封口、贴标、打码等功能，并能自动检测倒瓶、缺药、缺纸、旋盖不紧、无铝箔、漏贴标、漏打码等瑕疵，自动报警及剔废。图18-17是瓶包装联动生产线。

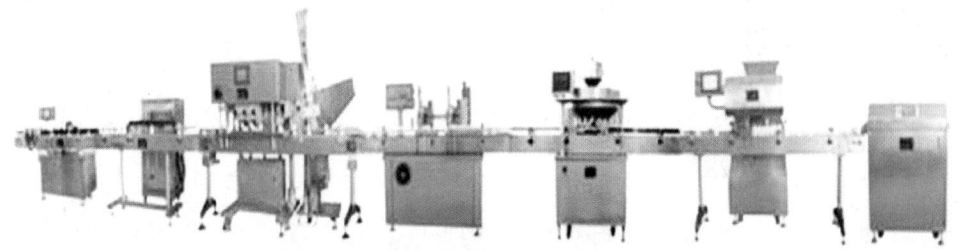

图18-17　瓶包装联动生产线

瓶包装联动生产线除颗粒剂包装采用容积法外，其余均采用数粒计量。各单机都有其特有的功能和各自独立的驱动控制系统，既可联动生产，也可单机使用。

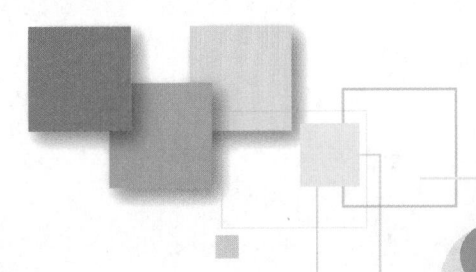

任务2　结合再分离——
铝塑泡罩包装卡托普利片

岗位任务

根据包装指令单（表18-2）的要求，按包装操作规范进行卡托普利片铝塑泡罩包装操作，正确填写生产记录。

表18-2　卡托普利片铝塑包装指令单

| 品名 | 卡托普利片 | 包装规格 | 25mg/片×12片/板 |
|---|---|---|---|
| 批号 | 180218 | 批量 | 10000片 |
| 待包装产品数量 | 10000片 | 包装形式 | 铝塑泡罩包装 |
| 生产日期 | 2018年2月23日 | 有效期至 | 2020年1月 |
| 包装材料的名称和理论用量 | | | |

| 序号 | 物料名称 | 规格 | 单位 | 批号 | 理论用量 |
|---|---|---|---|---|---|
| 1 | 铝箔 | 药用130mm | kg | B1420180103 | 2 |
| 2 | PVC | 药用130mm | kg | B1520180201 | 2 |

| 生产开始日期 | ××××年××月××日 | | |
|---|---|---|---|
| 制表人 | | 制表日期 | |
| 审核人 | | 审核日期 | |
| 批准人 | | 批准日期 | |

生产过程

## 一、生产前检查

1.进入操作间，检查是否有"清场合格证"，且"清场合格证"在有效期内。

2.检查计量器具与称量的范围是否相符，有校验合格证并在使用有效期内。

3.检查操作间的温度、相对湿度、压差是否与要求相符，并记录。

4.接到批包装指令单、铝塑包装岗位操作规程、批包装记录等文件，明确产品名称、规格、批号、批量、工艺要求等指令。

5.按批包装指令单核对卡托普利片和PVC、铝箔的品名、规格、批号、数量、检查外观、检验合格证等，确认无误后，交接双方在物料交接单上签字。

6.悬挂生产运行状态标识，进入生产操作。

## 二、生产操作

1.接通电源，打开主电源开关，按照机上标牌所示接通进水、出水、进气口，接通电源，同时接好保护接地。

2.将PVC和铝箔分别安装在各自支撑轴上。

3.在按键操作面板上，打开"电源"键接通控制电源，同时打开"热封""下加热""上加热"键，使之进入工作状态，并设定好温控仪温度值。一般热封温度为150℃左右；上、下加热板温度为110℃左右（实际温度控制情况根据泡罩成型和密封情况而定）。

4.分别安装和调节成型装置、冲裁装置、热封装置，根据包装指令单要求设定生产批号和有效期至，安装批号装置。

5.将铝箔输送摆杆轻轻抬起，直至送料电机开启，输出足够的铝箔，再放下输送摆臂。串好塑料片和铝箔，校正中心位置。

6.预热温度达到设定值后，打开压缩空气，先按"手动"键进行运转，如没有发现异常情况，使"手动"键复位，并启动"工作"键。

7.机器开始运转，待成型、热封、冲裁等功能正常，且密封性检查合格后，按"加料调速"键，调节适当速度，然后打开加料闸门，控制好药量，同时开通冷却水。

8.生产包装过程中随时观察产品外观质量。

9.及时填写铝塑包装记录。

## 三、质量监控

1.随时检查铝塑包装产品的外观应平整、光滑，压痕清晰，无缺片，印字准确清晰。

2.调试后先进行密封性检查，确认无误后开机运行。

3.设定的生产批号和有效期至要经现场QA复核后方可正式开始生产。

## 四、清洁清场

1.将操作间的状态标志改写为"清洁中"。

2.将整批的产品数量重新核对一遍，检查物料标签，确实无误后，交下工序生产或送到中间站。

3.清退剩余物料、废料，并按车间生产过程剩余产品的处理标准操作规程进行处理。

4.按清洁标准操作规程，清洁和消毒所用过的设备、生产场地、用具及容器。

5.清场后，及时填写清场记录，自检合格后，请质检员或检查员检查。

6.经检查合格，发放清场合格证。

生产小能手

## 一、铝塑泡罩包装机

根据生产厂商的不同而存在着多种形式，现有的铝塑泡罩包装机大体可以分为四类：滚筒连续式铝塑泡罩包装机、板滚连续式铝塑泡罩包装机、平板间歇式铝塑泡罩包装机及平板连续式铝塑泡罩包装机。

铝塑泡罩包装机按成型方式分为滚筒式和平板式，平板式正压成型，热压封合效果好于滚筒式，而滚筒式热压封合在速度、可靠性等方面优于平板式。铝塑泡罩包装机的外观结构和运行原理见图18-18和图18-19所示。

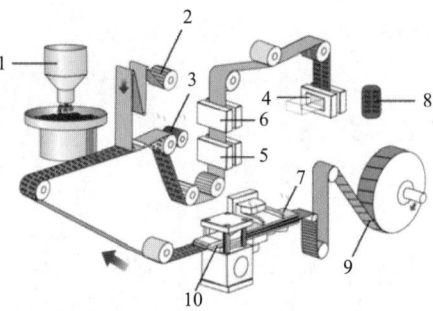

图18-19 铝塑泡罩包装机结构原理

1—加料斗；2—铝箔；3—热封机构；4—冲裁装置；
5—批号打印装置；6—压痕模具；7—上下加热板；
8—铝塑包装产品；9—PVC卷；10—成型器

图18-18 铝塑泡罩包装机外观

铝塑泡罩包装机是将塑料硬片加热、成型、药品填充、与铝箔热封合、打印批号和有效期至压断裂线、冲裁和输送等多种功能在一台设备上完成的包装机械。

设备由机座、PVC输送机构、成型机构、加料器、铝箔输送机构、热封压痕机构、牵引机械手、冲裁机构、废料回收机构及电气控制机构等部分组成，工作过程如图18-20所示。

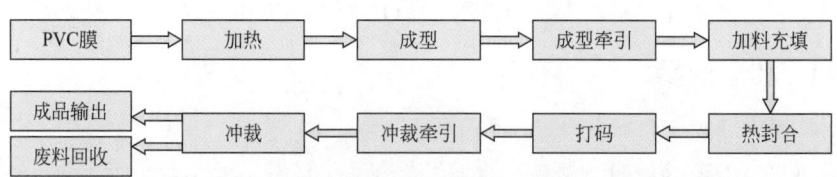

图18-20 铝塑包装生产工艺过程

药用PVC片经过加热板进行加温软化后进入成型模，由洁净压缩空气进行正压成型，通过加料器充填胶囊或药片，铝箔由微型电机输送进入热封模具，与装好药物的PVC片进行热封，再进入批号压痕模打码，进入冲裁模进行冲裁，废料由回收装置回收。

## 二、铝塑泡罩包装常见的问题

生产中容易出现在泡罩成型、热压封合等方面的问题如下。

**1.泡罩成型**：泡罩成型是PVC膜（硬片）加热后通过模具，利用压缩空气形成所需形状和大小的泡罩，当泡罩出现问题时，需要从以下几方面着手解决：①PVC膜（硬片）是否为合格产品；②加热装置的温度是否过高或过低；③加热装置的表面是否粘连PVC；④成型模具是否合格，成型孔洞是否光滑，气孔是否通畅；⑤成型模具的冷却系统是否工作正常、有效；⑥正压成型的压缩空气是否洁净、干燥，压力、流量能否达到正常值；⑦正压成型模具是否平行夹紧PVC带，有无漏气现象。

**2.热压封合**：热封板和网纹板在一定温度和压力作用下，完成热压封合。热封板和网纹板的接触为面状接触，所需要的压力相对较大。当出现热封网纹不清晰、网纹深浅不一、热合时PVC带跑位造成鼓泡等问题时需要从以下几方面着手解决：

①铝箔是否为合格产品，热合面是否涂有符合要求的热熔胶；②加热装置的温度是否过高或过低；③PVC带或铝箔的运行是否有非正常的阻力；④热封模具是否合格，表面是否平整、光滑，PVC带上成型出的泡罩能否顺利套入热封板的孔洞内；⑤网纹板上的网纹是否纹路清晰、深浅一致；⑥热封模具的冷却系统是否工作正常、有效；⑦热封所需的压力是否正常；⑧热封板和网纹板是否平行。

**一、单选题**

1.下列哪项不是铝塑泡罩包装机的主要构件（　　）。

　　（A）加料机构　　　　　　　　　　　（B）成型机构

　　（C）称量机构　　　　　　　　　　　（D）热封压痕机构

2.下列哪项是外包装材料（　　）。

　　（A）PVC　　　　（B）安瓿　　　　（C）铝管　　　　（D）说明书

3.在用滚筒式热压铝塑包装机进行包装时，上下加热板的温度一般以（　　）为宜。

　　（A）100℃左右　（B）50℃左右　　（C）70℃左右　　（D）150℃左右

4.片剂单剂量包装主要采用（　　）。

　　（A）泡罩式和窄条式包装　　　　　（B）玻璃瓶

　　（C）塑料瓶　　　　　　　　　　　（D）纸袋

**二、简答题**

1.试写出片剂瓶包装联动线的主要设备名称并进行识别。

2.药品包装的定义和作用是什么？

3.铝塑泡罩包装机操作时要注意什么？

药 物 制 剂 技 术
（中职阶段）

# Part 5

## 项目五

## 制备半固体和其他制剂

### 项目导学

　　我们已学习了液体制剂、注射剂和眼用液体制剂、固体制剂等产品的生产技术。这些剂型的产品也找到了自己的类别归属，但还有一部分剂型的产品没找到自己的"娘家"，如软膏剂和乳膏剂、栓剂、膜剂、滴丸剂、气雾剂、粉雾剂和喷雾剂等。他们种类繁多，形态各异，在各自的领域发挥着独特而不可替代的作用，我们统称其为"**半固体和其他制剂**"。

　　本项目主要介绍软膏剂和乳膏剂、栓剂、膜剂、滴丸剂、气雾剂、喷雾剂和粉雾剂等半固体和其他制剂的相关概念、处方组分、生产制备工艺和常用设备与质量要求等内容。

# 制备软膏剂与乳膏剂

## 学习目标

1. 能知道软膏剂和乳膏剂的概念、分类和质量要求。
2. 能知道软膏剂和乳膏剂常用的基质。
3. 能看懂软膏剂、乳膏剂的生产工艺流程。
4. 能认识真空均质乳化机、软膏剂灌封生产设备的基本结构。
5. 能按操作规程进行软膏、乳膏的生产操作。
6. 能进行软膏和乳膏生产过程中的质量控制，能正确填写生产记录。

## 学习导入

图19-1和图19-2中的药品，哪个是软膏剂，哪个是乳膏剂？涂抹在皮肤上的感觉有何不同？

**软膏剂**是指药物与**油脂性或水溶性基质**均匀混合制成的具有适当稠度的半固体外用制剂。软膏剂具有润滑皮肤、保护创面和局部治疗作用，广泛用于皮肤科和外科一些疾病的治疗。

**乳膏剂**是指药物**溶解或分散于乳剂型基质中**形成的均匀半固体制剂。按其基质不同，可分为水包油型乳膏剂（O/W）与油包水型乳膏剂（W/O）。

图19-1 地奈德乳膏

图19-2 清凉油

岗位任务

根据生产指令单（表19-1）的要求，按生产操作规范进行醋酸氟轻松乳膏的配制操作，正确填写批生产记录。

表19-1 醋酸氟轻松乳膏配制批生产指令单

| 品名 | 醋酸氟轻松乳膏 | | 规格 | 10g：2.5mg | |
|---|---|---|---|---|---|
| 批号 | 180908 | | 批量 | 500支 | |
| 原辅料的名称和理论用量 | | | | | |
| 序号 | 物料名称 | 规格 | 单位 | 批号 | 理论用量 |
| 1 | 醋酸氟轻松 | 药用 | g | Y0720180801 | 1.25 |
| 2 | 十六醇 | 药用 | g | F1520180901 | 300 |
| 3 | 十八醇 | 药用 | g | F1620180802 | 300 |
| 4 | 白凡士林 | 药用 | g | F1720180902 | 600 |
| 5 | 甘油 | 药用 | mL | F1820180705 | 250 |
| 6 | 二甲基亚砜 | 药用 | mL | F1920180605 | 75 |
| 7 | 月桂醇硫酸钠 | 药用 | g | F2020180506 | 50 |
| 8 | 液体石蜡 | 药用 | g | F2120180703 | 300 |
| 9 | 对羟基苯甲酸乙酯 | 药用 | g | F2220180608 | 5 |
| 10 | 纯化水 | — | mL | | 约3119 |
| 生产开始日期 | | | ××××年××月××日 | | |
| 制表人 | | | 制表日期 | | |
| 审核人 | | | 审核日期 | | |
| 批准人 | | | 批准日期 | | |

 生产过程

## 一、生产前检查

1.进入操作间,检查是否有"清场合格证",且"清场合格证"在有效期内。

2.检查计量器具与称量的范围是否相符,有校验合格证并在使用有效期内。

3.检查操作间的温度、相对湿度、压差是否与要求相符,并记录。

4.接到批生产指令单、乳膏配制岗位操作规程、批生产记录等文件,明确产品名称、规格、批号、批量、工艺要求等指令。

5.按批生产指令单核对已配料原辅料的品名、规格、批号、数量,检查外观、检验合格证等,确认无误后,交接双方在物料交接单上签字。

6.悬挂生产运行状态标识,进入生产操作。

## 二、生产操作

1.配料

分别配制处方量的主药物溶液、油相和水相。

(1)药物溶液:醋酸氟轻松加入二甲基亚砜溶解。

(2)油相:十六醇、十八醇、白凡士林、液体石蜡。

(3)水相:月桂醇硫酸钠、对羟基苯甲酸乙酯、甘油、纯化水。

2.真空均质乳化

(1)真空均质乳化机通电,开纯化水,确认公用系统与均质乳化机连接正常。

(2)检查真空均质乳化机进料口滤网,确认滤网规格正确,无破损。

(3)打开均质乳化机真空泵冷却水阀门,开真空并确认真空系统运行正常;开搅拌电机、开加热功能,确认各功能正常。

(4)关闭真空均质乳化机的油相罐和乳化罐底阀。

(5)油相配制:将油相物料投入油相罐,加热至90～95℃,待油相物料开始熔化时,开启搅拌,直至油相物料完全熔融,75～80℃保温备用。

(6)水相配制:将水相物料用适量热水完全溶解后,投入水相罐,80℃保温搅拌,直至完全溶解,备用。

(7)两相合并:关闭均质乳化罐罐盖上所有阀门,加热至70℃。开真空泵,待均质乳化罐内真空度达−0.05MPa时,开水相阀门,滤过并吸入约一半水相物料后,关水相阀门。开油相阀门,滤过并吸入全部油相物料后,关油相阀门。再开水相阀门,滤过并吸入剩余水相物料后,关水相阀门,关真空泵。

(8)均质乳化:启动均质乳化罐搅拌器、真空泵和加热装置,使基质乳化完全。

(9)加入主药:加入醋酸氟轻松与二甲基亚砜药物溶液,搅拌混匀。

（10）真空静置：停止搅拌，开启均质乳化罐冷却水，降温，真空静置24h后，出料。

3.及时填写乳膏配制生产记录。

## 三、质量监控

1.称量原辅料时，应双人复核原辅料的品种、性状和数量。

2.油相、水相加热保温时，应确认水相罐的保温温度比油相罐高5℃左右。

3.每批乳膏剂配料生产结束后，应检查乳膏剂中间产品的外观性状、黏度、稠度，并进行分层试验，确认其满足各项质量要求后方可灌封。

（1）外观性状：应色泽均匀，质地细腻，无污物；易涂于皮肤，无粗糙感；无酸败、异臭、变色、变硬、离析及胀气现象。

（2）黏度：为半固体制剂重要的控制指标，可用黏度计或流变仪测定，需符合经验证的黏度要求。

（3）稠度：乳膏剂应具有适当的稠度，易涂布于皮肤或黏膜上，不溶化，黏稠度随季节变化应很小。照《中国药典》锥入度测定法，锥入度为200～300单位。

（4）分层试验：在室温下，取供试品10g，置刻度离心管中，2500r/min离心30min，不应有破乳和油水分离现象；或4000r/min离心15min，不得有分层现象。

## 四、清洁清场

1.将操作间的状态标志改写为"清洁中"。

2.将整批的产品数量重新核对一遍，检查物料标签，确实无误后，交下工序生产或送到中间站。

3.清退剩余物料、废料，并按车间生产过程剩余产品的处理标准操作规程进行处理。

4.按清洁标准操作规程，清洁和消毒所用过的设备、生产场地、用具及容器。

5.清场后，及时填写清场记录，自检合格后，请质检员或检查员检查。

6.经检查合格，发放清场合格证。

注意事项

1.生产前应检查设备各阀门开口、与管路连接处的密封性，确认无泄漏。

2.水相、油相和乳化罐加热前，应确认夹套内水量足够。

3.确认油相罐内的物料熔化后，方可开启搅拌。

4.一般情况下，水相、油相各物料均应通过100目筛网过滤后，方可进行均质真空乳化。均质乳化完成后，需真空静置。

## 五、常见问题

真空均质乳化机常见故障及解决方法见表19-2所示。

表19-2 真空均质乳化机常见故障及解决方法

| 故障现象 | 可能原因 | 解决方法 |
| --- | --- | --- |
| 乳化罐内物料沸腾 | 真空度过高 | 适当降低真空度 |
| 乳化罐真空度不达标 | 密封圈老化或阀门未关严 | 检查密封圈和各阀门，更换失效密封圈或重新关严 |

知识加油站

## 一、软膏剂的定义和分类

1.**软膏剂**：指原料药物与油脂性或水溶性基质混合制成的均匀的半固体的外用制剂。主要外用于皮肤、黏膜或创面，起保护、润滑和局部治疗作用，某些药物经透皮吸收后，亦能产生全身治疗作用。

2.**软膏剂的分类**：按原料药物在基质中分散状态不同，软膏剂分为溶液型软膏剂和混悬型软膏剂。**溶液型软膏剂**是原料药物溶解（或共熔）于基质或基质组分中制成的软膏剂；**混悬型软膏剂**是原料药物细粉均匀分散于基质中制成的软膏剂。

按软膏剂中药物作用的深度，大体上可分成三大类：（1）局限在**皮肤表面**的软膏，如防裂软膏、炉甘石软膏等；（2）透过皮肤表面，在皮肤内部发挥**局部作用**的软膏，如一般治疗皮肤疾患的激素软膏、癣净软膏等；（3）穿透真皮吸收而进入人体循环，发挥**全身性治疗作用**的软膏，如治疗心绞痛的硝酸甘油软膏以及其他抗过敏类软膏等。

## 二、乳膏剂的定义和分类

1.**乳膏剂**：指原料药物溶解或分散于乳状液型基质中形成的均匀的半固体外用制剂。

2.**乳膏剂的分类**：由于基质不同，乳膏剂可分为水包油型乳膏剂（O/W）和油包水型乳膏剂（W/O）。

**水包油型乳膏剂**的基质是O/W型，外相为水，易涂布和洗除，无油腻感，色白如雪，有"雪花膏"之称。药物从水包油型乳膏基质中释放和透皮吸收较快，临床应用广泛，常用于亚急性、慢性、无渗出的皮损和皮肤瘙痒症，不宜用于分泌物较多的皮肤病，忌用于糜烂、溃疡、水泡及化脓性创面。

**油包水型乳膏剂**的基质是W/O型，内相为水，外相为油，水分只能缓慢蒸发，对皮肤有缓和的冷爽感，有"冷霜"之称。油包水型乳膏可吸收部分水分或分泌液，具有良好的润滑性、一定的封闭性和吸收性；但不易洗除，且对温度敏感。

**拓展阅读**

**眼膏剂和糊剂**

**眼膏剂**是指原料药物与适宜的基质混合均匀，制成溶液型或混悬型膏状的无菌眼用半固体制剂。眼膏剂常用于眼部损伤及眼部手术后。与滴眼剂相比，眼膏剂在用药部位保留时间长、疗效持久，能减轻眼睑对眼球的摩擦，有助于角膜损伤的愈合。

眼膏剂应均匀、细腻、无刺激性，稠度适当，易涂布于眼部，且不为微生物污染。

眼膏剂的制备与一般软膏剂制法基本相同，所用基质、药物、器械与包装容器等均应严格灭菌，以避免染菌而致眼睛感染。

**糊剂**是指大量固体粉末（＞25%）均匀分散于适宜基质中所组成的半固体外用制剂。

常见的糊剂制剂有：治疗牙髓炎和根尖周炎的氢氧化钙抑菌糊、牙颈部过敏时用于脱敏的氟化钠甘油糊和用于湿疹、溃疡以及肠瘘周围皮肤保护的氧化锌糊等。

## 三、软膏剂和乳膏剂的基质

关于软膏剂与乳膏剂的关系，有认为两者均为半固体制剂下的剂型，属并列关系；也有将乳膏剂归入软膏剂项下，认为乳膏剂是采用乳剂型基质的软膏剂。无论哪种归类方法，其区分的实质均为产品处方中选用基质的不同。

### 1. 软膏剂的基质

分油脂性和水溶性两类，其分类及应用特点见表19-3所示。

（1）**油脂性基质**属于强疏水性物质，包括动植物油脂、类脂、烃类及聚硅氧烷类等。此类基质涂于皮肤上能形成封闭性油膜，促进皮肤水合作用，对表皮增厚、角化、皲裂有软化保护作用，主要用于遇水不稳定的药物。一般不单独用于制备软膏剂，为克服其疏水性，常加入表面活性剂或制成乳剂型基质来应用。

油脂性基质中以烃类基质凡士林为常用，固体石蜡与液状石蜡用于调节稠度，类脂中以羊毛脂与蜂蜡应用较多，羊毛脂可增加基质吸水性及稳定性。植物油常与熔点较高的蜡类，熔合成适当稠度的基质。

（2）**水溶性基质**是指能完全溶于水的半固体物质组成的基质。水溶性基质无油腻性，能与水性物质或渗出液混合，易洗除，药物释放快。该类基质可用于湿润或糜烂的创面。水溶性基质润滑作用较差，易失水干涸，故常加保湿剂与防腐剂，以防止水分蒸发与软膏霉变。

表 19-3　软膏剂的基质分类及应用特点一览表

| 类别 | | 应用举例 | 应用特点 |
|---|---|---|---|
| 油脂性基质 | 烃类 | 凡士林 | 熔距为 38 ～ 60℃，有黄、白两种，化学性质稳定，无刺激性，**特别适用于遇水不稳定的药物**。<br>仅能吸收约5%的水，故**不适用于有多量渗出液的患处**；加入适量羊毛脂、胆固醇或某些高级醇类可提高其吸水性能。<br>水溶性药物与凡士林配合时，可加适量表面活性剂，如非离子型表面活性剂聚山梨酯类，以增加其吸水性 |
| | | 石蜡与液状石蜡 | 石蜡熔距为 50 ～ 65℃，能溶于挥发油、矿物油与大多数脂肪油。<br>液体石蜡能与多数脂肪油或挥发油混合，**最宜用于调节凡士林基质的稠度** |
| | 类脂类 | 羊毛脂 | 熔距 36 ～ 42℃，具有良好的吸水性，能与2倍量的水均匀混合。<br>无水羊毛脂过于黏稠，常用吸收30%水分的羊毛脂以改善黏稠度，又称**含水羊毛脂，常与凡士林合用**（如1：9），以改善凡士林的吸水性与渗透性 |
| | | 蜂蜡与鲸蜡 | 蜂蜡熔距为 62 ～ 67℃；鲸蜡熔距为 42 ～ 50℃。<br>具有一定的表面活性作用，属较弱的W/O型乳化剂，在O/W型乳剂型基质中起**稳定和调节稠度的作用** |
| | 聚硅氧烷类 | 二甲基硅油 | 在应用温度范围内（−40 ～ 150℃）黏度变化极小。对大多数化合物稳定，在非极性溶剂中易溶。<br>具有很好的润滑作用且易于涂布，对皮肤无刺激，能与羊毛脂、硬脂醇、硬脂酸甘油酯、聚山梨酯类、脂肪酸山梨坦类等混合。<br>常用于乳膏中作**润滑剂**，最大用量可达10% ～ 30%，也常与其他油脂性原料合用制成防护性软膏。<br>本品对眼睛有刺激性，**不宜作眼膏基质** |
| | 油脂类 | 麻油、花生油和棉籽油 | 常与熔点较高的蜡类熔合，制成适宜稠度的基质。植物油长期贮存过程中**易氧化**，需加油溶性抗氧剂 |
| 水溶性基质 | 聚乙二醇类（PEG） | PEG400 ：PEG600=6：4<br>PEG400 ：PEG4000=1：1 | **是最常用的水溶性基质**，不同分子量的聚乙二醇类化合物以适当比例混合，可制得稠度适宜的基质。<br>易溶于水，能与渗出液混合并易洗除，化学性质稳定，也不易霉败。<br>对皮肤的润滑、保护作用较差，**长期应用可能引起皮肤干燥** |
| | 甘油明胶 | 甘油（10% ～ 30%）、明胶（1% ～ 3%）与水加热制成 | 温热后易涂布，涂后形成一层保护膜，因本身有弹性，故在使用时较舒适。<br>**特别适用于含维生素类的营养性软膏** |
| | 纤维素衍生物 | 甲基纤维素（MC）、羧甲基纤维素钠（CMC-Na） | **吸湿性好**，可吸收分泌液，外观虽为油样，但易洗涤。可与多数药物配伍，**药物的释放和渗透较快** |

## 2.乳膏剂的基质

乳膏剂的基质是乳剂型基质，由油相与水相在乳化剂的作用下，经乳化形成的半固体基质。乳剂型基质油腻性较小或无油腻，稠度适宜，润滑性好，易于涂布和洗除，可与创面渗出物或分泌物混合，利于药物与表皮接触，促进药物的经皮渗透。根据乳化剂种类的不同，有O/W型和W/O型两种基质。

乳剂型基质中的**水相**一般是纯化水、药物水溶液、中药水性提取液、附加剂的水溶液；**油相**多为固体或半固体，常用的有硬脂酸、石蜡、蜂蜡、高级醇等，为了调节稠度，可加入液状石蜡、凡士林或植物油等。**乳化剂**对乳剂型基质的形成起到关键作用，分O/W型和W/O型两种，常用的乳化剂及其应用特点见表19-4所示。

表19-4　乳剂型基质常用乳化剂及其应用特点一览表

| 类别 | 应用举例 | 应用特点 |
|---|---|---|
| 肥皂类 | 一价皂 | 一价金属的氢氧化物、硼酸盐或有机碱，与脂肪酸反应生成的新生皂，如钠皂等；HLB值为15～18，是O/W型乳化剂 |
| | 多价皂 | 二价或三价金属的氢氧化物与脂肪酸反应形成的新生皂，如钙皂等；HLB值＜6，是W/O型乳化剂 |
| 高级脂肪醇类 | 十六醇 | **弱的W/O型乳化剂**；若用于O/W型的油相中，可增加乳剂的稳定性和稠度；与油脂性基质如凡士林混合后，可增加其吸水性，形成W/O型乳剂基质 |
| | 十八醇 | |
| 脂肪醇硫酸酯类 | 十二烷基硫酸钠（SDS） | 阴离子型表面活性剂，HLB值=40，为优良的O/W型乳化剂；常用量为0.5%～2% |
| 多元醇酯类 | 硬脂酸甘油酯 | 非离子型乳化剂，用作W/O型辅助乳化剂、基质的稳定剂或**增稠剂**，可增加产品润滑性；常用量为3%～15% |
| | 吐温类与司盘类 | 非离子表面活性剂，**吐温为O/W型乳化剂，司盘为W/O型乳化剂**；两者可单独使用制成乳剂型基质，也可按不同比例混合，调节出所需的HLB值后再使用 |
| 聚氧乙烯醚类 | 聚氧乙烯脂肪醇醚类：平平加O、卡泽、西土马哥 | **非离子型O/W型乳化剂**；在冷水中溶解度比热水中大，对皮肤无刺激，用量一般为5%～10%（普通无搅拌）或2%～5%（高速搅拌） |
| | 聚氧乙烯烷基酚醚类：OP | HLB值为14.5，**非离子型O/W型乳化剂**，常与吐温类或有机胺皂合用 |

## 四、软膏剂和乳膏剂的附加剂

在软膏剂和乳膏剂的局部外用制剂中，根据需要可加入抑菌剂、保湿剂、矫味剂、增稠剂、稀释剂、抗氧剂和透皮吸收剂等。由于O/W型基质的外相含大量水分，贮存中易霉变，需加入抑菌剂，常用的有尼泊金酯类、三氯叔丁醇、山梨酸等。乳膏剂的基质因其水分易蒸发而使产品变硬甚至转型，故需加入甘油、丙二醇、山梨醇等保湿剂，用量一般为5%～20%。还可加入天然香料或合成香料作为矫味剂，常用量为0.6%～1%。

 生产小能手

## 一、软膏剂的生产方法

**软膏剂的生产方法**有研合法和熔合法两种。

**1.研合法**：指将药物粉碎过筛，在常温下与基质等量递加混合均匀的方法。可用软膏刀在陶瓷或玻璃的软膏板（图19-3）上调制，也可在乳钵（图19-4）中研制。大量制备时，可用电动研钵或软膏研磨机。

图19-3　软膏刀与软膏板

图19-4　乳钵

此法适用于小量制备，且药物为不溶于基质者。当基质为油脂性的半固体时，可采用此法，水溶性基质和乳剂型基质不宜用此法。

**2.熔合法**：指将软膏中部分或所有组分熔化，混合均匀，并搅拌冷却形成软膏的方法，此法适用于基质熔点较高的软膏制备。大规模生产时，熔合过程可在配有蒸汽夹层的软膏搅拌机（图19-5）中进行。熔合时，应将熔点最高的组分先在所需的最低温度下加热熔化，再在不断搅拌冷却过程中加入其他组分，直至冷凝。

## 二、乳膏剂的生产方法

常用**乳化法**。将处方中油溶性成分加热至70～80℃，熔化形成油溶液（油相）；另将水溶性成分溶于水，加热至水相温度略高于油相温度后，在不断搅拌下将水相与油相混合制成乳膏，真空脱气，直至冷凝。

乳膏剂的生产设备为真空均质乳化机（图19-6）。该设备由均质乳化罐、水相罐、油相罐、电器控制系统、液压系统和真空系统等组成。

物料在水相罐、油相罐内分别预热、搅拌均匀后，通过输送管道真空吸入均质乳化罐内；均质乳化罐内装有搅拌机构，搅拌开启后，物料被框式搅拌器剪断、压缩、折叠，使其搅拌、混合而流往锅体下方的均质器处，再经过高速旋转的转子与定子之间所产生的强力的剪断、冲击、乱流等过程，物料迅速破碎成200nm～2μm的微粒，而搅拌过程中产生的气泡则被真空及时抽走。均质乳化完成后，通过底阀出料或倾倒罐体出料。

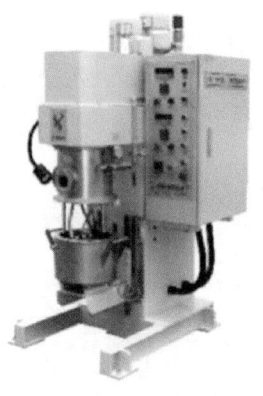

图19-5 软膏搅拌机

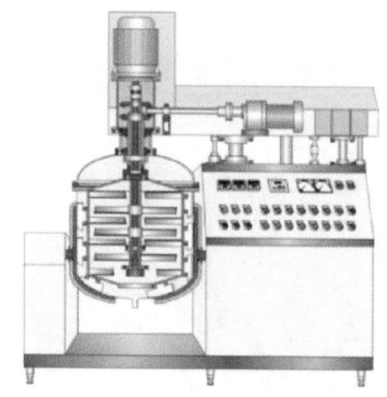

图19-6 真空均质乳化机

### 三、软膏剂和乳膏剂的生产工艺流程

软膏剂和乳膏剂的生产工艺主要包括原料和水相、油相的处理、乳化或混匀、灌封、包装等工序，见图19-7所示。

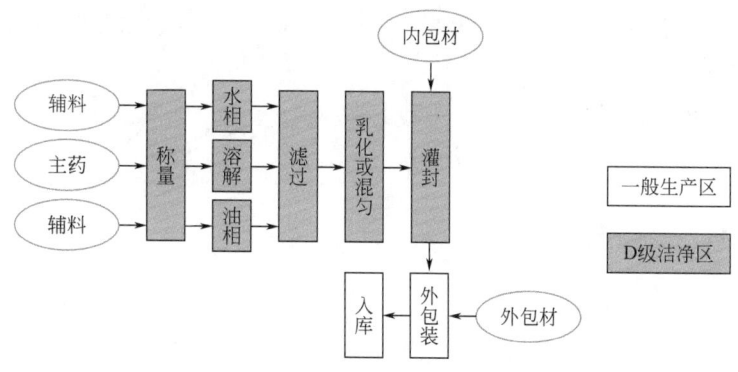

图19-7 软膏剂和乳膏剂生产工艺流程

**案例分析**

#### 复方樟脑冻疮软膏

【处方】樟脑30g　薄荷脑20g　硼酸50g　羊毛脂20g　凡士林880g
液体石蜡10mL

【制备】取樟脑、薄荷脑置于干燥乳钵中研磨液化；加入硼酸（过100目筛）和约10mL液状石蜡，研成细腻糊状；将羊毛脂和凡士林共同加热熔化，温度降至50℃时，以等量递加法分次加入以上混合物中，边加边研合，研至冷凝，即得。

 课堂互动

在复方樟脑冻疮软膏处方中，樟脑和薄荷脑原为固态晶体状物料，为什么在干燥乳钵中一起研磨后会发生液化？这是什么现象呢？

 拓展阅读

### 低共熔、低共熔点与低共熔混合物

**低共熔**指的是使两种或两种以上物质混合后，出现润湿或液化的现象。

**低共熔点**：在一些二元体系中，在升温过程中，两组分能以任何比例互相熔成一个液相。如果两个组分以适当比例混合，在某一温度下两个固体组分可同时熔化，且这个温度通常低于每一纯组分的熔点，该温度叫低共熔温度。由低共熔温度和低共熔组分所决定的点叫低共熔点。如将熔点为179℃的樟脑45g与熔点为42℃的水杨酸苯酯55g混合后，测其熔点仅为6℃。

**低共熔混合物**：这种使两种或两种以上药物混合后，出现润湿或液化现象的混合物称为低共熔混合物。

### 案例分析

#### 双氯芬酸钠乳膏

【处方】双氯芬酸钠30g　　　十八醇70g　　　白凡士林30g　　　硬脂酸20g

液状石蜡50g　　　单硬脂酸甘油酯30g　　　十二烷基硫酸钠10g

丙二醇150g　　　甘油50g　　　羟苯乙酯1g

【制备】取双氯芬酸钠，用丙二醇溶解，备用；十二烷基硫酸钠、甘油、纯化水，加热至80～85℃（水相）；十八醇、单硬脂酸甘油酯、硬脂酸、液状石蜡、白凡士林，加热至85℃（油相）；水相加入油相中搅拌，形成乳膏，再加入药物溶液，不断搅拌，慢慢冷却至室温。

【注解】1.本品为O/W型乳膏。2.十二烷基硫酸钠为主要乳化剂，单硬脂酸甘油酯为辅助乳化剂。白凡士林、硬脂酸和液状石蜡为油相成分，在皮肤上形成油膜，有润滑作用。3.丙二醇、甘油为保湿剂，防止乳膏变硬。4.羟苯乙酯为防腐剂。

## 氧化锌糊

【处方】氧化锌250g　　淀粉250g　　羊毛脂250g　　凡士林250g

【制备】氧化锌和淀粉过100目筛后混合，备用；羊毛脂和凡士林混合加热熔化，冷却至60℃时缓缓加入以上药粉，不断搅拌研匀，即得。

【注解】1.本品中固体粉末成分占50%，可在体温下软化而不熔化，可在皮肤中保留较长时间，吸收分泌液而呈现干燥功能，且大量粉末在基质中形成孔隙，有利于皮肤正常的生理活动，可用于亚急性皮炎与湿疹。2.羊毛脂可使成品细腻，也有增加吸收分泌物的作用。3.处方中固体成分多，硬度大，采用热熔法配制。氧化锌和淀粉加入前需干燥以免结块，加入基质时温度不能超过60℃，以防淀粉糊化，降低吸水性。

任务2 "挤牙膏"并不慢——
灌封醋酸氟轻松乳膏

岗位任务

根据生产指令单（表19-5）的要求，按生产操作规范进行醋酸氟轻松乳膏的灌封操作，正确填写批生产记录。

表19-5 醋酸氟轻松乳膏灌封批生产指令单

| 品名 | 醋酸氟轻松乳膏 | 规格 | 10g : 2.5mg | | |
|---|---|---|---|---|---|
| 批号 | 180908 | 批量 | 500支 | | |
| 醋酸氟轻松乳膏中间体 | 5kg | 装量 | 10g | | |
| 装量差异内控标准 | 平均装量不少于10g，每个软管装量不少于9.7g（不少于97%） | | | | |
| 包装材料名称和理论用量 | | | | | |
| 序号 | 物料名称 | 规格 | 单位 | 批号 | 理论用量 |
| 1 | 软管 | 药用10g | 支 | B1620180901 | 500 |
| 生产开始日期 | ×××年××月××日 | | | | |
| 制表人 | | 制表日期 | | | |
| 审核人 | | 审核日期 | | | |
| 批准人 | | 批准日期 | | | |

生产过程

## 一、生产前检查

1.进入操作间，检查是否有"清场合格证"，且"清场合格证"在有效期内。

2.检查计量器具与称量的范围是否相符，有校验合格证并在使用有效期内。

3.检查操作间的温度、相对湿度、压差是否与要求相符，并记录。

4.接到批生产指令单、乳膏灌封岗位操作规程、批生产记录等文件，明确产品名称、规格、批号、批量、工艺要求等指令。

5.按批生产指令单核对醋酸氟轻松乳膏中间体和软管的品名、规格、批号、数量，检查外观、检验合格证等，确认无误后，交接双方在物料交接单上签字。

6.悬挂生产运行状态标识，进入生产操作。

## 二、生产操作

1.检查并确认水、电、压缩空气等公用系统与软膏灌封机连接正常。

2.检查贮油箱液位不超过视镜的2/3，润滑阀杆和导轴等部件安装完好。

3.按顺序安装贮料罐、喷头、活塞、连接管等，手动调试2～3圈，确认灌封机运行正常。

4.检查软管，确认光标位置正确，内部无异物，管帽与管嘴配合，然后将软管送入灌封机。

5.安装批号板，点动灌封机，确认灌封机运转正常；检查确认空管产品的密封性、光标位置和批号印制符合要求。

6.加料：将醋酸氟轻松乳膏加入贮料罐，上盖。生产中，贮料罐内乳膏不足总容积的1/3时，应及时加料。

7.灌封：开灌封机电源，设定每小时产量等参数，按"送管"键进空软管，点动，出灌封产品后检查并确认产品的密封性、批号印制和装量均符合要求后，开机生产。生产过程中，每隔10min检查一次密封性、批号印制和装量情况。

8.及时填写灌封生产记录。

## 三、质量监控

1.密封性：灌封产品应无泄漏，密封合格率达100%。

2.软管外观检查：软管光标位置正确，文字对称美观，批号清晰可读，尾部折叠严密整齐，软管无变形。

3.装量检查：产品按软膏剂最低装量法检查，应符合《中国药典》的规定。

取供试品5个（50g以上者3个），称量求出每个容器内容物的装量与平均装量，应符合表19-6规定。如有1个容器装量不符合规定，则另取5个（或3个）复试，应全部符合规定。

表19-6　乳膏剂和软膏剂的最低装量要求

| 标示装量 | 平均装量 | 每个容器装量 |
|---|---|---|
| 20g（mL）以下 | 不少于标示装量 | 不少于标示装量的93% |
| 20g（mL）至50g（mL） | 不少于标示装量 | 不少于标示装量的95% |
| 50g（mL）以上 | 不少于标示装量 | 不少于标示装量的97% |

## 四、清洁清场

1.将操作间的状态标志改写为"清洁中"。

2.将整批的产品数量重新核对一遍，检查物料标签，确实无误后，交下工序生产或送到中间站。

3.清退剩余物料、废料，并按车间生产过程剩余产品的处理标准操作规程进行处理。

4.按清洁标准操作规程，清洁和消毒所用过的设备、生产场地、用具及容器。

5.清场后，及时填写清场记录，自检合格后，请质检员或检查员检查。

6.经检查合格，发放清场合格证。

## 五、常见问题

软膏生产过程中常见的质量问题及解决方法见表19-7所示。

**表19-7　软膏灌封机常见质量问题及解决方法**

| 质量问题 | 可能原因 | 解决方法 |
| --- | --- | --- |
| 产品装量差异过大 | ① 物料搅拌不均匀<br>② 产品有明显气泡<br>③ 料斗中物料高度变化过大 | ① 增加物料搅拌时间，确认搅拌均匀再加入料斗<br>② 用抽真空等方式排出气泡<br>③ 调整料斗中物料高度一致，并不少于容积的1/3 |
| 软管封合不牢 | ① 封合时间过短<br>② 加热温度过低<br>③ 加热带与封合带高度不一致 | ① 适当增加封合时间<br>② 适当提高加热温度<br>③ 调整加热带与封合带高度 |
| 软管尾部封合不美观 | ① 加热部位夹合过紧<br>② 封合温度过高<br>③ 加热封合与切尾工位高度不一致 | ① 调整加热头夹合间隙距离<br>② 适当降低加热温度并延长加热时间<br>③ 调整加热封合与切尾工位高度 |

生产小能手

## 一、软膏剂和乳膏剂的包装容器

软膏剂和乳膏剂的包装容器有塑料盒、塑料管（图19-8）和金属管（图19-9）等。塑料管性质稳定，不与药物和基质发生相互作用，但因有透湿性，长期贮存的软膏可能失水变硬。包装用金属管一般内涂环氧树脂隔离层，避免软膏剂组分与金属发生作用。

图19-8　塑料管

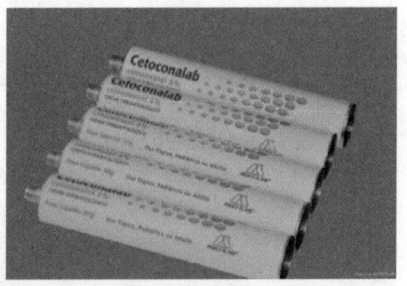

图19-9　金属管

**环氧树脂**

**环氧树脂**是指分子中含有两个以上环氧基团的一类聚合物的总称。它是环氧氯丙烷与双酚A或多元醇的缩聚产物。由于环氧基的化学活性，可用多种含有活泼氢的化合物使其开环，固化交联生成网状结构，因此是一种热固性树脂。

**环氧树脂的特点**：耐化学品的性能优良，尤其是耐碱性；附着力强，特别是对金属；具有较好的耐热性和电绝缘性；保色性较好。

## 二、软膏剂和乳膏剂的包装设备

软膏剂和乳膏剂的包装设备常用**自动灌装封尾机**（图19-10）。该设备适用于各种塑料软管和铝塑复合软管的灌装、封尾、切尾及日期/批号打印。配合各种规格的灌装头使用，可满足不同黏度产品的灌装需求。

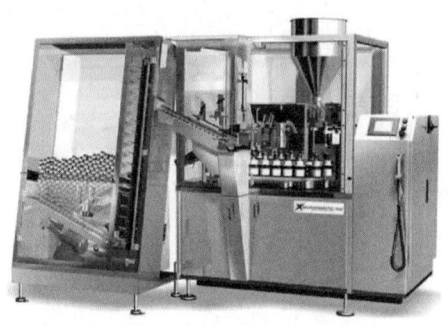

图19-10 软膏自动灌装封尾机

自动灌装封尾机不仅用于软膏剂、乳膏剂等药品的灌封包装，也广泛用于日用化学产品和食品的包装。

## 三、软膏剂和乳膏剂的质量要求

主要包括外观性状、装量、粒度及粒度分布、熔点、黏度、稠度、混合均匀度、刺激性、稳定性、药物的释放、穿透与吸收、无菌、微生物限度及含量测定等。

**1.外观性状**：软膏剂应色泽均匀，质地细腻，无污物；易涂于皮肤，无粗糙感；无酸败、异臭、变色、变硬、离析及胀气现象。

**2.装量**：照《中国药典》最低装量检查法，应全部符合规定，最低装量要求如表19-6所示。

**3.粒度及粒度分布**：对于混悬型软膏剂或含饮片细粉的软膏剂，因原料药物在基质中不溶，应预先用适宜的方法制成细粉，并进行粒度及粒度分布检查。照《中国药典》粒度和粒度分布测定法测定，均不得检出大于180μm的粒子。

**4.熔点**：一般软膏剂以接近凡士林的熔点为宜。烃类基质或其他油脂性基质或原料药物，可按照《中国药典》熔点测定法进行检查。

**5.黏度**：是半固体制剂重要的质量控制指标，可用黏度计或流变仪测定。

**6.稠度**：应具有适当的稠度，易涂布于皮肤或黏膜上，不熔化，黏稠度随季节变化应很小。按照《中国药典》锥入度测定法，凡士林的锥入度为130～230单位。

**7.无菌**：用于烧伤或严重创伤的软膏剂，照《中国药典》无菌检查法检查，应符合规定。

**8.微生物限度**：除另有规定外，照《中国药典》非无菌产品微生物限度检查法检查，应符合规定。

## 目标检测

**一、判断题**

1.软膏剂是一种由药物与适宜基质均匀混合制成的固体制剂，可以起局部治疗作用，也可以起全身治疗作用。（　　）

2.软膏剂的基质主要有油脂性基质、乳状型基质和水溶性基质。（　　）

3.软膏剂属于灭菌制剂，必须在无菌条件下制备。（　　）

4.凡士林有黄、白两种，后者经漂白处理，适用于多量深处的患处使用。（　　）

5.软膏剂的质量检查主要包括药物的含量、形状、稳定性等。（　　）

6.羊毛脂属类脂类基质，可改善油脂性基质的吸水性。（　　）

7.半固体状油脂性基质必须先加温熔化后，再与药物混合。（　　）

8.水溶性基质是天然或合成的水溶性高分子物质溶于水后形成的。（　　）

9.油脂类基质多有不饱和双键，长期贮存过程中易氧化，需加入抗氧化剂和防腐剂。（　　）

**二、单选题**

1.下列关于软膏剂叙述,错误的是（　　）。

（A）软膏剂是将药物加入适宜基质中制成的一种半固体外用制剂

（B）软膏剂具有保护、润滑、局部治疗及全身治疗作用

（C）软膏剂按分散系统可分为溶液型、混悬型和乳状型三类

（D）软膏剂必须对皮肤无刺激性且无菌

2.可单独用作软膏基质的有（　　）。

　（A）植物油　　　　　　　　　　（B）液体石蜡

　（C）凡士林　　　　　　　　　　（D）氢化植物油

3.主药遇水不稳定，配制其药物软膏应选用的基质是（　　）。

　（A）油脂性基质　　　　　　　　（B）O/W型乳剂

　（C）W/O型乳剂　　　　　　　　（D）水溶性基质

4.（　　）不是水溶性软膏的基质。

　（A）PEG　　　　　　　　　　　（B）甘油明胶

　（C）纤维素衍生物　　　　　　　（D）羊毛脂

5.（　　）是水溶性软膏的基质。

　（A）凡士林　　　　　　　　　　（B）羊毛脂

　（C）硬脂酸钠　　　　　　　　　（D）卡波姆

6.在油脂性软膏的基质中，液体石蜡主要用于（　　）。

　（A）作保湿剂　　　　　　　　　（B）调节基质稠度

　（C）作乳化剂　　　　　　　　　（D）改善凡士林的吸水性

7.用于糜烂创面的治疗，可采用（　　）作为基质配制的软膏。

　（A）甘油明胶　　　　　　　　　（B）O/W型乳剂

　（C）凡士林　　　　　　　　　　（D）W/O型乳剂

8.软膏剂常用的制备方法有（　　）。

　（A）聚合法　　　　　　　　　　（B）混合法

　（C）冷压法　　　　　　　　　　（D）研合法

9.甘油常作为乳剂型基质的（　　）。

　（A）防腐剂　　　　　　　　　　（B）保湿剂

　（C）抗氧剂　　　　　　　　　　（D）助悬剂

10.乳剂型基质中常加入羟苯酯类物质作为（　　）。

　（A）防腐剂　　　　　　　　　　（B）保湿剂

　（C）抗氧剂　　　　　　　　　　（D）助悬剂

三、多选题

1.软膏基质分为（　　）。

　（A）水溶性基质　　（B）半固体基质　　（C）液体基质

　（D）油脂性基质　　（E）乳状基质

2.软膏剂制备的方法有（　　）。

　（A）研合法　　　（B）调和法　　　（C）乳化法

　（D）聚合法　　　（E）熔合法

3.对软膏剂的质量要求不正确的是（　　）。

（A）稠度越大，质量越好

（B）色泽一致，质地均匀，无粗糙感，无污物

（C）软膏中的药物必须能和软膏基质互溶

（D）易于涂布

（E）无不良刺激性

四、简答题

1.简述软膏剂的处方组成和分类。

2.软膏剂的质量评价项目主要有哪些？

3.简述软膏剂生产中，易出现哪些问题？应如何避免和/或处理？

# 模块 20

## 制备栓剂

### 学习目标

1. 能知道栓剂的定义、分类、应用特点和质量要求。
2. 能知道栓剂常用的基质。
3. 能看懂栓剂的制备工艺流程。
4. 能按操作规程进行栓剂的制备。
5. 能进行栓剂质量检查，能正确填写实验记录。

### 学习导入

下面图片中两个药品的主药都是硝酸咪康唑，其制剂形式、适用人群和使用方法有何不同？

图20-1中的药品是硝酸咪康唑乳膏。我们已在模块19中学习了乳膏剂的相关知识。

图20-2中的药品是硝酸咪康唑栓。**栓剂**是指药物与适宜基质制成供腔道给药的固体制剂。我们将在本模块中学习栓剂的相关知识。

图20-1 硝酸咪康唑乳膏

图20-2 硝酸咪康唑栓

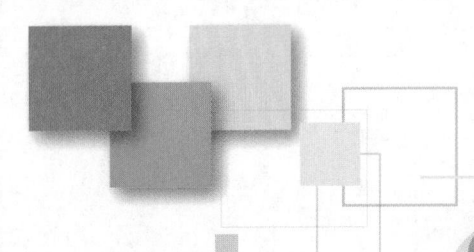

## 任务描述

根据实验任务单（表20-1）的要求，按照操作规范进行甘油栓的制备，正确填写实验记录。

表20-1　甘油栓制备实验任务单

| 品名 | 甘油栓 | 批量 | 6个 |
|---|---|---|---|
| 批号 | 181008 | 模具 | 直肠栓模 |
| 物料名称和理论用量 | | | |
| 序号 | 物料名称 | 单位 | 理论用量 |
| 1 | 甘油 | g | 16 |
| 2 | 硬脂酸 | g | 1.6 |
| 3 | 碳酸钠（干燥） | g | 0.4 |
| 4 | 纯化水 | mL | 2.0 |
| 5 | 液体石蜡 | mL | 适量 |

## 一、制备前检查

1.检查直肠栓模具、电子天平、量杯、量筒、药匙、滴管、蒸发皿、水浴锅、铁架台等实验器具是否完好、清洁。

2.检查计量器具与称量的范围是否相符。

3.接到甘油栓制备实验任务单、制备操作规程、制备实验记录等文件，明确产品名称、批号、批量、制备要求等指令。

4.按甘油栓制备实验任务单核对物料的品名和数量。

## 二、制备操作

1.称量配料：按实验任务单称量各物料，称量过程中要做到一人称量，另一人复核，无复核不得称量投料，且所用器具要每料一个，不得混用，避免交叉污染。

2.栓模涂蜡预热：在直肠栓模具内侧均匀涂布液体石蜡，拧紧旋钮，置预热处保温，备用。

3.加热混合：在蒸发皿中加入处方量的干燥碳酸钠、纯化水及甘油，置水浴上加热搅匀。

4.制硬脂酸钠：待物料混合均匀后，少量多次缓缓加入硬脂酸细粉，随加随搅拌，使之与碳酸钠充分反应，生成硬脂酸钠，同时搅拌除尽反应产生的二氧化碳气泡。

5.注模：确认泡沸停止且栓剂药液澄明后，趁热将栓剂药液注入栓模中。

6.放冷起模：静置模具，冷却后起模，得甘油栓产品。

7.及时填写甘油栓制备记录。

## 三、清洁清场

1.剩余的物料应密封储存，废料按规定处理。

2.对仪器、容器进行清洁。

3.对场地、操作台进行清洁和清场。

4.清场后，及时填写清场记录。

**注意事项**

1.称量硬脂酸前，应先检查并确认其为细粉状且无结块现象。

2.加入硬脂酸时应少量多次加入。

3.应先确定溶液内气泡已全部赶出且溶液澄明后，方可注模。

**知识加油站**

## 一、栓剂的定义

栓剂是指药物与适宜基质制成的具有一定形状的供腔道给药的固体制剂。

## 二、栓剂的分类

栓剂因施用腔道的不同，可分为直肠栓、阴道栓和尿道栓，其形状和大小也随之不同，如图20-3所示。

图20-3　不同形状的栓剂

**1.直肠栓**：是通过直肠给药的栓剂，常为鱼雷形、圆锥形或圆柱形等。直肠栓既可在直肠局部使用，发挥润肠通便的作用，也可以经直肠静脉或淋巴吸收，产生**全身作用**。栓剂放入直肠，距肛门2cm处，50%～75%给药量的药物不经过肝而直接吸收，可避免肝脏首过效应。

**2.阴道栓**：是通过阴道给药的栓剂，常为鸭嘴形、球形或卵形等。阴道栓常在睡觉前使用。本模块学习导入中的硝酸咪康唑阴道栓即一种常见的阴道栓制剂产品。

**3.尿道栓**：是通过尿道给予的栓剂，一般为棒状或圆柱形，直径为3～6mm，长度随性别略有差异，临床使用较少。

**课堂互动**

常温下为固体的栓剂塞入腔道后，是如何释放药物的？又是如何"离开"的呢？

### 三、栓剂的作用特点

栓剂常温下为固体，进入人体腔道后，在体温下软化、熔融或溶解于分泌液，逐渐释放出药物，产生局部或全身作用。栓剂中的药物不受或少受胃肠道酸碱度或酶的破坏，能避免药物对胃黏膜的刺激性，因此一般对胃肠道有刺激性、在胃中不稳定或者有肝脏首过作用的药物，可以考虑制成栓剂直肠给药。对于不能或不愿吞服药物的大人或小儿患者用药方便。

**1.局部作用**：仅在给药腔道的局部发挥润滑、收敛、止痛、止痒、抗菌消炎、杀虫、局麻等作用，如用于便秘的甘油栓、用于阴道炎的达克宁栓等。局部作用的栓剂应尽量避免药物吸收进入人体循环，常选择融化或溶解、释药速度较慢的栓剂基质。

**2.全身作用**：常为直肠栓，药物由直肠吸收至血液循环起全身作用。如治疗发热的阿司匹林栓、用于消炎镇痛的吲哚美辛栓等。全身作用的栓剂要求迅速释放药物，以利于药物吸收，常选择与药物溶解性相反的基质。

### 四、栓剂的组成

栓剂主要由主药、基质和附加剂组成。通常固体药物应预先制成细粉，并全部通过6号筛。常用的附加剂有①**表面活性剂**：可增加药物亲水性和穿透性。②**抗氧化剂**：当主药对氧化作用敏感时可加入。③**硬度调节剂**：硬化剂可调节栓剂硬度，常用氢化蓖麻油、单硬脂酸甘油酯等。④**吸收促进剂**：起全身治疗作用的栓剂，为增加全身吸收，可加入吸收促进剂。⑤**其他**：如乳化剂、着色剂、防腐剂等。

栓剂的基质不仅是栓剂的赋形剂，同时也是药物的载体，对剂型特性和药物释放均具有重要影响。

## 五、栓剂的基质

栓剂基质的基本要求有：①室温时应有适当的硬度，当塞入腔道时不变形，不碎裂，在体温下易软化、熔化或溶解。②不与主药起反应，不影响主药的含量测定。③对黏膜无刺激性，无毒性，无过敏性。④理化性质稳定，在贮藏过程中不易霉变，不影响生物利用度等。⑤具有润湿及乳化的性质，能混入较多的水。

常用的栓剂基质有油脂性基质、水溶性基质两类。**油脂性基质**中，可可豆脂虽是优良的栓剂基质，但需进口且价贵，而半合成或全合成脂肪酸酯基质普遍化学性质稳定，成型性能良好，具有保湿型和适宜的熔点，不易酸败，是取代可可豆脂等天然油脂较理想的栓剂基质。**水溶性基质**于体温不融化，放入腔道后能逐渐软化并缓慢溶于分泌液中释放药物，延长药物疗效。栓剂基质的分类及应用特点见表20-2所示。

表20-2 栓剂基质的分类及应用特点一览表

| 类别及举例 | | | 应用特点 |
|---|---|---|---|
| 油脂性基质 | 可可豆脂 | | 为白色或淡黄色固体，可塑性好，熔点为30～35℃，100g可可脂能吸收20～30g的水，是优良的栓剂基质 |
| | 半合成脂肪酸甘油酯 | 半合成椰油酯 | 乳白色块状物，熔点为33～41℃，凝固点为31～36℃，吸水能力大于20%，刺激性小 |
| | | 半合成棕榈油酯 | 乳白色固体，抗热能力强，对直肠和阴道黏膜均无不良影响 |
| | | 半合成苍山子油酯 | 白色或类白色蜡状固体，38型（37～39℃）最常用于栓剂制备 |
| | 全合成脂肪酸甘油酯 | 硬脂酸丙二醇酯 | 乳白色或微黄色蜡状固体，熔点35～37℃，对腔道黏膜无明显刺激性，安全无毒 |
| 水溶性基质 | 甘油明胶 | | 明胶、甘油和水按一定比例混融而成。具有很好的弹性，不易折断；体温下不熔化，但能软化并缓慢溶于分泌液中缓慢释放药物，溶解速度则随明胶、甘油及水三者比例改变而改变；多用作阴道栓的基质，需加入适宜的抑菌剂 |
| | 聚乙二醇（PEG） | | 通常将两种或两种以上不同分子量的聚乙二醇加热熔融、混匀，制得所要求的栓剂基质。常用的聚乙二醇有PEG1000、4000和6000等 |
| | 聚氧乙烯（40）单硬脂酸酯类 | | 呈白色或微黄色，熔点为39～45℃ |
| | 泊洛沙姆 | | 常用188型，熔点为52℃，能促进药物的吸收并起到缓释延效的作用 |

拓展阅读

### 不同的巧克力：可可脂与代可可脂

**可可脂**是从可可豆中提取出来的天然油脂，含有天然化合物多酚类物质，具有抗氧化功能等，是巧克力中有"含金量"的代表原料。用可可脂制成的巧克力具有独特的平滑感和入口即化的特性。正因其熔点为30～35℃，故能产生巧克力"入口即化"的特殊感受。

**代可可脂**是一种使用不同油脂经过氢化而成的人造硬脂，即半合成或全合成脂肪酸甘油酯，其物理性能上十分接近可可脂。用代可可脂制作巧克力时，无需调温并且容易保存。但代可可脂含有反式脂肪酸等危害人体的物质，多吃有害。

生产小能手

## 一、栓剂的制备方法

**栓剂的制备方法**主要有冷压法和热熔法两种。

**1.冷压法**：将药物与基质粉末置于容器内混合均匀，再装入制栓机的圆筒内，经模具挤压成适宜的形状。冷压法可避免加热对药物的影响，但生产效率不高，使用较少。

**2.热熔法**：将基质用水浴或蒸汽浴加热熔化（温度不宜过高），然后加入药物使溶解或均匀分散；控制适宜的温度，倾入涂有润滑剂的栓模（图20-4）中冷却，待完全凝固后，削去溢出部分，起模取出（图20-5），包装即得。这是应用较广泛的栓剂制备方法。

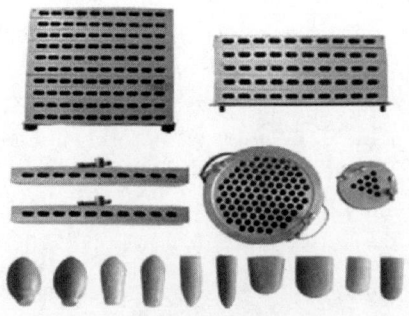

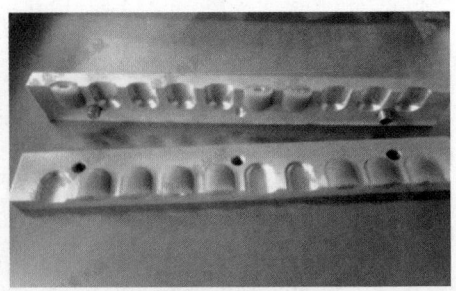

图20-4　常见的栓模与栓剂　　　　图20-5　栓剂起模

**热熔法制备栓剂的生产工艺**主要有配制、灌封、冷却、封切和包装等工序。如图20-6所示。

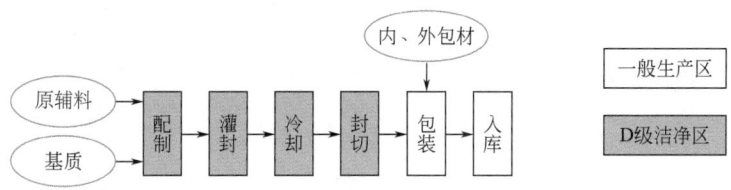

图20-6　热熔法制备栓剂的生产工艺流程

## 二、栓剂的生产设备

**1.配制设备**：与液体制剂、软膏剂和乳膏剂的配制设备类似，栓剂的配制使用配有加热保温和搅拌功能的配制罐或高效均质机，进行药物和基质的混合、搅拌、均质或乳化。

**2.灌封包装设备**：栓剂的灌封包装主要采用全自动栓剂灌封机组（图20-7）。全自动栓剂灌封机组由高速制袋机、高速灌注机、高速冷冻机、高速封口机等组成，能自动完成栓剂的制壳、灌注、冷却成型、封口、批号打印、撕口线打印成型、剪切成型、装量检测与剔废、产品计数等功能。

制壳工序采用塑料和铝箔材料，既是包装材料，又因其材料强度可作为栓剂的模具。这种包装不仅方便了生产，免去了注模起模等工序，减轻了劳动强度，特别是在炎热高温地区，栓剂在贮存中即使熔化，使用前仅需冷却即可保持原来形状，故产品不需冷藏保存。

连续式低温冷却定型

高精度计量调整装置

高质量连续封合

图20-7　全自动栓剂灌封机组

 案例分析

## 克霉唑栓

【处方】克霉唑 1.5g　　聚乙二醇 400 12g　　聚乙二醇 4000 12g
　　　　共制 10 粒

【制法】取克霉唑粉研细，过六号筛，备用；取聚乙二醇 400 及聚乙二醇 4000，水浴加热融化，加入克霉唑细粉，搅拌至溶解；迅速倾入已涂润滑剂的栓模内，至稍微溢出模口，冷却后刮平，取出包装，即得。

【注解】

1. 克霉唑为白色结晶或结晶性粉末，弱碱性，难溶于水，易溶于有机溶剂。

2. 聚乙二醇 400 与聚乙二醇 4000 混合物的熔点为 45～60℃，加热时温度不能过高，并防止水分混入。

3. 聚乙二醇混合物可溶于水，药物在基质中渗透性较强，且不污染衣物。

## 三、栓剂的质量要求

栓剂的内包装应无毒、并不得与原料药物或基质发生理化作用，应在30℃以下密闭贮藏运输。栓剂的质量评价项目主要包括外观性状、重量差异、融变时限、药物的溶出与吸收、稳定性、刺激性、微生物限度、含量测定等。

1. **外观性状**：光滑、无裂缝，不起霜或变色，纵切面观察应混合均匀。

2. **融变时限**：取栓剂产品3粒，按照《中国药典》中融变时限检查法进行检测，除另有规定外，油脂性基质的栓剂均应在30min内全部融化、软化或触压时无硬芯；水溶性基质的栓剂应在60min内全部溶解。如有1粒不合格应另取3粒复试，均应符合规定。

3. **重量差异**：取栓剂产品10粒，精密称定总重，求得平均粒重后，再分别精密称定各粒重量。每粒重量与平均粒重相比较，按规定（表20-3），超出重量差异限度的不得多于1粒，并不得超出限度1倍。凡检查含量均匀度的栓剂，一般不再检查重量差异。

表20-3　栓剂重量差异限度

| 平均粒重或标示粒重 | 重量差异限度 |
|---|---|
| 1.0g及1.0g以下 | ±10% |
| 1.0g以上至3.0g | ±7.5% |
| 3.0g以上 | ±5% |

**4.微生物限度：**除另有规定外，按照非无菌产品微生物检查，应符合规定。

 目标检测

一、判断题

1.栓剂的制法有三种：乳化法、研合法和熔合法。（  ）

2.栓剂基质不同会影响药物在腔道中的吸收。（  ）

3.将全身作用的肛门栓塞入距肛门口约4cm处，可避免肝首过效应。（  ）

4.腔道局部作用的栓剂要求药物释放速度要快。（  ）

5.凡士林可作为软膏的基质，也可作为栓剂的基质。（  ）

6.平均重量为1.0g以上的栓剂，重量差异限度应小于±10%。（  ）

7.根据不同目的，可在栓剂处方中添加硬度调节剂、乳化剂、吸收促进剂等物质。
（  ）

二、单选题

1.下列关于栓剂的表述中，错误的是（  ）。

（A）栓剂是供人体腔道给药的固体状制剂

（B）栓剂应能在腔道中融化，快速释放药物

（C）合格栓剂应基质混合均匀，外形完整光滑

（D）栓剂的形状因使用腔道不同而异

2.下列属于栓剂油脂性基质的是（  ）。

（A）甘油明胶

（B）Poloxamer

（C）聚乙二醇类

（D）硬脂酸丙二醇酯

3.下列栓剂基质应具备的要求中，错误的是（  ）。

（A）室温时有适宜的硬度，塞入腔道不变形，在体温下易软化、融化或溶解

（B）油脂性基质的酸值应<0.2，皂化值应为200～245，碘值>7

（C）对黏膜无刺激性，无毒性，无过敏性

（D）性质稳定，不妨碍主药作用

4.下列关于局部作用的栓剂叙述，错误的是（  ）。

（A）痔疮栓是局部作用的栓剂

（B）局部作用的栓剂，药物通常不吸收，应选择释药速度慢的栓剂基质

（C）甘油明胶基质常用于局部杀虫、抗菌的阴道栓基质

（D）油脂性基质较水溶性基质更有利于发挥局部药效

5.药物制成栓剂疗效优于口服给药的主要原因是（　　）。

（A）增加药物吸收　　　　　　　　（B）提高药物的溶出速度

（C）避免肝首过效应　　　　　　　（D）减小胃肠道刺激性

6.全身作用的直肠栓适宜的用药部位是（　　）。

（A）距肛门口6cm处　　　　　　　（B）距肛门口2cm处

（C）接近肛门　　　　　　　　　　（D）接近直肠上静脉

7.水溶性基质和油脂性基质栓剂均可采用的制备方法是（　　）。

（A）搓捏法　　　（B）冷压法　　　（C）热熔法　　　（D）乳化法

8.栓剂质量评价中，与生物利用度关系最密切的测定是（　　）。

（A）融变时限　　　　　　　　　　（B）体外溶出速度

（C）重量差异　　　　　　　　　　（D）体内吸收试验

9.根据《中国药典》规定，不作为栓剂质量检查项目的是（　　）。

（A）密度测定　　　　　　　　　　（B）融变时限测定

（C）重量差异检查　　　　　　　　（D）药物溶出速度与吸收试验

10.甘油明胶的组成为（　　）。

（A）明胶、甘油、水　　　　　　　（B）明胶、甘油、乙醇

（C）明胶、甘油、吐温80　　　　　（D）明胶、甘油、PEG400

三、多选题

1.栓剂按应用途径分为（　　）。

（A）直肠栓　　　（B）小肠栓　　　（C）阴道栓

（D）尿道栓　　　（E）口腔栓

2.下列属于栓剂油脂性基质的是（　　）。

（A）甘油明胶　　　（B）可可豆脂　　　（C）聚乙二醇类

（D）S-40　　　（E）半合成棕榈油酯

3.下面栓剂的基质中，不属于油脂性基质的是（　　）。

（A）硬脂酸丙二醇酯　　　　　　　（B）半合成棕榈油酯

（C）泊洛沙姆　　　（D）甘油明胶　　　（E）可可豆脂

4.栓剂的制备方法有（　　）。

（A）热熔法　　　（B）乳化法　　　（C）冷压法

（D）熔合法　　　（E）研合法

5.影响栓剂吸收的因素有（　　）。

（A）栓剂塞入直肠的深度　　　　　（B）直肠生理因素

（C）药物的溶解度　　　　　　　　（D）基质的性质

（E）基质的颜色

6.栓剂的质量要求和质量检查有（　　）。

　　（A）药物与基质应混合均匀，外形完整光滑

　　（B）重量差异检查合格　　　　　　（C）应有适宜的硬度

　　（D）融变时限检查合格　　　　　　（E）崩解时限检查合格

四、简答题

1.简述栓剂的分类和处方组成。

2.与口服制剂比较，简述起全身作用的栓剂的意义。

3.简述栓剂制备中，易出现哪些问题？应如何避免和/或处理。

## 模块 21

# 小贴膜，大学问——认识膜剂

### 学习目标

1. 能知道膜剂的概念、分类、特点和质量要求。
2. 能知道膜剂的组成成分和常用的成膜材料。
3. 能看懂膜剂的生产工艺流程，知道膜剂生产的常用方法。

### 学习导入

日常生活中，我们经常会对口腔溃疡"深恶痛绝"，如果不幸出现口腔溃疡，面对美食就不能大快朵颐了。这时，在补充相应维生素的同时，我们往往会选择去药店购买口腔溃疡膜（图21-1）来缓解疼痛，促进溃疡愈合。

除了常见的口腔溃疡膜，日常生活可能用到的还有硫酸软骨素膜、硝酸甘油膜、儿泻康贴膜（图21-2）等。那么，到底什么是膜剂呢？为什么要把药物制成膜剂呢？用哪些成膜材料来制备膜剂呢？如何制备膜剂？膜剂有一些什么质量要求呢？今天，我们一起来了解吧。

图21-1　口腔溃疡膜

图21-2　儿泻康贴膜

 知识充电宝

## 一、膜剂的定义

膜剂是指原料药物与适宜的成膜材料经加工制成的膜状制剂。供口服或黏膜用。

## 二、膜剂的分类

按**给药途径**可分为口服（如丹参膜）、口腔用（包括口含、舌下及口腔局部贴敷，如硝酸甘油药膜）、眼用（如毛果芸香碱）、鼻用（如复方环丙氟哌酸鼻腔膜）、阴道用（如避孕药膜）、皮肤外用（如冻疮药膜）和植入药膜等。

按**结构特点**可分为：**（1）单层膜**是药物直接溶解或分散在成膜材料中制成，由单层药膜构成，膜剂多属于此类，一般厚度为 0.1～0.2mm，根据用药部位，口服药膜面积为 $1cm^2$，眼用药膜面积为 $0.5cm^2$。**（2）多层膜**又称复合膜，是指将有配伍禁忌或相互干扰的药物分别制成薄膜，然后再将各层叠合黏结在一起制得的膜剂。**（3）夹心膜**是在两层不溶性的高分子膜中间，夹着含有药物的药膜，属于缓释或控释药膜。

## 三、膜剂的特点

膜剂的**优点**有：（1）药物在成膜材料中分布均匀，含量准确，稳定性好；（2）一般普通膜剂中药物的溶出和吸收快；（3）制备工艺简单，生产中没有粉尘飞扬；（4）膜剂体积小，质量轻，应用、携带及运输方便。

膜剂的**缺点**是载药量小，只适用于小剂量的药物。

## 四、膜剂的组成

膜剂一般由主药、成膜材料和附加剂三部分组成。一般来说，主药占 0～70%，成膜材料（PVA 等）占 30%～100%，常用的附加剂有增塑剂（如甘油、山梨酸等）、表面活性剂（如吐温 80 等）、填充剂（如淀粉、二氧化硅等）、着色剂和遮光剂（如色素等）、脱模剂（液体石蜡等）等。

**成膜材料**是膜剂的重要组成部分，其性能和质量对膜剂的成型工艺、成品质量及药效都有很大影响。**成膜材料的要求有：**（1）生理惰性，无毒、无刺激、无不适臭味；（2）性能稳定，不降低主药药效，不干扰含量测定；（3）成膜和脱膜性能好，成膜后有足够的强度和柔韧性；（4）用于口服、腔道、眼用膜剂的成膜材料应具有良好的水溶性或能逐渐降解，外用膜剂的成膜材料应能迅速完全释放药物；（5）来源丰富，价格低廉。

**常用的成膜材料**是一些高分子物质，按来源可分为两类，一类是天然高分子材

料，另一类是合成高分子材料。其应用范围和特点见表21-1所示。

表21-1　常用的成膜材料和应用特点一览表

| 类别 | 应用举例 | 应用特点 |
|---|---|---|
| 天然高分子材料 | 明胶、阿拉伯胶、琼脂、淀粉、糊精 | 多可降解或溶解，但成膜和脱模性能较差，故常与其他成膜材料合用 |
| 合成高分子材料 | 聚乙烯醇（PVA） | 成膜性能、膜的拉伸强度、柔韧性、吸湿性和水溶性等方面均为最好，是目前国内**最常用的成膜材料**，适用于制成各种途径应用的膜剂。对眼结膜和皮肤无毒、无刺激性，是一种安全的外用辅料。口服后在消化道中极少吸收，绝大多数的PVA在48h内随大便排出。在体内不分解，亦无生理活性 |
|  | 乙烯-醋酸乙烯共聚物（EVA） | 无毒性，无臭，无刺激性，对人体组织有良好的相容性，不溶于水，能溶于有机溶剂。成膜性能良好，成膜后，膜柔软且强度大，常用于制备眼、阴道、子宫等给药部位的控释膜剂 |
|  | 羟丙纤维素、羟丙甲纤维素（HPMC）、聚维酮（PVP）等 | 成膜性、韧性等优良，在膜剂的开发中得到广泛应用 |

 生产小能手

## 一、膜剂的生产制备方法

常用的有匀浆制膜法、热塑制膜法和复合制膜法。

**匀浆制膜法**　又称涂膜法、流延法，为目前国内制备膜剂最常用的办法。本法常用于以PVA为载体的膜剂，将成膜材料溶解于水，滤过，然后将主药加入，充分搅拌溶解；不溶于水的主药可以预先制成微晶或粉碎成细粉，用搅拌或研磨等方法均匀分散于浆液中，脱去气泡。小量制备时倾于平板玻璃上涂成宽厚一致的涂层，大量生产可用涂膜机涂膜（图21-3）。烘干后根据主药含量计算单剂量膜的面积，剪切成单剂量的小格，包装，最后制得所需膜剂。

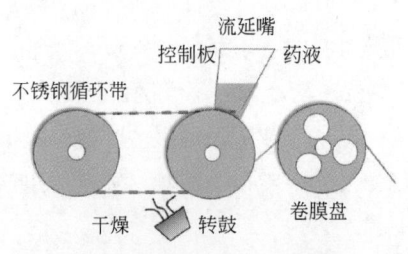

图21-3　大生产流延法涂膜

**匀浆制膜法工艺**包括药物、成膜材料、附加剂的混合、去泡、干燥、脱模、分剂量剪切和包装等工序，如图21-4所示。

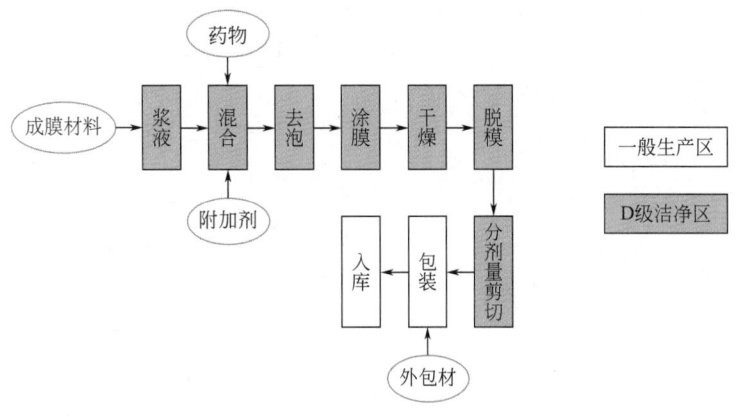

图21-4　匀浆制膜法工艺流程

### 其他的膜剂制备方法

　　**热塑制膜法**：将药物细粉和成膜材料（如EVA）相混合，用橡皮滚筒混碾，热压成膜，随即冷却，脱模即得；或将成膜材料（如聚乳酸、聚乙醇酸等）在热熔状态下加入药物细粉，使溶解或均匀混合，涂膜，在冷却过程中成膜。本法的特点是可以不用或少用有机溶剂，生产效率高。

　　**复合制膜法**：以不溶性的热塑性成膜材料（如EVA）为外膜，分别制成具有凹穴的底外膜带和上外膜带，另用水溶性的成膜材料（如PVA或海藻酸钠）采用匀浆制膜法制成含药的内膜带，剪切后置于底外膜带的凹穴中。也可用挥发性溶剂制成含药匀浆，以间隙定量注入的方法注入底外膜带的凹穴中，经吹风干燥后，盖上外膜带，热封即成。这种方法适用于缓释膜剂的制备，一般用机械设备制作。

## 二、膜剂的质量检查

　　除需控制主药含量合格外，还应符合下列要求。

　　**1.外观**：应完整光洁，厚度一致，色泽均匀，无明显气泡。多计量膜剂的分格压痕应均匀清晰，能按压撕开。

2. **重量差异**：取膜剂20片，精密称定总重，求得平均重量后，再分别精密称定各片重量。每片重量与平均质量相比较，按规定（表21-2），超出重量差异限度的不得多于2片，并不得超出限度1倍。凡检查含量均匀度的膜剂，一般不再检查重量差异。

表21-2　膜剂重量差异限度

| 平均质量 | 重量差异限度 |
| --- | --- |
| 0.2g及0.2g以下 | ±15% |
| 0.02g以上至0.20g | ±10% |
| 0.2g以上 | ±7.5% |

3. **微生物限度检查**：除另有规定外，按照《中国药典》非无菌产品微生物限度检查法进行检查，应符合规定。

**案例分析**

### 复方替硝唑口腔膜剂

【处方】替硝唑0.2g　　聚乙烯醇（17-88）3.0g　　糖精钠0.05g

　　　　甘油2.5g　　　氧氟沙星0.5g　　　　　羧甲基纤维素钠1.5g

　　　　纯化水加至100g

【制备】先将聚乙烯醇、羧甲基纤维素钠分别浸泡过夜、溶解。将替硝唑溶于15mL热纯化水中，氧氟沙星加适量稀醋酸溶解后加入，加糖精钠、纯化水补至足量。放置，待气泡除尽后，涂膜，干燥分格。每格含替硝唑0.5mg、氧氟沙星1mg。

【讨论】1.处方中各成分的作用是什么？

　　　　2.根据制备方法总结该膜剂的制备工艺流程。

**目标检测**

一、单选题

1.膜剂的物理状态为（　　）。

　（A）膜状固体　　　（B）胶状溶液　　　　（C）混悬溶液　　　　（D）乳浊液

2.以下关于膜剂的说法正确的是（　　）。

　（A）不可以舌下给药　　　　　　　　　（B）不可以用于眼结膜

　（C）可以外用，但不可以口服　　　　　（D）可内用也可口服

3.以下不属于膜剂优点的是（　　）。

（A）载药量大 （B）使用方便

（C）稳定性好 （D）制备工艺简单

4.下列膜剂的成膜材料中，在成膜性能及膜的拉伸强度、柔韧性、吸湿性和水溶性方面，最好的是（　　）。

（A）PVP （B）HPMC （C）PVA （D）EVA

5.目前国内制备膜剂最常用的方法是（　　）。

（A）匀浆制膜法 （B）热塑制膜法 （C）复合制膜法 （D）热压法

二、多选题

1.成膜性能、成膜后的强度和柔韧性均较好的膜材有（　　）。

（A）PVA （B）EVA （C）琼脂 （D）HPMC

2.下列哪些药物适合制成膜剂（　　）。

（A）硝酸甘油 （B）阿莫西林 （C）替硝唑 （D）盘尼西林

3.下列哪些叙述不符合膜剂的质量要求（　　）。

（A）外观应完整光洁、厚度一致或稍有差别

（B）色泽均匀，无或者稍有明显气泡

（C）能对药物进行缓慢的释放

（D）应符合微生物限度及重量差异检查的规定

三、问答题

1.膜剂的分类有哪些？

2.膜剂的制备方法有哪些？

# 模块 22
## 制备滴丸剂

### 学习目标

1. 能知道滴丸剂的定义、分类、特点和质量要求。
2. 能知道滴丸剂的常用基质和冷凝液。
3. 能看懂滴丸剂生产的工艺流程。
4. 能认识滴丸机的基本结构。
5. 能按操作规程进行滴丸的生产操作。
6. 能进行滴丸生产过程中的质量控制，正确填写生产记录。

图22-1 软胶囊

### 学习导入

右边图片中的药品，图22-1是软胶囊，图22-2是滴丸剂。他们在生产过程中，都经历了液态到固态的转变。你能说出这两种药品生产工艺的异同吗？哪种药品给药后起效更迅速？为什么？

**软胶囊**的相关知识我们已经在项目四中模块16"制备胶囊剂"中学习过了。

**滴丸剂**是指原料药物与适宜的基质加热，熔融混匀，滴入不相混溶、互不作用的冷凝介质中形成的球形或类球形制剂。我们将在本模块中学习滴丸剂的相关知识。

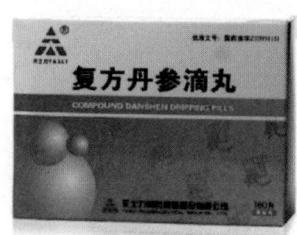

图22-2 滴丸剂

任务 **药滴的变硬之旅——**
**制六味地黄丸**

## 岗位任务

根据生产指令单（表22-1）的要求，按生产操作规范进行六味地黄滴丸的生产操作，正确填写批生产记录。

**表22-1 六味地黄滴丸批生产指令单**

| 品名 | 六味地黄滴丸 | | 规格 | | 每丸重50mg | |
|---|---|---|---|---|---|---|
| 批号 | 181108 | | 批量 | | 约2000粒 | |
| 原辅料名称和理论用量 | | | | | | |
| 序号 | 物料名称 | 规格 | 单位 | 批号 | | 理论用量 |
| 1 | 六味地黄粉 | 药用 | g | Y0820181001 | | 1 |
| 2 | PEG 6000 | 药用 | g | F2320181101 | | 30 |
| 3 | 液体石蜡 | 药用 | mL | F2120181003 | | 适量 |
| 生产开始日期 | | ××××年××月××日 | | | | |
| 制表人 | | | 制表日期 | | | |
| 审核人 | | | 审核日期 | | | |
| 批准人 | | | 批准日期 | | | |

## 生产过程

### 一、生产前检查

1.进入操作间，检查是否有"清场合格证"，且"清场合格证"在有效期内。

2.检查计量器具与称量的范围是否相符，有校验合格证并在使用有效期内。

3.检查操作间的温度、相对湿度、压差是否与要求相符，并记录。

4.接到批生产指令单、滴丸生产岗位操作规程、批生产记录等文件，明确产品名称、规格、批号、批量、工艺要求等指令。

5.按批生产指令单核对六味地黄粉、PEG6000、液体石蜡的品名、规格、批号、数量，检查外观、检验合格证等，确认无误后，交接双方在物料交接单上签字。

6.悬挂生产运行状态标识，进入生产操作。

## 二、生产操作

1.药液配制

（1）按批生产指令要求分别称取六味地黄滴丸各原辅料。

（2）取PEG6000放入容器，85℃加热，使其熔融为澄清液体。加六味地黄粉，搅拌均匀至熔化，保温备用。

2.滴制、干燥

（1）检查并确认滴丸机滴头的开关已关闭。

（2）检查并确认滴丸机制冷、搅拌、油泵、滴罐加热、滴盘加热的开关已关闭，气压、真空、调速旋钮均调至最小位置。

（3）检查并确认冷却柱内液体石蜡足够，若有不足应及时补充。

（4）开机设定：打开电源、滴罐及冷却柱照明；设定制冷温度10℃，开制冷开关；设定油浴温度和滴盘温度为40℃；开油泵，调节冷却剂液位。

（5）两次预热：开滴罐加热、滴盘加热，待油浴温度和滴盘温度均达40℃时关滴罐加热、滴盘加热，等候10min，设定油浴温度和滴盘温度为80～85℃（滴盘温度比油浴温度高5℃），开滴罐加热、滴盘加热。

（6）投料：打开滴罐加料口投料，检查并确定药液温度达设定温度。

（7）滴头定位：滴头用开水浸泡5min，戴手套拧入滴罐下的滴头螺纹，检查并确认滴头与液体石蜡液面距离小于5cm。

（8）加气搅拌：开压缩空气，调整压力为0.7MPa，启动搅拌器，确定转速符合要求。

（9）试滴调整：缓慢扭动滴头开关，试滴药液30s，取样，检测滴丸外观、丸重差异等质量指标，调整冷却温度、滴头与液体石蜡液面的距离和滴速等参数，再次试滴检测，直至滴丸质量符合要求。

（10）滴制生产：开始滴制，收集滴丸产品，检测滴丸外观、丸重差异等质量指标，并根据丸重调整滴速。

（11）离心脱油：收集的滴丸在接丸盘中滤油15min，装入干净的脱油布袋，离心机中脱油2～3次。

（12）过筛剔废：按标准操作规程选用筛网组，分离出不合格的大丸和小丸、碎丸，收集合格滴丸产品。

3.及时填写滴丸生产记录。

## 三、质量监控

1.称量原辅料时，应双人复核原辅料的品种、性状和数量。

2. 滴制生产过程中应定期检查制冷温度、油浴温度和滴盘温度，检查滴头与冷却油液面的距离，检查压力和滴速，确认上述参数均在标准操作规程要求的范围内。

3. 滴丸剂生产中，每10min检查滴丸的外观、重量差异，确认其满足要求。

## 四、清洁清场

1. 将操作间的状态标志改写为"清洁中"。

2. 将整批的产品数量重新核对一遍，检查物料标签，确实无误后，交下工序生产或送到中间站。

3. 清退剩余物料、废料，并按车间生产过程剩余产品的处理标准操作规程进行处理。

4. 按清洁标准操作规程，清洁和消毒所用过的设备、生产场地、用具及容器。

5. 清场后，及时填写清场记录，自检合格后，请质检员或检查员检查。

6. 经检查合格，发放清场合格证。

**注意事项**

1. 加热保温开启后，滴罐玻璃罐处于照明灯处温度较高，投料时小心操作，谨防烫伤。

2. 搅拌器不可长时间开启，转速应控制在 60 ～ 100r/min 范围内。

3. 离心脱油时，滴丸要均匀放入，不可过满，确认离心机加盖后方可启动，出料时须确认离心机完全停止转动后方可开盖。

## 五、常见问题

滴丸生产中常见质量问题及解决方法见表22-2所示。

表22-2　滴丸生产中常见质量问题及解决方法

| 质量问题 | 可能原因 | 解决方法 |
|---|---|---|
| 滴丸粘连 | 冷却油温度偏低、黏性大，滴丸下降慢 | 升高冷却油温度 |
| 滴丸表面不光滑 | 冷却油温度偏高，丸形定型不好 | 降低冷却油温度 |
| 滴丸拖尾 | 冷却油上部温度过低 | 升高冷却油温度 |
| 滴丸呈扁形 | 冷却油上部温度过低，药液与冷却油面碰撞变形后，未来得及收缩成球形已冷凝成型 | 升高冷却油温度 |
| | 药液与冷却油相对密度差异过大，液滴下降过快 | 调整药液与冷却油相对密度 |

| 质量问题 | 可能原因 | 解决方法 |
|---|---|---|
| 丸重偏重 | 药液黏度较大，造成滴速过慢 | 升高滴罐和滴盘温度，适当减小药液黏稠度 |
| | 压力过小，造成滴速过慢 | 调节压力或真空旋钮，适当增加滴罐内压力 |
| 丸重偏轻 | 药液黏度较小，造成滴速过快 | 降低滴罐和滴盘温度，适当增加药液黏稠度 |
| | 压力过大，造成滴速过快 | 调节压力或真空旋钮，适当减小滴罐内压力 |

知识加油站

## 一、滴丸剂的定义

滴丸剂是指原料药物与适宜的基质加热，熔融混匀，滴入不相混溶、互不作用的冷凝介质中形成的球形或类球形制剂。滴丸主要供口服，亦可供外用。

## 二、滴丸剂的分类

根据**用法**可分为：口服滴丸（如复方丹参滴丸）、眼用滴丸（如氯霉素控释眼用滴丸）和外用滴丸（如洗必泰滴丸）等。根据**疗效**，可分为速效滴丸、缓控释滴丸和肠溶滴丸等。

## 三、滴丸剂的特点

1.可改变药物溶出速度、调节释药速度，并根据需要制成内服、外用、缓释、控释或局部用药等多类型滴丸剂。

**速效滴丸**：选用水溶性基质，可在骤冷条件下形成固体分散体，药物以分子、微晶或亚稳态微粒等高能态形式存在，易于溶出，故能提高难溶性药物的溶出速度及生物利用度。如速效救心丸、复方丹参滴丸等。

**缓控释滴丸**：选用非水溶性或肠溶性基质滴制成丸，可控制药物的释放，起缓释或肠溶的作用。如盐酸利多卡因缓释滴丸。

2.基质容纳液态药物的量大，故可使液态药物固体化，便于服用与运输。

3.增加药物的稳定性，药物与基质熔合后，与空气接触面积减小，不易氧化和挥发，基质为非水物，不易引起水解。

4.生产设备简单，操作方便，产品重量差异小，成本低，无粉尘，有利于劳动保护和工业化生产。

5.目前可供选用的基质品种少，难以制成大丸（一般小于100mg），只能应用于剂量较小的药物，发展受到限制。

### 丸剂简介

**丸剂**是指原料药物与适宜的辅料制成的球形或类球形固体制剂。中药丸剂包括蜜丸、水蜜丸、水丸、糊丸、蜡丸、浓缩丸和滴丸等。化学药丸包括滴丸、糖丸等。

中药丸剂是最古老的剂型之一，如六味地黄丸、杞菊地黄丸、枝柏地黄丸、逍遥丸、补中益气丸、归脾丸的传统中药丸剂应用十分广泛。

蜜丸溶散释药缓慢，作用持久，药物稳定性好，滋补作用强，表面不硬化，可塑性强；水蜜丸生产效率高，丸粒小且光滑圆整，易于吞服；水丸显效快，含药量高，能掩盖药物不良气味，防止挥发性成分损失；糊丸和蜡丸释药极慢，药效长，降低毒性，适用于毒性、刺激性药物；浓缩丸体积小、服用量小，便于服用，增加疗效，便于携带和运输。

## 四、滴丸剂的基质

滴丸剂中，除主药和附加剂以外的辅料称为基质，其与滴丸的形成、溶散时限、溶出度、稳定性等有密切关系。可分为**水溶性基质**和**脂溶性基质**两类，常用的基质和应用特点见表22-3所示。

滴丸剂对基质的要求：**(1)熔点较低：**在60～100℃的条件下能熔化成液体，遇冷又能迅速凝成固体并在室温下继续保持固态，且与主药混合后，仍能保持上述特性。**(2)与主药无相互作用：**不影响主药的药效和检测。**(3)对人体无毒副作用。**

表22-3　滴丸基质的分类和应用特点一览表

| 类别 | 常用基质举例 | 对应的冷凝液 | 应用特点 |
|---|---|---|---|
| 水溶性基质 | 聚乙二醇（PEG4000和PEG6000）、聚乙烯吡咯烷酮（PVP）、泊洛沙姆、聚氧乙烯单硬脂酸酯（S-40）、尿素、甘油、明胶 | 二甲基硅油，液体石蜡、植物油、煤油以及它们的混合液 | 可经口腔黏膜迅速吸收，减少在消化道与肝脏中的灭活作用，同时减少某些药物对胃肠道的刺激，使滴丸药物**起效迅速** |
| 脂溶性基质 | 硬脂酸、十八醇、十六醇、单硬脂酸甘油酯、氢化植物油、虫蜡 | 水、乙醇或两者的混合液 | 脂溶性基质制成的滴丸可以**缓慢释放药物**，从而维持人体所需的药物浓度 |

 拓展阅读

### 庞大的聚乙二醇（PEG）家族

PEG-200可作为有机合成的介质及有较高要求的热载体，用作保湿剂、无机盐增溶剂、黏度调节剂。PEG-400适合制备软胶囊，具有与各种溶剂的广泛相容性，是良好的溶剂和增溶剂，广泛用于制备液体制剂；同高分子量的PEG形成的混合物具有很好的溶解性和良好的药物相容性。PEG-600、PEG-800用作润滑剂和润湿剂。PEG-1450、PEG-3350适合制备膏剂、栓剂、霜。由于较高的水溶性和较宽的熔点范围，PEG-1450、PEG-3350可单独使用或混配，以配制出保存时间长且符合药物熔点范围要求的基质；使用PEG-1450、PEG-3350作基质的栓剂比用传统的油脂基质刺激性小。PEG-1000、PEG-1500用作半固体制剂的基质或润滑剂。PEG-2000、PEG-3000用作热熔黏合剂。PEG-4000、PEG-6000、PEG-8000用作片剂、胶囊剂、薄膜衣、滴丸、栓剂等的赋形剂。

## 五、滴丸剂的冷凝液

滴丸剂的冷凝液是用来冷却滴丸剂的液体，使之冷凝成固体药丸。**滴丸剂对冷凝液的要求：（1）不溶解主药与基质：**相互间无化学作用，不影响疗效。**（2）适宜的相对密度：**冷凝液的相对密度要比滴丸药液略高或略低，使滴丸液滴在冷凝液中能缓缓上浮或逐渐下沉，有足够时间进行冷凝、收缩，使丸形圆整。**（3）适宜的黏度：**液滴与冷凝液间的黏附力小于滴丸的内聚力时，液滴才能收缩成丸且成型完好。**（4）有适宜的表面张力。**

常用的冷凝液有：**（1）水性冷凝液**适用于油性基质的滴丸生产，常用的有水或不同浓度的乙醇等；**（2）油性冷凝液**适用于水溶性基质滴丸的生产，常用的有液状石蜡、二甲基硅油、植物油、煤油或它们的混合物等。

## 六、滴丸剂的附加剂

滴丸剂的附加剂可以起到加快滴丸的崩解、提高溶解速度等作用。常用的有崩解剂（如羧甲基纤维素钠、交联聚维酮等）、吸收促进剂（吐温、司盘、十二烷基硫酸钠等）、抗氧剂（亚硫酸钠、焦亚硫酸钠、亚硫酸氢钠等）、防腐剂和色素等。

 生产小能手

## 一、滴丸剂的生产工艺

滴丸剂的生产包括药液配制、滴制成型、干燥、包装等几个工序，如图22-3所示。

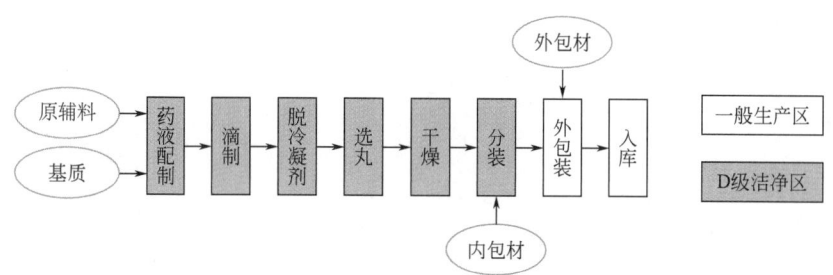

图22-3 滴丸剂的生产工艺流程

1. **药液配制**：将基质加热熔化后，加入经处理的药物，可溶解、乳化或混合均匀制成药液，80～90℃保温备用。与液体制剂、软膏剂、乳膏剂和栓剂等配制设备类似，滴丸剂药液配制一般选用配有加热保温和搅拌功能的配制罐。

2. **滴制成型**：在选择好适当的冷凝液并调节冷却温度后，将药液滴入冷凝液中，同时控制滴头的滴速、药液的温度等，药液滴出，在冷凝柱中凝固并形成丸粒。

3. **干燥、包装**：得到凝固的滴丸后，用抽滤、离心等方式洗脱冷凝液、干燥，用合适规格的筛网组剔除大丸、小丸和碎丸，得到滴丸后用玻璃瓶或瓷瓶包装，也可选用铝塑复合材料包装。

## 二、生产滴丸的设备

生产滴丸的设备主要是滴丸机，滴丸机的主要部件有：滴管系统（滴头和定量控制器）、保温设备（带加热恒温装置的贮液槽）、控制冷凝液温度的设备（冷凝柱）及滴丸收集器等。因药液与冷凝液密度不同，药液密度小于冷凝液密度的，选用由下向上滴（图22-4）的方式，反之滴制方式则选用由上向下滴（图22-5）。

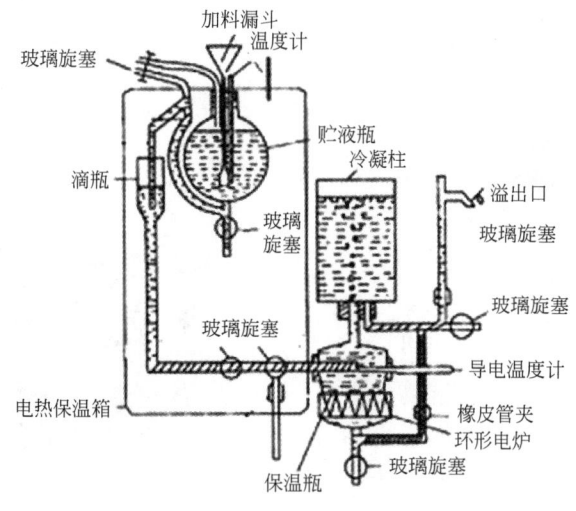

图22-4 滴丸制备（由下向上）

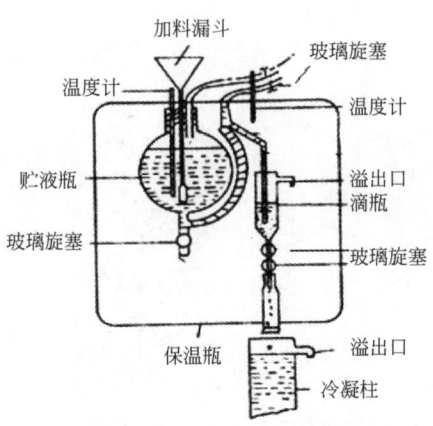

图22-5 滴丸制备（由上向下）

加料漏斗
玻璃旋塞
温度计
温度计
贮液瓶
溢出口
滴瓶
玻璃旋塞
玻璃旋塞
溢出口
保温瓶
冷凝柱

目前生产用的滴丸机（图22-6）普遍采用机电一体化紧密组合方式，集成了动态滴制收集系统、循环制冷系统和电气控制系统。可根据工艺需要，灵活选择静态冷凝或流动冷凝、机内一体化熔料或外部熔料等功能。

图22-6 DWJ-2000型滴丸试验机

 课堂互动

图22-7～图22-9这些药品，都是"丸"状的，你能说说它们形态和制法的不同吗？

图22-7 乌鸡白凤丸（大蜜丸）

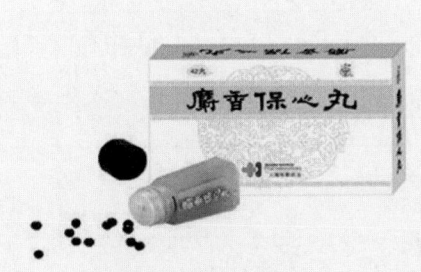
图22-8　麝香保心丸（水蜜丸）

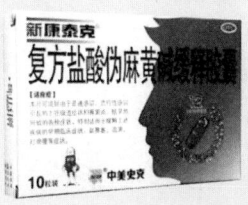
图22-9　复方盐酸伪麻黄碱缓释胶囊（微丸）

案例分析

## 灰黄霉素滴丸

【处方】灰黄霉素1份　　PEG-6000　9份

【制法】取PEG-6000油浴加热至约135℃，加入灰黄霉素细粉，不断搅拌至全部熔融，趁热过滤，置贮液瓶中135℃以下保温；用管口内、外径分别为9.0mm和9.8mm的滴管滴制，滴速80滴/分，滴入含43%煤油的液体石蜡（外层冰水浴），液滴在冷凝液中冷凝成丸；用液体石蜡洗丸至无煤油味，吸去黏附的液体石蜡，即得。

【注解】1.灰黄霉素极易溶于水，对热稳定，熔点为218～224℃，PEG-6000的熔点为60℃左右，以1:9比例混合时，在135℃时可形成两者的固态溶液。因此在135℃下保温、滴入冷凝液骤冷形成固态分散物，可大大提高灰黄霉素的生物利用度，其剂量仅为普通微粉制剂的一半。

2.灰黄霉素是口服抗真菌药，对头癣等疗效明显，但不良反应较多。制成滴丸，可提高生物利用度，降低剂量，从而减弱其不良反应，提高疗效。

## 三、滴丸剂的质量要求

滴丸剂的包装应注意温度的影响，包装要严密，一般采用玻璃瓶或瓷瓶包装。滴丸剂的质量检查主要包括外观、重量差异、装量差异和溶散时限等。

1.外观：滴丸应大小均匀，色泽一致，无粘连现象。

2.重量差异：取供试品20丸，精密称定总重，求得平均丸重后，再分别精密称定各丸重量。每丸重量与标示丸重相比较（无标示丸重的，与平均丸重比较），按规定（见表22-4），超出重量差异限度的不得多于2丸，并不得有1丸超出限度1倍。

表22-4　滴丸剂重量差异限度

| 标示丸重或平均丸重 | 重量差异限度 |
| --- | --- |
| 0.03g及0.03g以下 | ±15% |
| 0.03g以上至0.1g | ±12% |
| 0.1g以上至0.3g | ±10% |
| 0.3g以上 | ±7.5% |

3.**装量差异**：单剂量包装的滴丸剂，按下述方法检查应符合规定。取供试品10袋（瓶），分别称定每袋（瓶）内容物的重量，每袋（瓶）装量与标示装量相比较，按表22-5规定，超出装量差异限度的不得多于2袋（瓶），并不得有1袋（瓶）超出限度1倍。

表22-5　滴丸剂装量差异限度

| 标示装量 | 装量差异限度 |
| --- | --- |
| 0.5g及0.5g以下 | ±12% |
| 0.5g以上至1g | ±11% |
| 1g以上至2g | ±10% |
| 2g以上至3g | ±8% |
| 3g以上至6g | ±6% |
| 6g以上至9g | ±5% |
| 9g以上 | ±4% |

4.**装量**：装量与重量标示的多剂量包装滴丸剂，照最低装量检查法检查，应符合规定；以丸数标示的多剂量包装滴丸剂，不检查装量。

5.**溶散时限**：除另有规定外，取供试品6丸，选择适当孔径筛网的吊篮（丸剂直径在2.5mm以下的用孔径约0.42mm筛网，直径在2.5～3.5mm之间的用孔径约1.0mm筛网，直径在3.5mm以上的用孔径约2.0mm的筛网），按照《中国药典》崩解时限检查法，滴丸剂不加挡板应在30min内全部溶散，包衣滴丸剂应在1h内全部溶散。

6.**微生物限度**：按照《中国药典》非无菌产品微生物限度检查法进行检查，应符合规定。

目标检测

一、判断题

1.滴丸剂常用基质分为水溶性基质、脂溶性基质和乳剂型基质三大类。（　　）

2.滴丸剂基质容纳液态药物的量大，故可使液态药物固形化。（　　）

3.滴丸剂发挥药效迅速，生物利用度高。（　　）

4.滴丸剂可制成大于100mg的大丸，可应用于大剂量药物。（　　）

5.滴丸剂的制备原理是固体分散法，即利用载体材料将难溶性药物分散成分子、胶体或微晶状态，然后再制成一定剂型。（　　）

二、单选题

1.滴丸的水溶性基质不包括（　　）。

（A）PEG类　　　　（B）肥皂类　　　　（C）甘油明胶　　　　（D）十八醇

2.滴丸的脂溶性基质不包括（　　）。

（A）羊毛脂　　　　　　　　　　　（B）硬脂酸

（C）虫白蜡　　　　　　　　　　　（D）单硬脂酸甘油酯

3.水溶性基质制备的滴丸应选用的冷凝液是（　　）。

（A）水与乙醇的混合物

（B）乙醇与甘油的混合物

（C）液体石蜡与乙醇的混合物

（D）液体石蜡

4.关于滴丸剂概念正确叙述的是（　　）。

（A）系指固体或液体药物与适当物质加热熔化混匀后，滴入不相混溶的冷凝液中，收缩冷凝而制成的小丸状制剂

（B）系指液体药物与适当物质加热熔化混匀后，滴入不相混溶的冷凝液中，收缩冷凝而制成的小丸状制剂

（C）系指固体或液体药物与适当物质加热熔化混匀后，滴入冷凝液中，收缩冷凝而制成的小丸状制剂

（D）系指固体或液体药物与适当物质加热熔化混匀后，滴入溶剂中，收缩而制成的小丸状制剂

5.从滴丸剂组成、制法看，（　　）不是其特点。

（A）设备操作简单、操作方便、利于劳动保护，工艺周期短、生产率高

（B）工艺条件不易控制

（C）基质容纳液态药物量大，故可使液态药物固化

（D）用固体分散技术制备的滴丸具有吸收迅速、生物利用度高的特点

6.滴丸剂的制备工艺流程一般是（　　）。

（A）药物＋基质→混悬或熔融→滴制→冷却→洗丸→干燥→选丸

（B）药物＋基质→混悬或熔融→滴制→冷却→洗丸→选丸→干燥

（C）药物＋基质→混悬或熔融→滴制→冷却→干燥→洗丸→选丸

（D）药物＋基质→混悬或熔融→滴制→洗丸→选丸→冷却→干燥

三、多选题

1.下列哪些是滴丸剂具有的特点（　　）。

（A）设备操作简单、操作方便、利于劳动保护，工艺周期短、生产效率高

（B）工艺条件易于控制

（C）基质容纳液态药物量大，故可使液态药物固化

（D）用固体分散技术制备的滴丸具有吸收迅速、生物利用度高的特点

（E）发展了耳、眼用药的新剂型

2.（　　）是滴丸剂常用基质。

（A）PEG类　　　　（B）肥皂类　　　　（C）甘油明胶

（D）硬脂酸　　　　（E）硬脂酸钠

3.水溶性基质制备的滴丸选用的冷凝液是（　　）。

（A）水与乙醇的混合物　　　　　　　（B）乙醇与甘油的混合物

（C）二甲基硅油　　　　　　　　　　（D）煤油与乙醇的混合物

（E）液体石蜡

4.保证滴丸圆整成型、丸重差异合格的关键是（　　）。

（A）适宜基质　　　　　　　　　　　（B）合适的滴管内外口径

（C）及时冷却　　　　　　　　　　　（D）滴制过程保持恒温

（E）滴制液液压稳定

5.滴丸剂的质量要求有（　　）。

（A）外观　　　　　（B）水分　　　　　（C）重量差异

（D）崩解时限　　　（E）溶散时限

四、简答题

1.简述滴丸剂的特点。

2.比较滴制法制备软胶囊剂与制备滴丸剂的异同。

3.简述滴丸剂生产中，易出现哪些问题？应如何避免和/或处理。

# 模块 23

## 看似一样，实则不同——认识气雾剂、喷雾剂和粉雾剂

### 学习目标

1.能知道气雾剂、喷雾剂与粉雾剂的定义、特点、分类和质量要求。

2.能知道气雾剂、喷雾剂和粉雾剂的组成和给药装置的特点。

3.能看懂气雾剂和喷雾剂的生产工艺流程，了解常用的生产方法。

图23-1　云南白药粉

### 学习导入

你经常运动吗？运动时磕磕碰碰、跌打损伤总免不了。用什么药呢？你可搜索一下"云南白药"，会发现同一药品有散剂（图23-1）和气雾剂（图23-2）两种制剂形式。同样的疗效，您会选择哪个？为什么？

再看下面的两个药品。金喉健喷雾剂（图23-3），贮存液体药物的瓶子上给加装了喷嘴；而噻托溴铵粉吸入剂（图23-4），配了把"喷枪"外加一盒固体的"子弹"，是不是与传统的片剂、胶囊或注射液有些不

图23-2　云南白药气雾剂

同呢？你能说出气雾剂、喷雾剂与粉雾剂的区别吗？

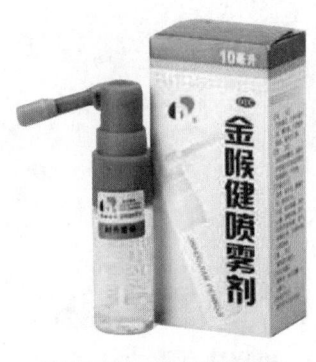

图23-3　金喉健喷雾剂

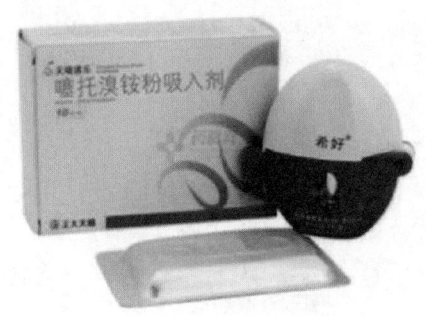

图23-4　噻托溴铵粉吸入剂

　　这三种类似的制剂形式合称为"雾剂"。近年来市场上"雾剂"产品越来越多，它们都是以雾化形式通过呼吸道、鼻腔、皮肤、口腔、阴道等多途径给药，起到局部或全身的治疗作用。气雾剂是借助抛射剂产生的压力将药物从容器中喷出，喷雾剂是借助手动机械泵将药物喷出，粉雾剂则是由患者主动吸入。本模块，我们就来认识这"雾剂三剑客"吧。

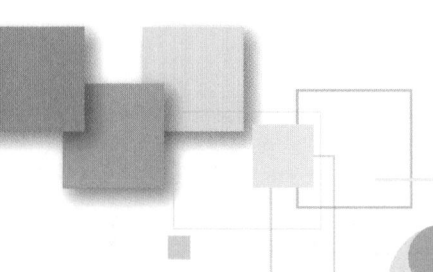

## 任务1 抛射剂改进，臭氧层福音——认识气雾剂

**知识充电宝**

### 一、气雾剂的定义

气雾剂是指原料药物或原料药物和附加剂与适宜的抛射剂共同封装于具有特制阀门系统的耐压容器中，**使用时借助抛射剂的压力将内容物呈雾状喷出**，用于肺部吸入或直接喷至腔道黏膜、皮肤的制剂。气雾剂可在呼吸道、皮肤或其他腔道起局部或全身的治疗作用。

起局部治疗作用的如治疗咽喉炎的咽速康气雾剂、治疗鼻炎的复方萘甲唑啉气雾剂、治疗阴道炎的复方甲硝唑气雾剂；起全身治疗作用的如抗心绞痛的硝酸甘油气雾剂、解热镇痛的吲哚美辛气雾剂等。

### 二、气雾剂的特点

#### 1.气雾剂的优点

（1）气雾剂具有速效和定位作用，如治疗哮喘的气雾剂可使药物粒子直接进入肺部，吸入2min即可显效；（2）药物密闭于容器内，可增加药物的稳定性；（3）使用方便；（4）可避免药物在胃肠道的破坏和肝脏首过作用；（5）可以用定量阀门准确控制剂量；（6）外用气雾剂对创面的机械刺激性小。

#### 2.气雾剂的缺点

（1）气雾剂的包装和生产成本高；（2）其抛射剂高度挥发，具有制冷效应，多次使用于受伤皮肤上可能引起不适与刺激；（3）气雾剂遇热或受撞击后易发生爆炸；（4）抛射剂的渗漏可能导致产品失效；给药时需按压与吸气相互配合，可能会影响实际给药量。

## 三、气雾剂的分类

### 1.按分散系统分类

**（1）溶液型气雾剂**：固体或液体药物溶解在抛射剂中形成均匀溶液，喷射后抛射剂挥发，药物以固体或液体微粒状态到达作用部位。

**（2）混悬型气雾剂**：固体药物以微粒状态分散在抛射剂中形成混悬液，喷射后抛射剂挥发，药物以固体微粒状态到达作用部位，又称**粉末气雾剂**。

**（3）乳剂型气雾剂**：药物水溶液和抛射剂按一定比例混合而形成的O/W型或W/O型乳剂，O/W乳剂型气雾剂又称**泡沫气雾剂**。

### 2.按处方组成分类

**（1）二相气雾剂**：一般指溶液型气雾剂，由气液两相组成。

**（2）三相气雾剂**：一般指混悬型和乳剂型气雾剂，由"气-液-固"或"气-液-液"三相组成。

### 3.按医疗用途分类

可分为**呼吸道吸入用气雾剂、皮肤外用气雾剂和黏膜用气雾剂**等。

## 四、气雾剂的组成

气雾剂由抛射剂、药物与附加剂、耐压容器和阀门系统四部分组成。抛射剂与药物（有时加附加剂）一同装在耐压容器内，打开阀门时，药物、抛射剂一起喷出后形成气雾并给药。

**1.抛射剂**：是喷射药物的动力，有时兼有药物的溶剂作用。抛射剂多为液化气体，在常压下沸点低于室温。因此需装入耐压容器内，由阀门系统控制。在阀门开启时，借抛射剂的压力将容器内药液以雾状喷出，到达用药部位。抛射剂喷射能力的大小直接受其种类和用量的影响，同时也要根据气雾剂用药目的和要求加以合理选择。

**对抛射剂的要求是**：（1）适宜的低沸点液体，常温下的蒸气压要大于大气压；（2）无毒、无致敏反应和刺激性；（3）惰性，不与药物等发生反应；（4）不易燃、不易爆炸；（5）无色、无臭、无味；（6）价廉易得。但一种抛射剂不可能同时满足以上各个要求，应根据用药目的适当选择。常用的抛射剂及其应用特点见表23-1所示。

表23-1　常用抛射剂及其应用特点一览表

| 类别 | 常用抛射剂 | 应用特点 |
|---|---|---|
| 氟氯烷烃类 | 氟利昂 | 原是优良的抛射剂，但因破坏大气臭氧层并产生温室效应，我国已**全面停用**这类物质作为抛射剂 |
| 氢氟烷烃类 | 四氟乙烷（HFA-134a）七氟乙烷（HFA-227） | 不含氯，不破坏大气臭氧层，在人体内残留少、毒性小、化学性质稳定，不具可燃性，与空气混合不爆炸，是**最合适的氟氯烷烃类抛射剂的替代品** |

| 类别 | 常用抛射剂 | 应用特点 |
|---|---|---|
| 碳氢化合物 | 丙烷、正丁烷、异丁烷 | 性质稳定、毒性小、密度低、沸点较低，但易燃、易爆，不单独应用，常与其他类抛射剂合用 |
| 压缩惰性气体 | 二氧化碳、氮气、一氧化氮 | 压力容易迅速降低，达不到持久的喷射效果；不易燃，无味无毒。使用安全，价廉易得，不会污染环境 |
| 二甲醚 | | 常温常压下为无色、具有轻微醚香味的气体，加压下为液体 |

拓展阅读

### 氟利昂

氟利昂，名称源于英文Freon，它是一个由美国杜邦公司注册的制冷剂商标。常温下为无色气体或易挥发液体，无味或略有气味，无毒或低毒，化学性质稳定。氟利昂在大气中的平均寿命达数百年，其中大部分停留在对流层，一小部分升入平流层。在对流层的氟利昂分子很稳定，几乎不发生化学反应。但是，当它们上升到平流层后，会在强烈紫外线的作用下分解，含氯的氟利昂分子会解离出氯原子（称为"自由基"），然后同臭氧发生连锁反应：$2O_3 \xrightarrow{Cl} 3O_2$，起到破坏臭氧层的作用。在这个反应中，氟利昂起到类似于催化剂的作用。而对臭氧层有危害的实际上是氟利昂中的氯元素，并不是通常认为的氟利昂中的"氟"。而正氢氟烷烃类物质（HFA）含氟不含氯，因此成为氟利昂的替代品。

**2.药物与附加剂**：（1）**药物**：液体、固体药物均可制备气雾剂，目前应用较多的药物有呼吸道系统、心血管系统、解痉及烧伤用药等，近年来多肽类药物的气雾剂给药系统的研究越来越多。（2）**附加剂**：为制备质量稳定的溶液型、混悬型或乳剂型气雾剂应加入附加剂，如潜溶剂、润湿剂、乳化剂、稳定剂，必要时还可添加矫味剂、防腐剂等。

**3.耐压容器**：气雾剂的容器必须不与药物和抛射剂起作用、耐压（有一定的耐压安全系数）、轻便、价廉等。耐压容器有金属容器、外包塑料的玻璃容器、塑料瓶等，见图23-5所示，现在金属容器较为常用。

（1）**玻璃容器**：化学性质稳定，耐腐蚀，抗渗漏性强，但耐压和耐撞击性差。因此需在玻璃容器外面裹一层防护层，以弥补缺点，且只能用于承装压力和容积（15～30mL）都不大的气雾剂。

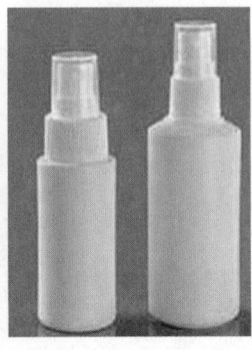

图23-5　气雾剂瓶

（2）金属容器：包括铝、不锈钢等容器，耐压性强，易于机械化生产，但对药液不稳定，需内涂聚乙烯或环氧树脂等。

（3）塑料容器：质地轻、牢固耐压，具有良好的抗撞击性和抗腐蚀性。但塑料本身通透性较高，其添加剂也可能会影响药物的稳定性。

4.阀门系统：气雾剂的阀门系统是控制药物和抛射剂从容器中喷出的主要部件，其中设有供吸入用的定量阀门，或供腔道或皮肤等外用的泡沫阀门等特殊阀门系统。图23-6是市场上较为常见的带有浸入管的阀门系统，其设计要点是第一次按下阀杆时，药液先进入定量室；再一次按下阀杆时，定量室中的药液与大气连通并进入膨胀室雾化喷出，同时又有新的等量药液充入定量室，待下一次按压时再雾化喷出。

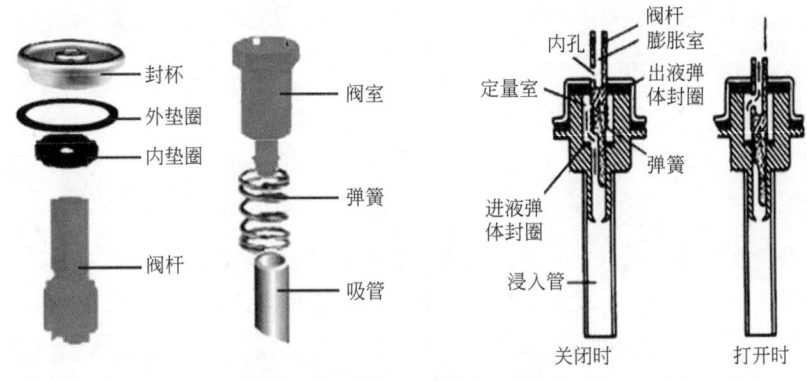

图23-6　有浸入管的定量阀门系统

## 一、气雾剂的生产工艺

气雾剂的生产包括容器、阀门系统的处理、药物配制和分装、充填抛射剂等工序，如图23-7所示。

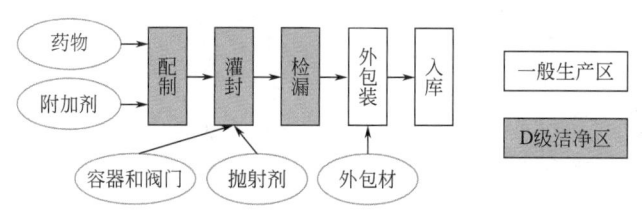

图23-7　气雾剂生产工艺流程

**1.容器、阀门系统的处理与装配**：将容器、阀门系统各零部件等洗净后，按阀门结构装配。

**2.药物的配制与分装**：按处方组成及所要求的气雾剂类型进行配制。溶液型气雾剂应制成澄清药液；混悬型气雾剂应将药物微粉化并保持干燥状态；乳剂型气雾剂应制成稳定的乳剂。

将上述配制好的合格药物分散系统，定量分装在已准备好的容器内，安装阀门，轧紧封帽。

**3.抛射剂的填充**：抛射剂的填充有压灌法和冷灌法两种。

**（1）压灌法**：先将配好的药液（一般为药物的乙醇溶液或水溶液）在室温下灌入容器内，装上阀门并轧紧，再将液化抛射剂经砂棒滤过后，通过压装机压入容器内。

压灌法的设备简单，不需要低温操作，抛射剂损耗较少，目前我国多用此法生产。但生产速度较慢，且在使用过程中压力的变化幅度较大。目前，国外气雾剂的生产主要采用高速旋转压装抛射剂的工艺，产品质量稳定，生产效率大为提高。

**（2）冷灌法**：药液借助冷却装置冷却至–20℃左右，抛射剂冷却至沸点以下至少5℃。先将冷却的药液灌入容器中，随后加入已冷却的抛射剂（也可两者同时进入）。立即将阀门装上并轧紧，操作必须迅速完成，以减少抛射剂的损失。

冷灌法速度快，对阀门无影响，成品压力较稳定。但需制冷设备和低温操作，抛射剂损失较多。含水处方不宜用此法。

## 二、气雾剂的质量检查

### 1.定量气雾剂的检查

**（1）每瓶总揿次**：取气雾剂1罐（瓶），揿压阀门，释放内容物到废弃池中，每次揿压间隔不少于5s，吸入型气雾剂每罐（瓶）总揿次应不少于其标示总揿次。

**（2）递送剂量均一性**：吸入型气雾剂按照《中国药典》吸入制剂项下的方法检查，应符合要求。

**（3）每揿主药含量**：平均每揿主药含量应为每揿主药含量标示量的80%～120%。

**（4）每揿喷量**：除另有规定外，每瓶10个喷量的平均值应为标示喷量的

80%～120%。进行每揿递送剂量均一性检查的气雾剂，不再进行此检查。

（5）微细粒子剂量：吸入型气雾剂，按照《中国药典》吸入制剂微细粒子空气动力学特性测定法检查，应符合各品种项下规定，除另有规定外，微细药物粒子百分比应不少于每吸主药含量标示量的15%。

### 2.非定量气雾剂的检查

（1）喷射速率：每瓶的平均喷射速率应符合各品种项下的规定。

（2）喷出总量：每瓶喷出总量均不得少于标示装量的85%。

（3）装量：按照《中国药典》最低装量检查法检查，应符合规定。

**3.粒度**：除另有规定外，中药吸入用混悬型气雾剂若不进行微细粒子剂量测定，应做粒度检查。平均原料药物粒径应在5μm以下，粒径大于10μm的粒子不得超过10粒。

**4.无菌**：除另有规定外，用于烧伤（除程度较轻的烧伤）、严重创伤或临床必须无菌的气雾剂，按照《中国药典》无菌检查法检查，应符合规定。

**5.微生物限度**：除另有规定外，按照非无菌产品微生物限度检查，应符合规定。

 案例分析

### 溴化异丙托品气雾剂

【处方】溴化异丙托品0.374g　　　无水乙醇150.000g　　　四氯乙烷844.586g
　　　　柠檬酸0.040g　　　　　　纯化水5.000g　　　共制1000g

【制备】将溴化异丙托品、柠檬酸和水溶解在乙醇中，制备出活性组分浓缩液；装入气雾剂容器中，容器的上部空间用四氯乙烷蒸气填充，并用阀门密封；将四氯乙烷加压充填入密封的容器即得。

【注解】1.本品为溶液型气雾剂；2.无水乙醇为潜溶剂，增加药物和赋形剂在制剂中的溶解度，使药物溶解达到有效治疗量；3.柠檬酸可调节体系pH值，抑制药物分解；4.加入少量水，可降低药物因脱水引起的分解。

任务2 千奇百怪的喷雾法
——认识喷雾剂

## 一、喷雾剂的定义

喷雾剂是指原料药物或与适宜辅料填充于特制的装置中，**使用时借助手动泵的压力、高压气体、超声振动或其他方法将内容物呈雾状物释出**，用于肺部吸入或直接喷至腔道黏膜及皮肤等的制剂。

## 二、喷雾剂的特点

（1）喷雾剂喷射的雾滴较大，一般以局部应用为主。（2）喷雾剂不是加压包装，制备方便，生产成本低。（3）喷雾剂特别适用于皮肤、黏膜、腔道等部位给药，尤以鼻腔和体表给药较多见，可作为非吸入用气雾剂的替代形式。（4）喷雾剂不含抛射剂，对大气环境无影响，已成为氟利昂类气雾剂的主要替代途径之一。

## 三、喷雾剂的分类

**1.按内容物组成**：分为溶液型、乳状液型和混悬型喷雾剂。
**2.按给药途径**：分为吸入喷雾剂、鼻用喷雾剂和非吸入喷雾剂（皮肤、黏膜用）。
**3.按给药定量与否**：分为定量喷雾剂和非定量喷雾剂。

## 四、喷雾装置

### 1.普通喷雾装置

由喷射用阀门系统（手动泵）与容器构成，该系统是采用手压触动器产生压力，使喷雾器内药液以所需形式释放出来的装置，使用方便，仅需很小的触动力即可达到全喷量，适宜范围广。常用的容器有塑料瓶和玻璃瓶两种，前者质轻强度较高，后者质重强度差，不便携带。

该装置中各组成部件均应采用无毒、无刺激性、性质稳定、与药物不起作用的材料制造。常用的材料多为聚丙烯、聚乙烯、不锈钢弹簧及钢珠。

### 2.新型喷雾装置

（1）**智能型喷射雾化器**：更精确地控制雾化给药剂量，如Halolite喷雾器，可通过软件程序监测药物的雾化传递及呼吸道沉降部位的呼吸参数，并调整给药方案和剂量。

（2）**新型超声波雾化器**：克服了传统喷雾器不能用于混悬剂，雾化后的粒子过大而不能沉积于呼吸道深部的缺点。

（3）**用于传递特定药物制剂的喷雾器**：是将特定的药物制剂与给药系统结合为一体的喷雾器，药物-装置递药系统作为一个整体销售（如图23-8），如Respimat（图23-9）等。

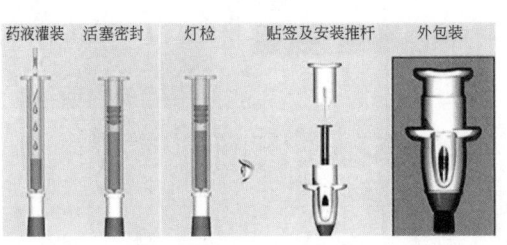

图23-8　药物-装置递药系统一体化封装喷雾器

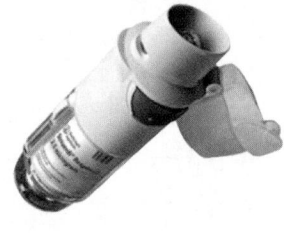

图23-9　Respimat装置

生产小能手

## 一、喷雾剂的生产工艺

喷雾剂的生产包括原辅料和容器的前处理、称量、配制（浓配和稀配）、滤过、灌封、检漏、外包装等工序，生产工艺流程见图23-10所示。

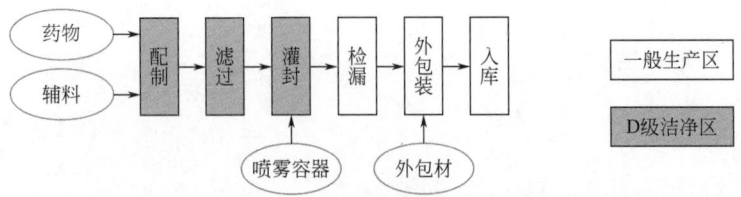

图23-10　喷雾剂生产工艺流程

**喷雾剂的组成**有药物、溶剂和附加剂。常用的溶剂有水、乙醇、甘油和丙二醇；附加剂包括增溶剂、助溶剂、助悬剂、抗氧剂、防腐剂和乳化剂等。

**案例分析**

**鲑降钙素鼻喷雾剂**

【处方】鲑降钙素 0.275mg　　　氯化钠 1.5mg　　　枸橼酸钠 20mg

　　　　苯扎溴铵 0.2mg　　　　PVP-K30 20mg　　　枸橼酸 20mg

　　　　吐温-80 60mg　　　　　注射用水 2mL

【制备】精确称取鲑降钙素与所有辅料，分别溶于适量的注射用水；将两溶液合并，充分混匀，加注射用水至所需配制量，测pH值（3.7～4.1）；用0.22μm微孔滤膜过滤；灌装，充氮气，加泵阀。

## 二、喷雾剂的质量检查

喷雾剂在生产贮藏期间，应符合《中国药典》通则中的有关规定。

**1.每瓶总喷次**：多剂量定量喷雾剂依法检查，取供试品4瓶，除去帽盖，充分振摇，释放内容物至收集容器内，按压喷雾泵（每次喷射间隔不少于5s并缓慢振摇），直至喷尽为止，分别计算喷射次数，每瓶总喷次均不得少于其标示总喷次。

**2.每喷喷量**：除另有规定外，定量喷雾剂依法检查，每瓶10个喷量的平均值应为标示喷量的80%～120%。凡规定测定每喷主药含量和递送剂量均一性检查的喷雾剂，不再进行此检查。

**3.每喷主药含量**：除另有规定外，定量喷雾剂依法检查，平均每喷主药含量应为标示含量的80%～120%。凡规定测定递送剂量均一性的喷雾剂，一般不再进行每喷主药含量测定。

**4.递送剂量均一性**：除另有规定外，定量吸入喷雾剂、混悬型和乳液型定量鼻用喷雾剂应检查递送剂量均一性。按照《中国药典》吸入制剂或鼻用制剂通则相关项下方法检查，应符合规定。

**5.微细粒子剂量**：除另有规定外，定量吸入喷雾剂应检查微细粒子剂量，按照《中国药典》吸入制剂微细粒子空气动力学特性测定法检查，应符合各品种项下规定，除另有规定外，微细粒子百分比应不少于每吸主药含量标示量的15%。

**6.装量差异**：除另有规定外，单剂量喷雾剂依法检查，应符合规定。

取供试品20个，按照各品种项下规定的方法，求出每个内容物的装量和平均装量。每个装量与平均装量相比较，按规定（见表23-2），超出装量限度差异的不得多于2个，并不得有一个超出限度1倍。

凡规定检查递送剂量均一性的单剂量喷雾剂，一般不进行装量差异的检查。

表23-2　喷雾剂装量差异限度

| 平均装量 | 装量差异限度 |
| --- | --- |
| 0.3g以下 | ±10% |
| 0.3g及0.3g以上 | ±7.5% |

7.**装量**：非定量喷雾剂照最低装量检查法检查，应符合规定。

8.**无菌**：除另有规定外，用于烧伤（除程度较轻的烧伤）、严重创伤或临床必需的喷雾剂，按照《中国药典》无菌检查法检查，应符合规定。

9.**微生物限度**：除另有规定外，按照《中国药典》非无菌产品微生物限度检查法进行检查，应符合规定。

## 任务3 张嘴对自己开一枪
——认识粉雾剂

### 知识充电宝

### 一、粉雾剂的定义

粉雾剂是指一种或一种以上的药物粉末，装填于特殊的给药装置，**以干粉形式将药物喷雾于给药部位**，发挥全身或局部作用的一种给药系统。

粉雾剂是在继承气雾剂优点的基础上，综合粉体学知识而发展起来的新剂型。因其使用方便，不含抛射剂，药物呈粉状，稳定性好，干扰因素少而日益受到人们的重视。

### 二、粉雾剂的特点

（1）药物到达肺部后直接进入体循环，发挥全身作用。（2）药物吸收迅速、起效快，无肝脏首过效应。（3）无胃肠道刺激或降解作用。（4）可用于胃肠道难以吸收的水溶性大的药物（代替注射剂）。（5）起局部作用的药物，给药剂量明显降低，毒副作用小。（6）可用于大分子药物或小分子药物。

### 三、粉雾剂的分类

粉雾剂按用途可分为吸入粉雾剂、非吸入粉雾剂和外用粉雾剂。

**1.吸入粉雾剂**：是指固体微粉化药物或与合适载体混合后，以胶囊、泡囊或多剂量贮库的形式，采用特制的干粉吸入装置，由患者主动吸入雾化药物至肺部的制剂。吸入粉雾剂有望代替气雾剂，为呼吸道给药系统开辟新的途径，是粉雾剂中最受关注的一类。

**2.非吸入粉雾剂**：是指药物或与载体以胶囊或泡囊形式，采用特制的干粉给药装置，将雾化药物喷至腔道黏膜的制剂。

**3.外用粉雾剂**：是指药物或与适宜的附加剂灌装于特定的干粉给药器具中，使用时借助外力将药物喷至皮肤或黏膜的制剂。

## 四、粉雾剂的组成

### 1.药物与附加剂

（1）**药物**：药物微粉化是吸入粉雾剂取得成功的关键。《中国药典》规定吸入粉雾剂中的药物粒度大小应控制在10μm以下，其中大多数应在5μm以下。

（2）**附加剂**：药物微粉化后容易发生聚集，为得到流动性和分散性更好的粉末，可加入润滑剂和载体，如为使吸入剂量更加准确，常加入乳糖、木糖醇等适宜的载体，将药物附着其上。

### 2.给药装置

吸入粉雾剂由粉末吸入装置和供患者吸入的干粉组成，吸入装置是给药系统的关键部件。根据干粉计量形式，吸入装置可分为胶囊型、泡囊型与多剂量贮库型。

（1）**胶囊型给药装置**：药物干粉装于硬胶囊中，使用时载药胶囊被金属刀片或小针刺破，药物粉末便从胶囊中释放进入给药室中，在气流的作用下进入患者的口腔。如Spinhaler、Rotahaler和Inhalator等药品。

（2）**泡囊型给药装置**：应用较为广泛的碟式吸纳器。药碟由4个或8个含药的泡囊组成，刺针刺破泡囊后，由嘴吸入药物，转轮可自动转向下一个泡囊，故泡囊性给药装置还有"左轮手枪"的别称。如Discus/Acculater等药品。

（3）**贮库型给药装置**：该型给药装置形态多样，如有采用双螺旋通道加激光打孔精确定量转盘的Turbuhaler，采用转槽式定量设计Easyhaler，采用电动推进器喷出药品的Spiros和采用装有弹簧活塞的贮雾罐的AirPac等。

**案例分析**

### 醋酸奥曲肽鼻用粉雾剂

【处方】醋酸奥曲肽 1.39mg

微晶纤维素（Avicel PH101，粒径38～68μm）18.61mg

【制备】将醋酸奥曲肽与1/4量的微晶纤维素混合，混合物滤过，再加入剩余的微晶纤维素，并完全混匀；将粉末粒径控制在20～25μm范围内，装入胶囊中。

## 五、粉雾剂的质量检查

按《中国药典》制剂通则有关规定，应进行如下检查。

**1.递送剂量均一性**：吸入喷雾剂按照《中国药典》吸入制剂通则相关项下方法

检查，应符合规定。

**2.微细粒子剂量**：吸入喷雾剂按照《中国药典》吸入制剂微细粒子空气动力学特性测定法检查，应符合各品种项下规定，除另有规定外，微细粒子百分比应不少于每吸主药含量标示量的15%。

**3.含量均匀度和装量差异**：除另有规定外，胶囊型或泡囊型粉雾剂应检查此两项。

**（1）含量均匀度**：按照含量均匀度检查法检查，应符合规定。

**（2）装量差异**：平均装量在0.30g以下，装量差异限度为 ±10%；平均装量为0.30g或0.30g以上，装量差异限度为 ±7.5%。

**4.排空率**：胶囊型或泡囊型粉雾剂应检查此项，排空率应不低于90%。

**5.每瓶总吸次和每吸主药含量**：多剂量贮库型吸入粉雾剂应检查此两项。

**（1）每瓶总吸次**：在设定的气流下，将吸入剂揿空，记录揿次，不得低于标示的总吸次。

**（2）每吸主药含量**：应为每吸主药含量标示量的65% ～ 135%。

**6.微生物限度**：除另有规定外，按照《中国药典》非无菌产品微生物限度检查法检查，应符合规定。

 目标检测

一、判断题

1.气雾剂可在呼吸道、皮肤或其他腔道起局部或全身作用。（　）

2.气雾剂由抛射剂、药物与附加剂、耐压容器和阀门系统组成。（　）

3.按分散系统分类，气雾剂可分为溶液型、混悬型、固体分散型和乳剂型。（　）

4.气雾剂具有速效、定位、稳定性好、使用方便和剂量准确的优点。（　）

5.多次使用气雾剂，其中的抛射剂不会对受伤皮肤产生不适或刺激。（　）

6.使用气雾剂可避免药物受胃肠道的破坏以及肝脏首过效应。（　）

7.喷雾剂系借助手动泵的压力，将内容物以雾状形态释出。（　）

8.吸入粉雾剂系采用特制的干粉吸入装置，由患者主动吸入雾化药物至肺部。（　）

9.气雾剂和喷雾剂中都含有抛射剂，作为药物喷射的动力。（　）

10.常温下抛射剂的蒸气压大于大气压。（　）

11.气雾剂的制备过程分为容器阀门系统的处理与装配、药物配制与分装、充填抛射剂三部分。（　）

二、单选题

1.下列关于气雾剂概念叙述，正确的是（　　）。

（A）系指药物与适宜抛射剂封装于具有特制阀门系统的耐压容器中制成的制剂

（B）是借助于手动泵的压力将药液喷成雾状的制剂

（C）系指微粉化药物与载体以胶囊、泡囊或高剂量贮库形式，采用特制的干粉吸入装置，由患者主动吸入雾化药物的制剂

（D）系指微粉化药物与载体以胶囊、泡囊贮库形式装于具有特制阀门系统的耐压密封容器中而制成的制剂

2.下列关于气雾剂特点的叙述，错误的是（　　）。

（A）具有速效和定位作用

（B）由于容器不透光、不透水，所以能增加药物的稳定性

（C）药物可避免胃肠道的破坏和肝脏首过作用

（D）由于起效快，可以治疗心脏疾病

3.溶液型气雾剂的组成部分不包括（　　）。

（A）抛射剂　　　　　（B）潜溶剂　　　　　（C）耐压容器　　　　（D）润湿剂

4.气雾剂的质量评定不包括（　　）。

（A）喷雾剂量　　　　　　　　　　　（B）喷次检查

（C）抛射剂用量检查　　　　　　　　（D）泄漏率检查

5.关于喷雾剂叙述错误的是（　　）。

（A）喷雾剂不含抛射剂

（B）配制时可添加适宜的附加剂

（C）按分散系统分类分为溶液型、混悬型和乳剂型

（D）只能以舌下、鼻腔黏膜和体表等局部给药

6.关于吸入粉雾剂叙述，错误的是（　　）。

（A）采用特制的干粉吸入装置　　　　　（B）可加入适宜的载体和润滑剂

（C）应置于凉暗处保存　　　　　　　　（D）药物的多剂量贮库形式

三、多选题

1.下列关于气雾剂叙述，正确的是（　　）。

（A）是指药物与适宜抛射剂封装于具有特制阀门系统的耐压容器中而制成的制剂

（B）是借助于手动泵的压力将药液喷成雾状的制剂

（C）指微粉化药物与载体以胶囊、泡囊或高剂量贮库形式，采用特制的干粉吸入装置，由患者主动吸入雾化药物的制剂

（D）借助抛射剂压力将内容物以定量或非定量地喷出

（E）药物喷出多为雾状气溶胶

2.下列关于气雾剂特点叙述，正确的是（　　）。

　　（A）具有速效和定位作用

　　（B）可以用定量阀门准确控制剂量

　　（C）药物可避免胃肠道的破坏和肝脏首过作用

　　（D）生产设备简单，生产成本低

　　（E）尤其适合心脏病患者应用

3.溶液型气雾剂的组成部分包括（　　）。

　　（A）抛射剂　　　　（B）潜溶剂　　　　　　（C）耐压容器

　　（D）阀门系统　　　（E）润湿剂

4.关于喷雾剂叙述正确的是（　　）。

　　（A）喷雾剂不含抛射剂

　　（B）配制时可添加适宜的附加剂

　　（C）按分散系统分类分为溶液型、混悬型和乳剂型

　　（D）借助手动泵的压力

　　（E）适合于肺部吸入、舌下及鼻腔黏膜给药

5.关于吸入粉雾剂叙述正确的是（　　）。

　　（A）采用特制的干粉吸入装置

　　（B）可加入适宜的载体和润滑剂

　　（C）应置于凉暗处保存

　　（D）药物的多剂量贮库形式

　　（E）微粉化药物或与载体以胶囊、泡囊或多剂量贮库形式

四、简答题

1.气雾剂、喷雾剂与粉雾剂有何异同？

2.气雾剂按分散系统分为哪几类？

3.抛射剂应具备哪些特点？

# 附 录

## 附录 1
## 可视化交互学习资源一览表

| 序号 | 名称 | 页码 |
|---|---|---|
| 1 | 图9-8 超声波洗瓶机外观 | 111 |
| 2 | 图9-9 超声波洗瓶机结构原理 | 111 |
| 3 | 图9-10 热风循环隧道式灭菌烘箱外观 | 112 |
| 4 | 图9-11 热风循环隧道式灭菌烘箱结构原理 | 112 |
| 5 | 图9-17 安瓿拉丝灌封机外观 | 133 |
| 6 | 图9-18 安瓿拉丝灌封机结构原理 | 133 |
| 7 | 图11-4 螺杆式分装机外观 | 166 |
| 8 | 图11-5 螺杆式分装机结构原理 | 166 |
| 9 | 图11-6 西林瓶轧盖机外观 | 166 |
| 10 | 图11-7 西林瓶轧盖机结构原理 | 166 |
| 11 | 图11-12 西林瓶液体灌装机外观 | 173 |
| 12 | 图11-13 西林瓶液体灌装机结构原理 | 173 |
| 13 | 图11-15 冷冻真空干燥机外观 | 174 |
| 14 | 图11-16 冷冻真空干燥机结构原理 | 174 |
| 15 | 图13-3 万能粉碎机外观 | 193 |
| 16 | 图13-4 万能粉碎机结构原理 | 193 |
| 17 | 图13-7 旋振筛外观 | 196 |
| 18 | 图13-8 旋振筛结构原理 | 196 |
| 19 | 图13-16 方锥形混合机外观 | 205 |
| 20 | 图13-17 方锥形混合机结构原理 | 205 |
| 21 | 图14-3 湿法制粒机外观 | 216 |
| 22 | 图14-4 湿法制粒机结构原理 | 216 |
| 23 | 图14-5 热风循环干燥箱外观 | 216 |
| 24 | 图14-6 热风循环干燥箱结构原理 | 216 |
| 25 | 图14-7 沸腾干燥机外观 | 217 |
| 26 | 图14-8 沸腾干燥机结构原理 | 217 |
| 27 | 图15-6 旋转式压片机外观 | 233 |
| 28 | 图15-7 旋转式压片机结构原理 | 233 |
| 29 | 图15-14 高效包衣机外观 | 241 |
| 30 | 图15-15 高效包衣机结构原理 | 242 |
| 31 | 图16-4 全自动胶囊充填机外观 | 252 |
| 32 | 图16-5 全自动胶囊充填机结构原理 | 252 |
| 33 | 图18-3 自动理瓶机外观 | 277 |
| 34 | 图18-4 自动理瓶机结构原理 | 277 |
| 35 | 图18-5 筛板式数片灌装机外观 | 277 |
| 36 | 图18-6 筛板式数片灌装机结构原理 | 277 |
| 37 | 图18-7 旋盖机外观 | 278 |
| 38 | 图18-8 旋盖机结构原理 | 278 |
| 39 | 图18-9 电磁感应封口机外观 | 278 |
| 40 | 图18-10 电磁感应封口机结构原理 | 278 |
| 41 | 图18-11 贴标机外观 | 278 |
| 42 | 图18-12 贴标机结构原理 | 278 |
| 43 | 图18-18 铝塑泡罩包装机外观 | 284 |
| 44 | 图18-19 铝塑泡罩包装机结构原理 | 284 |

# 附录 2
## 生产中常用单据和标识

### 领料单

| 物料名称 | 物料代码 | 批号 | 规格 | 检验单号 | 单位 | 数量 |
|---|---|---|---|---|---|---|
|  |  |  |  |  |  |  |
|  |  |  |  |  |  |  |
|  |  |  |  |  |  |  |
|  |  |  |  |  |  |  |
|  |  |  |  |  |  |  |
|  |  |  |  |  |  |  |
|  |  |  |  |  |  |  |
|  |  |  |  |  |  |  |
| 领料人： |  | 发放人： |  |  | 日期： |  |

### 物料交接单

| 物料名称 |  | 批号 |  |
|---|---|---|---|
| 规格 |  | 数量 |  |
| 检验单号 |  | 交接日期 |  |
| 交料人 |  | 接料人 |  |

### 物料标签

| 物料名称 |  | 物料代码 |  |
|---|---|---|---|
| 批号 |  | 规格 |  |
| 数量 |  | 操作人 |  |
| 复核人 |  | 日期 |  |

## 正在生产

产品名称：

产品批号：

产品规格：

岗位名称：

操作人：

生产日期： 年 月 日

## 待清场

岗位名称：

填写人：

填写日期： 年 月 日

## 已清洁

容器名称：

容器编号：

清洁日期：

有效期至：

清洁人： 检查人：

## 清场合格

清场产品名称：

批号：

规格：

岗位：

房间号：

清场者：

岗位负责人：

检查者：

清场日期： 年 月 日

有效期至： 年 月 日

## 正在清场

岗位名称：

填写人：

填写日期： 年 月 日

# 待 验

品　　名 _____

物料编号 _____

产品批号 _____

数　　量 _____

填 写 人 _____

填写日期 _____

# 合格证

品　　名 _____

物料编号 _____

产品批号 _____

数　　量 _____

检 验 人 _____

签 发 人 _____

签发日期 _____

# 不合格证

名　　称 _____

物料编号 _____

产品批号 _____

数　　量 _____

不合格项 _____

检 验 人 _____

签 发 人 _____

签发日期 _____

# 参考文献

[1] 国家药典委员会. 中华人民共和国药典（2015版）. 北京：中国医药科技出版社，2015.

[2] 胡英，王晓娟. 药物制剂技术. 第3版. 北京：中国医药科技出版社，2016.

[3] 崔福德. 药剂学. 第7版. 北京：人民卫生出版社，2014.